人工智能应用基础

人工智能教材编写组　编

国防工业出版社

·北京·

内容简介

本教材为了落实中共中央、国务院印发的《教育强国建设规划纲要(2024—2035年)》有关文件精神，按照教育部有关指引和工信部人才岗位要求编写，紧跟国家最新人工智能通识课教材编写方向，确保内容的时效性和权威性。书中全面涵盖人工智能的基础理论与核心技术，深入解析智能机器人、自然语言处理、计算机视觉及语音技术等领域的关键技术、应用场景和未来趋势。教材注重理论与实践相结合，通过丰富的案例与实训项目，强化读者对人工智能技术的理解与应用能力。内容设计突出通用性和标准性，既适用于高等院校相关专业教学，也为工程技术人员提供参考。教材融入深度学习、大模型、多模态等前沿技术，充分体现了人工智能的学用结合，助力在校学生紧跟技术前沿，为全面提升高校人工智能领域人才培养提供支撑。

图书在版编目(CIP)数据

人工智能应用基础 / 人工智能教材编写组编. 北京：国防工业出版社，2025. 7. -- ISBN 978-7-118-13847-4

Ⅰ. TP18

中国国家版本馆 CIP 数据核字第 2025MA0603 号

※

国防工业出版社出版发行

(北京市海淀区紫竹院南路 23 号　邮政编码 100048)

北京凌奇印刷有限责任公司印刷

新华书店经售

*

开本 710×1000　1/16　**印张** 15¼　**字数** 297 千字

2025 年 7 月第 1 版第 1 次印刷　**定价** 58.00 元

(本书如有印装错误，我社负责调换)

国防书店：(010)88540777　书店传真：(010)88540776

发行业务：(010)88540717　发行传真：(010)88540762

前　言

人工智能是引领新一轮科技革命和产业变革的核心驱动力，其技术突破与应用创新正深刻重塑全球产业格局与人类生产生活方式。党的二十大报告明确提出"加快发展新一代人工智能"，将其列为国家战略性新兴产业的重点领域。

作为面向高等院校学生的人工智能通识教材，本书严格以"夯实基础、聚焦应用、强化实践"为编写理念，系统构建"理论-技术-应用"三位一体的知识体系。教材立足人工智能技术发展前沿，兼顾经典理论与前沿动态，既涵盖人工智能的基础定义、发展历程、技术体系等核心知识，又深入解析自然语言处理、计算机视觉、语音技术、智能机器人等关键领域的技术原理与应用场景，特别融入大模型、多模态、AIGC 等前沿技术内容，确保知识的时效性与前瞻性。

本书共九个单元，分为：人工智能基础认知、核心技术解析、应用实践创新三大模块。单元 1 构建人工智能基础知识框架，涵盖定义、发展历程、技术体系与伦理规范；单元 2 至 6 聚焦核心技术，深入解析人机对话、视觉技术、语音处理、自然语言处理及智能机器人的原理与应用；单元 7 至 9 转向实践落地，从行业创新应用到机器学习训练，再到 AIGC 实战，形成完整的技术应用闭环。

内容由浅入深、层层递进，架构相互支撑：从基础理论的系统阐释，到核心技术的原理剖析，再到实战项目的操作演练，实现理论认知与实践能力的协同培养。通过这种螺旋上升的知识结构，既避免纯理论的抽象枯燥，又通过真实案例与实训项目激发学习兴趣，助力学生拓宽技术视野，培养从知识理解到实际应用的综合能力。

在内容设计上，本书突出应用教育特色：一是强化案例驱动，通过智能制造、智慧农业、智能客服等行业真实案例，打通技术原理与产业应用的连接；二是注重实践导向，每个单元配套同步练习，引导学生通过操作体验深化理解。教材既适用于高等院校相关专业教学，也可为工程技术人员提供参考，助力读者构建系统的人工智能知识框架，培养"懂技术、能应用、善创新"的核心素养。

本书的编写凝聚了多位教育一线教师与行业技术专家的智慧，在编写过程中参考了大量国内外权威文献、行业标准与实践案例，在此向相关作者与机构表示衷心感谢。

由于编者水平有限，书中难免存在疏漏与不足之处，恳请广大师生与读者批评指正，以便后续修订完善。

编者

2025 年 6 月

目　录

单元1　初识人工智能——基础、发展与应用

【学习目标】

知识目标

(1) 理解人工智能的多角度定义,包括学术界、工业界的代表性阐述及核心内涵。

(2) 掌握人工智能的核心特征及其与传统计算机程序的区别。

(3) 掌握人工智能按能力水平和技术领域的分类逻辑,理解当前技术的能力边界与局限性。

技能目标

(1) 能够结合典型案例(如智能门锁、电商推荐系统)分析人工智能核心特征的具体应用。

(2) 掌握人工智能技术体系的层次结构,并能举例说明各层次的关键技术与行业实践。

(3) 理解数据与算法在人工智能中的协同关系,能描述数据处理流程及算法选型的基本逻辑。

素质目标

(1) 通过学习人工智能发展历程中科学家的探索精神,培养追求真理、勇于创新的科学素养,树立科技报国的理想信念。

(2) 在分析人工智能技术伦理挑战的过程中,强化社会责任意识,建立“技术向善”的价值观,践行人工智能发展的伦理规范。

(3) 通过探讨中国 AI 产业规模增长,增强对国家科技发展的认同感,激发服务国家新型工业化建设的使命感。

【知识脉络】

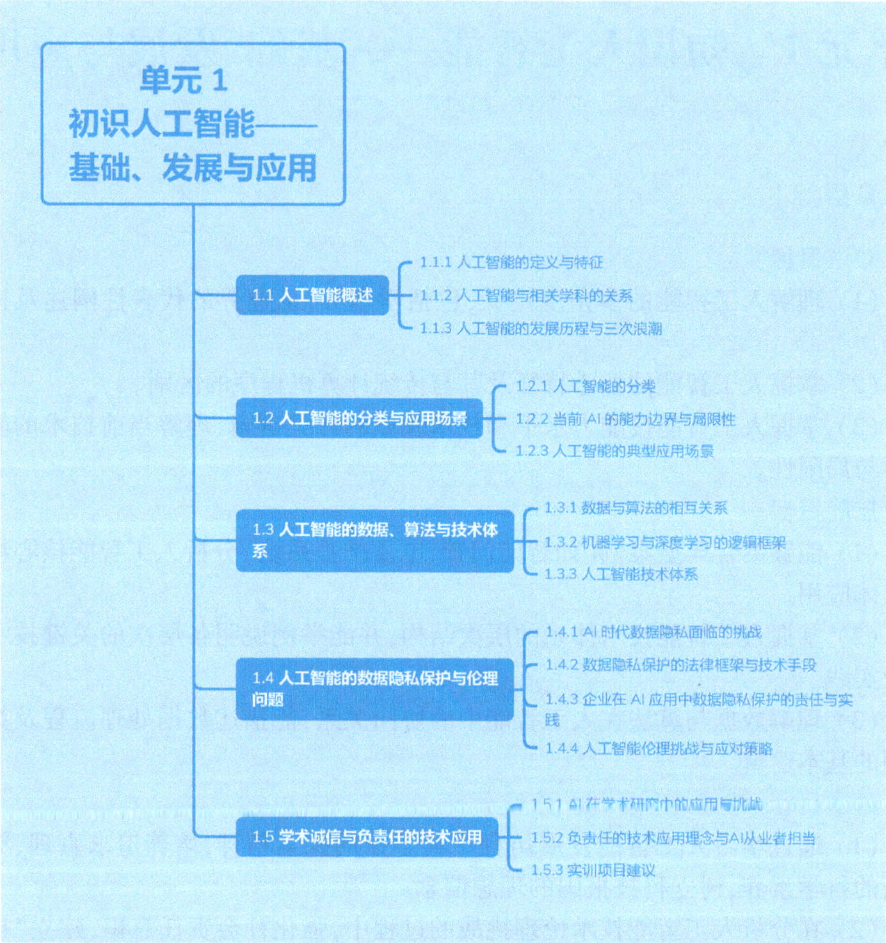

【案例导入】

智能推荐系统如何“猜你喜欢”—— 以字节跳动公司的抖音 App 为例

相信同学们每天都会使用各种移动应用程序（App），其中短视频平台 App 如抖音、快手，电商平台 App 如淘宝、京东，新闻资讯 App 如今日头条等，它们似乎总能“猜透”你的心思，为你推荐感兴趣的内容或商品。以字节跳动公司旗下的抖音 App 为例，它能够在海量视频中精准地为数亿用户推送个性化内容，这背后正是强大的人工智能技术在发挥作用。

抖音的推荐系统利用复杂的算法，实时分析用户的行为数据（如观看历史、点赞、评论、分享、停留时长）和内容特征（视频标签、音乐、创作者信息等），构建用户画像和内容画像。通过机器学习模型,特别是深度学习网络,系统不断学习用户偏好与内容特征之间的关联,从而预测用户可能喜欢的视频并进行推送。这一过程不仅提升了用户体验,也极大地增强了用户黏性,并为平台带来了巨大的商业价值。

那么,计算机是如何实现这种“千人千面”的智能推荐的?让机器具备这种“学习”和“预测”能力的技术是如何发展起来的?除了推荐系统,人工智能还在哪些领域改变着我们的生活和工作?这种强大的技术背后,是否存在一些我们尚未察觉的风险和挑战?带着这些问题,让我们一同走进本单元的学习,揭开人工智能的神秘面纱。

1.1　人工智能概述

1.1.1　人工智能的定义与特征

1. 人工智能的定义

什么是人工智能(Artifical Intelligence,AI)?

不同的学者和机构从不同角度对人工智能进行了定义,以下是一些具有代表性的阐述。

约翰·麦卡锡(John McCarthy,1956年达特茅斯会议上首次提出“人工智能”一词)将人工智能定义为“制造智能机器,特别是智能计算机程序的科学与工程”。这一定义强调了AI的工程实践和目标导向。

学术界通用观点为,人工智能是研究、开发用于模拟、延伸和扩展人的智能的理论、方法、技术及应用系统的一门新的技术科学。它旨在让机器能够像人一样思考、感知、学习、推理、决策和行动。

工业界定义(更侧重应用与能力)如下。

(1) Google Cloud:“人工智能(AI)是一组技术,使计算机能够执行各种高级功能,包括视觉分析、理解和翻译口语和书面语言、分析数据、提出建议等。”(来源:Google Cloud)

(2) IBM:“人工智能(AI)是一种让计算机和机器模拟人类学习、理解、解决问题、制定决策,以及发挥创造力和自主性的技术。”

综合来看,人工智能的核心在于通过计算机程序和系统来模拟人类的智能行为和思考过程,使其能够处理复杂的任务。

2. 人工智能的核心特征

人工智能系统通常具备以下一个或多个核心特征,这些特征使其区别于传统的计算机程序。

(1) 感知能力(Perception)。指AI系统获取和理解外部世界信息的能力。

例如:通过摄像头识别图像(计算机视觉),通过麦克风理解语音指令(语音识别)。智能门锁通过人脸识别判断来访者身份,就是感知能力的体现。

(2) 学习能力(Learning)。这是 AI 最核心的特征之一,指 AI 系统能够从数据中自动学习规律、积累经验,并据此改进自身性能,而无需针对每个具体任务进行显式编程。

例如:电商平台的推荐系统通过分析用户的购买历史和浏览行为,不断学习用户的偏好,从而推送更精准的商品。

(3) 认知能力(Cognition)。指 AI 系统处理信息、进行思考的能力,包括推理、规划、决策、问题解决等。

例如:自动驾驶汽车根据传感器数据和地图信息,规划行驶路径并做出驾驶决策;围棋人工智能程序 AlphaGo 能够基于棋局形势进行复杂推理并战胜人类顶尖棋手。

(4) 交互能力(Interaction)。指 AI 系统与人类或其他智能体进行有效沟通和协作的能力。

例如:智能音箱能够理解用户的自然语言指令并做出回应;聊天机器人可以与用户进行多轮对话。

(5) 执行能力(Execution)。指 AI 系统将决策转化为具体行动,并作用于物理世界或数字世界的能力。

例如:工业机器人根据指令完成装配、焊接等任务;AI 控制的无人机进行航拍或物流配送。

值得注意的是,并非所有 AI 系统都具备上述所有特征,不同类型的 AI 系统其侧重点和能力表现也各不相同。

1.1.2 人工智能与相关学科的关系

人工智能是一门高度交叉的学科,其发展离不开多个相关学科的支撑和促进。

(1) 计算机科学为 AI 提供基础理论(如算法、数据结构、计算复杂性)和实现工具(编程语言、操作系统、计算机体系结构)。

(2) 数据科学与 AI 紧密相关,特别是在数据驱动的 AI 方法中,数据科学提供了数据采集、处理、分析和可视化的方法论。

(3) 数学(特别是统计学、概率论、线性代数、优化理论)。是 AI 算法和模型构建的理论基石。

(4) 认知科学与神经科学研究人类智能的机制和大脑的工作原理,为 AI 模拟人类智能提供借鉴和启发。

(5) 哲学与伦理学探讨智能的本质、意识、机器伦理等深层次问题,为 AI 的健康发展提供方向指引。

(6) 语言学为自然语言处理技术提供理论基础。

(7) 控制论与机器人学与 AI 在智能体感知、决策和行动方面有深度融合。

1.1.3 人工智能的发展历程与三次浪潮

人工智能的发展并非一帆风顺,而是经历了数次高潮与低谷,通常被划分为三次主要的发展浪潮。了解其发展历程有助于我们理解当前 AI 技术的特点和未来趋势。

1. AI 的起源与早期探索(第一次浪潮:20 世纪 50 年代—20 世纪 70 年代)

第一次浪潮的标志是人工智能概念的正式提出和逻辑推理能力的探索。

1) 思想启蒙与概念诞生

(1) 艾伦·图灵(Alan Turing)与图灵测试(1950 年)。英国数学家图灵发表论文《计算机器与智能》,提出了著名的“图灵测试”,作为判断机器是否具有智能的标准。这被认为是人工智能思想的开端。

(2) 达特茅斯会议(1956 年)。由约翰·麦卡锡、马文·明斯基、克劳德·香农等科学家在美国达特茅斯学院组织召开。会议上正式提出了“人工智能”(Artificial Intelligence) 这一术语,标志着 AI 作为一个独立研究领域的诞生。

2) 早期代表性成果

(1) 逻辑理论家(Logic Theorist)。由纽厄尔和西蒙等人开发,能够证明《数学原理》中的一些定理,展示了机器进行符号逻辑推理的可能性。

(2) 几何定理证明器、跳棋程序等。进一步验证了机器在特定问题求解方面的潜力。

3) 特点与局限

这一时期的研究主要集中在符号主义 AI,强调逻辑推理和问题求解,但受限于计算能力和知识表示的复杂性,应用范围有限,并面临“组合爆炸”等问题。

2. AI 的起伏与专家系统的兴衰(第二次浪潮:20 世纪 80 年代—20 世纪 90 年代初)

第二次浪潮以知识工程与专家系统的兴起为显著标志,此阶段人工智能开始聚焦现实世界复杂问题的解决,通过构建专业化智能系统实现领域内的决策支持。

1) 专家系统的崛起与技术内核

专家系统定义与功能。专家系统是集成特定领域专家知识与经验的计算机程序系统,其核心能力在于通过模拟人类专家的推理决策过程,解决医疗诊断、化学分析等领域的复杂问题。例如,MYCIN 系统专注于血液感染诊断,DENDRAL 则用于化合物结构分析,这些代表性系统的成功应用,极大激发了商业资本的投资热情。

知识工程的技术支撑。知识工程作为构建专家系统的核心技术,其本质是将专家知识转化为计算机可处理的规则与事实体系。该技术通过系统化的知识获取、表示与组织方法,使计算机能够复现专家的思维逻辑,从而实现对特定领域问题的推理决策过程。

2）衰落与“AI 寒冬”的形成

技术局限性的暴露随着应用推进，专家系统的固有缺陷逐渐显现出构建成本高昂、领域知识获取存在瓶颈、系统维护复杂度高、知识覆盖范围局限，且缺乏通用常识推理能力，难以适应跨领域问题求解。

产业与研究的低谷化。由于前期市场预期过高，而实际应用效果未达理想状态，政府与企业的投资热情显著减退。这一阶段人工智能研究陷入发展低谷，被业界称为“AI 寒冬”。

3. AI 的复兴与深度学习的崛起（第三次浪潮至今：20 世纪 90 年代中后期—现在）

第三次浪潮是迄今为止影响最为深远的一次，主要由大数据、计算能力和算法（特别是深度学习）的突破共同驱动。

1）驱动因素

（1）海量数据（Big Data）。互联网和移动设备的普及产生了前所未有的数据量，为训练复杂的 AI 模型提供了基础。

（2）计算能力提升。图形处理器（GPU）等并行计算硬件的发展，大幅提升了 AI 模型的训练速度和处理能力。

（3）关键算法突破。尤其是深度学习算法（如深度神经网络 DNN、卷积神经网络 CNN、循环神经网络 RNN 等）的出现和优化，使得 AI 在图像识别、语音识别、自然语言处理等领域取得了革命性进展。

2）里程碑事件

（1）IBM“深蓝”战胜国际象棋冠军卡斯帕罗夫（1997 年）。展示了计算机在复杂策略游戏中的潜力。

（2）ImageNet 大规模视觉识别挑战赛（ILSVRC）。深度学习模型（如 AlexNet，2012 年）在该竞赛中大幅提升图像识别准确率，引发了深度学习研究的热潮。

（3）Google AlphaGo 战胜围棋世界冠军李世石（2016 年）。标志着 AI 在高度复杂、依赖直觉和策略的围棋领域超越了人类顶尖水平，引起全球轰动。

4. 当前发展趋势与展望（特别是 2022—2024 年）

进入 21 世纪 20 年代，特别是 2022 年以来，人工智能以前所未有的速度发展，大模型成为技术焦点，中国在全球 AI 发展中扮演着越来越重要的角色。

1）大模型（Large Language Models，LLM）的突破与影响

以 OpenAI 的 GPT 系列（如 ChatGPT，GPT-4）、Google 的 PaLM/Gemini 等为代表的大型语言模型，展现出强大的自然语言理解、生成、对话和多任务处理能力，引发了全球性的 AI 竞赛。

我国大模型也快速发展。我国企业和研究机构纷纷推出自己的大模型，如百度的“文心一言”、阿里巴巴的“通义千问”、科大讯飞的“讯飞星火认知大模型”、华为的“盘古大模型”等，并在金融、医疗、教育等多个行业进行应用探索。截至

2023 年 11 月，中国国产大模型已达 188 个，其中通用大模型 27 个，显示出“百模大战”的态势。

2) 多模态 AI 与生成式 AI(Generative AI)

AI 不再局限于处理单一类型的数据(如文本或图像)，而是能够理解和生成多种模态的信息(文本、图像、音频、视频等)。

生成式 AI 技术能够创造全新的、原创性的内容，如 AI 绘画、AI 音乐、AI 视频(如 OpenAI 的 Sora)等。

3) AI 与各行业的深度融合(“人工智能 +”行动)

我国政府在 2024 年发布了《2024 年中国 AI 大模型产业发展报告》，提出开展“人工智能 +”行动，推动 AI 与实体经济深度融合，赋能新型工业化。AI 在制造、医疗、金融、教育、交通等行业的应用不断深化，涌现出大量创新案例。

5. 我国人工智能产业发展概况(2022—2024 年)

(1) 产业规模持续增长。根据工信部数据，截至 2023 年 6 月，我国人工智能核心产业规模已达 5000 亿元人民币。另据新华网报道，截至 2024 年 6 月，我国人工智能企业数量已超 4500 家，核心产业规模接近 6000 亿元。2024 年我国人工智能产业规模已突破 7000 亿元。

(2) 投融资保持活跃。据 IT 桔子数据，2024 年我国人工智能行业一级市场融资总额达 1052.51 亿元。华为旗下智能驾驶企业引望智能、大模型公司月之暗面、智谱 AI、百川智能等获得巨额融资。

(3) 未来展望。人工智能将继续向更通用、更可信、更负责任的方向发展，AI 伦理、安全和治理问题将日益受到重视。同时，AI 与其他前沿技术(如量子计算、脑机接口)的结合也可能带来新的突破。

关键要点总结

人工智能经历了三次发展浪潮，目前处于以深度学习和大数据为驱动的第三次浪潮。

图灵测试、达特茅斯会议是 AI 发展的早期里程碑。

2022—2024 年，大模型技术取得重大突破，中国在 AI 领域发展迅速，产业规模和企业数量持续增长。

冯·诺依曼——“匈牙利唯一的天才”

未来 AI 将更加注重与行业深度融合、多模态发展以及伦理安全治理。

1.2　人工智能的分类与应用场景

1.2.1　人工智能的分类

1. 按能力水平分类

这是对 AI 最常用也最能体现其发展阶段的分类方式，主要分为以下三种。

(1) 弱人工智能/窄人工智能(Artificial Narrow Intelligence,ANI)。

① 定义。指专注于执行特定任务或解决特定问题的 AI 系统。它们在特定领域可能表现出超越人类的性能,但其能力范围受限于其设计和训练目标。

② 特点。目标明确、领域特定、不具备通用智能。

③ 常见应用。目前接触和使用的大部分 AI 都属于窄人工智能,例如,苹果的 Siri、小米的小爱同学等个人语音助手,Google 的 AlphaGo(专门下围棋),人脸识别系统、自动驾驶汽车的感知系统、机器翻译软件,电商平台的推荐算法、金融领域的欺诈检测系统。

(2) 强人工智能/通用人工智能(Artificial General Intelligence,AGI)。

① 定义。指具备与人类同等智能水平,能够理解、学习和应用知识于任何任务的 AI 系统,就像人类一样可以进行思考、推理、规划和创造。

② 特征。具备常识、自主学习能力、跨领域知识迁移能力、自我意识(可能)。

③ 与 ANI 的区别。AGI 不局限于特定任务,而是拥有广泛的认知能力和适应性。

④ 当前发展状态。通用人工智能目前仍处于理论研究和探索阶段,尚未实现。构建 AGI 是许多 AI 研究者的长远目标,但也面临巨大的理论和技术挑战。

(3) 超人工智能(Artificial Superintelligence,ASI)。

① 定义。指在几乎所有领域都远超任何人类智能的 AI 系统。这种智能不仅在认知能力上超越人类,甚至在创造力、社交技能等方面也可能达到前所未有的高度。

② 展望。ASI 是继 AGI 之后更进一步的设想,目前完全停留在概念和科幻层面。

③ 潜在影响。若 ASI 实现,可能给人类社会带来颠覆性的变革,其影响难以估量,既有机遇也有巨大风险,引发了广泛的伦理和安全讨论。

2. 按技术领域分类

从技术实现和应用领域的角度,人工智能可以划分为多个相互关联又各有侧重的子领域。

(1) 计算机视觉(Computer Vision,CV)。使机器能够“看见”和“理解”图像与视频内容。包括图像识别、目标检测、图像分割、人脸识别等技术。

(2) 自然语言处理(Natural Language Processing,NLP)。使机器能够理解、解释、生成和操纵人类语言。包括机器翻译、文本情感分析、问答系统、文本摘要等技术。

(3) 语音识别与合成(Speech Recognition & Synthesis)。分别指将语音转换为文本,以及将文本转换为语音的技术。是智能语音助手、语音输入等应用的基础。

(4) 机器学习(Machine Learning,ML)。AI 的核心,通过算法使计算机从数据中学习。包括监督学习、无监督学习、强化学习等。

（5）深度学习（Deep Learning，DL）。机器学习的一个分支，利用深层神经网络模型处理复杂数据，在 CV、NLP 等领域取得巨大成功。

（6）机器人学（Robotics）。研究机器人的设计、制造、控制和应用，常与 AI 技术结合以实现智能机器人的感知、决策和行动。

（7）知识图谱（Knowledge Graph）与专家系统（Expert System）。前者用于结构化地表示和存储知识及其关系，后者则模拟人类专家的决策过程。

这些技术领域往往相互交叉、协同工作，共同支撑着各种复杂 AI 应用的实现。

1.2.2　当前 AI 的能力边界与局限性

尽管人工智能取得了飞速发展，但当前的技术水平（主要是窄人工智能）仍存在诸多能力边界和局限性。

（1）强依赖高质量数据。AI 模型的性能高度依赖于训练数据的数量和质量。获取大规模、高质量、无偏见的标注数据成本高昂且困难重重。

（2）算法的“黑箱”问题与可解释性不足。许多先进的 AI 模型（尤其是深度学习模型）内部决策过程复杂，难以解释其为何做出特定预测或决策，这在医疗、金融等高风险领域限制了其应用和信任度。

（3）缺乏真正的理解、常识和情感。当前 AI 主要通过模式匹配进行学习和决策，缺乏对世界深层次的因果理解、常识推理能力和真正的情感共鸣。它们可以模仿，但不能真正“理解”。

（4）泛化能力有限，对新环境适应性差。AI 模型在训练数据覆盖的场景下可能表现良好，但在面对未见过的新数据或环境变化时，性能可能会急剧下降，即所谓的“鲁棒性”不足。

（5）能耗与计算资源瓶颈。训练大规模 AI 模型（尤其是大语言模型）需要巨大的计算资源和能源消耗，这带来了成本和环境方面的挑战。

（6）伦理与安全风险。如算法偏见、隐私泄露、潜在的滥用风险等，这些问题也构成了当前 AI 发展的边界，需要通过技术和治理手段加以规范。

（7）复杂推理能力的挑战。尽管大模型在某些推理任务上有所进步，但在面对需要多步、复杂逻辑链条的推理问题时，仍存在不足。微软亚洲研究院等机构正在探索通过模拟人类“深度思考”（如 rStar-Math 方法）和引入逻辑规则（如 Logic-RL）来提升大模型的推理能力。

（8）物理世界交互与具身智能的初级阶段。让 AI 智能体在复杂的物理世界中像人一样灵活感知、决策和行动（即具身智能）仍处于发展初期。

学术界和工业界正在积极研究如何突破这些边界，例如通过边缘计算将 AI 能力下沉到设备端以降低延迟、保护隐私，发展可解释人工智能、小样本学习、迁移学习等技术，以及探索新的模型架构和学习范式。

1.2.3 人工智能的典型应用场景

人工智能技术已渗透到生产生活的方方面面,展现出巨大应用潜力与价值。本部分重点介绍 AI 在日常生活和关键行业的典型应用场景,并优先展示中国企业的实践案例。

1. AI 在日常生活中的应用

日常生活中,各类 AI 应用已悄然提升生活的便捷性与趣味性。

1) 智能助手

(1) 语音控制与交互。手机语音助手(如苹果 Siri、华为小艺、小米小爱同学)和智能音箱(如天猫精灵、百度小度)通过自然语言理解用户指令,实现查天气、播放音乐、设提醒、控制智能家居等功能。

(2) 日程管理与智能提醒。AI 辅助管理个人日程,按用户习惯和重要性智能提醒。

2) 个性化推荐

(1) 电商平台。淘宝、京东、拼多多等通过分析用户浏览、购买、搜索的数据,用 AI 算法推荐商品。

(2) 内容平台。抖音、快手、B 站等短视频平台,今日头条、腾讯新闻等资讯 App,网易云音乐、QQ 音乐等音乐 App,均用 AI 推荐引擎推送个性化内容。

3) 智能家居

(1) 环境自动控制。智能空调、照明系统根据环境传感器(温度、湿度、光照)和用户习惯自动调节。

(2) 智能安防。智能门锁通过人脸识别或指纹识别开锁,智能摄像头进行移动侦测和异常报警(如小米、华为、萤石等品牌)。

4) AI 美颜与图像处理

拍照和短视频 App(如美图秀秀、抖音、B612 咔叽)内置 AI 美颜、滤镜、智能抠图等功能,实时美化图像。

5) 智能导航与出行

高德地图、百度地图等用 AI 算法实时分析路况、智能规划路径、避开拥堵。

2. AI 在重点行业的应用

AI 正深刻赋能各行业,推动产业升级与效率提升,以下为部分重点行业应用及中国企业实践。

1) 应用案例分析:AI 在智能制造领域的实践

(1) 场景 1:AI 视觉质量检测。

背景:传统制造业质检依赖人工,效率低、一致性差。

AI 解决方案:利用计算机视觉和深度学习,通过高清摄像头采集图像,AI 模型自动识别产品瑕疵(如划痕、裂纹、尺寸偏差)。

中国企业实践:华为云工业智能体平台在电子制造、汽车零部件等行业落地,某手机生产线 AI 质检系统检测屏幕、外壳缺陷的准确率和效率远超人工；创新奇智在“AI + 制造”领域商业化落地，荣登“2024 福布斯中国人工智能科技企业 TOP50”。

(2) 场景 2：设备预测性维护。

背景：工业设备故障停机损失大，传统定期维护成本高且可能不足或过度。

AI 解决方案：通过传感器收集设备运行数据（温度、振动、压力），用机器学习算法分析模式，预测故障并提前维护。

中国企业实践：树根互联“根云”平台、海尔卡奥斯 COSMOPlat 提供基于 AI 的设备预测性维护服务，提升企业设备可靠性。

(3) 场景 3：工业机器人智能化升级。

背景：传统工业机器人多执行固定编程任务，柔性差，难适应复杂环境。

AI 解决方案：结合计算机视觉、力控传感、强化学习等技术，使机器人具备环境感知、自主路径规划、柔性抓取能力。

中国企业实践：节卡机器人、遨博智能等将 AI 技术融入产品，提升机器人智能化水平。

2) 智慧医疗

(1) 医学影像分析。AI 辅助医生识别 CT、MRI、X 光等影像中的病灶（如肿瘤、结节），腾讯觅影、阿里健康 AI、科大讯飞等布局此领域。

(2) AI 辅助诊断与治疗方案推荐。基于病例数据和医学知识，为医生提供诊断建议和个性化治疗方案参考。

(3) 药物研发。AI 加速新药发现、靶点筛选等环节，百度智能云大模型应用于提升药物研发效率。

(4) 智能健康管理。可穿戴设备结合 AI 分析健康数据，提供个性化建议和风险预警。

3) 智慧金融

(1) 智能风险控制。AI 分析用户行为、交易数据，识别信用卡欺诈、贷款违约等风险，蚂蚁集团、微众银行等广泛应用。

(2) 智能投顾与量化交易。AI 根据用户风险偏好和市场数据提供投资建议或执行自动化交易。

(3) 智能客服。金融机构用 AI 聊天机器人处理客户咨询。

(4) 金融大模型应用。中国农业银行自主研发金融 AI 大模型 ChatABC，应用于客户服务、风险预警等九大场景。

4) 智慧教育

(1) 个性化学习路径推荐。AI 分析学生学习行为和掌握程度，推荐合适的学习内容和练习。

(2) 智能辅导与答疑。AI 辅助教师批改作业、提供题目解析，科大讯飞智慧教育产品在智能批改、口语评测等方面应用广泛。

(3) AI 教育机器人。用于编程教育、STEAM 教育等。

5) 智慧交通/自动驾驶

(1) 自动驾驶汽车。百度 Apollo、小马智行、华为 ADS 等中国企业在自动驾驶技术研发和商业化落地方面取得进展,涉及环境感知、高精定位等核心技术。

(2) 智能交通信号控制。AI 分析实时车流量,动态优化信号灯配时,缓解拥堵。

(3) 智能调度与路径规划。应用于网约车、物流配送,提高运输效率。

6) 智慧零售

(1) 无人商店与智能货柜。国内阿里巴巴、京东等探索无人零售技术,通过计算机视觉等实现自动结算。

(2) 精准营销与客户关系管理。AI 分析消费者数据,进行用户画像和行为预测,实现个性化营销。

(3) 智能供应链与库存优化。AI 预测商品需求,优化库存和物流配送。

7) 科学智能(AI for Science)

(1) 新材料发现。中国科研团队用大模型 MatChat 预测无机材料合成路径。

(2) 生物医药研究。AI 用于蛋白质结构预测、基因序列分析等。

(3) 能源与环境。百度与国网智能电网研究院开发电力行业 NLP 大模型,提升电力系统智能化水平。

8) 文化娱乐与内容创作

(1) AI 绘画与图像生成。国内类似 Midjourney、Stable Diffusion 的工具允许用户通过文本生成图像。

(2) AI 音乐创作。AI 模型学习音乐风格并创作新乐曲。

(3) AI 视频生成。快手可灵 AI 模型具备生成图片和视频的能力,应用于视频制作、广告等领域。

(4) 游戏智能化。AI 提升游戏 NPC 行为智能、场景自动生成等。

关键要点总结

AI 在日常生活中涵盖智能助手、个性化推荐、智能家居等场景,提升生活便捷性。

重点行业中,中国企业在智能制造、智慧医疗、金融等领域的 AI 应用实践已取得显著成果。

混元 AI 视频

随着"人工智能 +"行动推进,AI 将在更多领域展现赋能价值。

1.3 人工智能的数据、算法与技术体系

1.3.1 数据与算法的相互关系

1. 人工智能的数据与算法

在人工智能领域,数据和算法如同建筑物的地基与钢筋骨架,缺一不可。没

有高质量数据作为“养料”,先进算法难以发挥作用;缺乏高效算法作为“引擎”,海量数据也只是无序信息。理解两者的核心地位及相互关系,是学习人工智能的起点。

1) 数据在 AI 中的核心地位:“AI 的燃料”

现代人工智能系统(尤其是基于机器学习和深度学习的系统)的智能,主要源于对大量数据的学习与模式提取,这与人类通过观察和经验学习的过程类似。“数据是 AI 的燃料”,该比喻形象说明数据对 AI 的重要性。AI 模型通过“消化”数据学习知识、识别规律,数据的数量和质量直接决定模型性能上限。

(1) 数据的类型。①结构化数据。以表格形式存储,格式固定(如客户信息、交易记录)。②半结构化数据。有一定结构但不规整(如 XML、JSON 文档)。③非结构化数据。无固定结构,占数据总量绝大部分(如文本、图像、音频、视频),处理此类数据是现代 AI 的重要能力。

(2) 数据的重要性维度。① 数量(Volume)。更多数据有助于模型学习更丰富的模式,提升泛化能力,大模型训练依赖 PB 级数据。② 质量(Quality)。数据的准确性、完整性、时效性等至关重要,低质量数据会导致模型误判。③ 多样性(Variety/Diversity)。训练数据需覆盖各种场景,避免模型偏见,增强鲁棒性。④ 标注(Labeling)。监督学习中需人工标注数据(如为图像分类),标注质量和成本影响 AI 项目进展。

(3) 数据处理流程。① 数据采集。从传感器、数据库、互联网等来源获取数据。② 数据清洗。处理缺失值、异常值、重复数据,修正错误。③ 数据转换/预处理。转换为模型适用格式(如归一化、特征编码)。④ 数据标注(监督学习)。为数据添加标签。⑤ 数据增强。通过变换现有数据(如图像旋转)扩充数据集,提升模型泛化能力。

2) 算法在 AI 中的驱动作用:“AI 的引擎”

若数据是燃料,算法则是驱动 AI 系统运转的引擎或大脑,定义了 AI 如何从数据中学习、推理和决策。

(1) 算法的定义与作用。在 AI 领域,算法是精确定义的计算步骤和规则,用于解决特定任务。对机器学习而言,算法决定模型如何从训练数据中提取模式并建立映射关系。

(2) 算法的分类(初步)。①传统算法/基于规则的算法。依赖人工预定义规则(如专家系统),在规则明确的封闭领域有效,但难以处理复杂现实问题。②机器学习算法。不依赖显式规则,从数据中自动学习,是现代 AI 的核心(如线性回归、决策树、神经网络等)。

(3) 好算法的标准。① 准确性/性能。算法在特定任务上的表现(如分类准确率)。② 效率。计算复杂度和运行时间,尤其在处理大规模数据时。③ 鲁棒性。对噪声数据、异常值或新数据的处理能力(泛化能力)。④ 可解释性。决策过程能否被人类理解(在医疗、金融等领域尤为重要)。⑤ 可扩展性。处理数据量和模型复杂度增长的能力。

3) 数据与算法的相互关系

数据和算法在人工智能中相辅相成、密不可分。

(1) 算法依赖数据。机器学习算法(尤其是监督学习)的性能高度依赖训练数据的质量和数量,缺乏优质数据,先进算法也无法训练出有效模型。

(2) 数据特性决定算法选择。数据的类型(结构化 / 非结构化)、特征、分布等影响算法选型。例如,图像数据常用卷积神经网络(CNN),序列数据(如文本)常用循环神经网络(RNN)或 Transformer。

(3) 数据驱动算法优化。AI 模型训练的本质是算法根据数据调整参数以优化性能,数据反馈驱动算法迭代。

(4) 共同决定 AI 系统上限。AI 系统的性能上限受数据质量和算法能力共同制约,只有两者结合才能构建强大的 AI 系统。

关键要点总结

数据是 AI 的“燃料”,其数量、质量和多样性直接影响 AI 模型性能。

算法是 AI 的“引擎”,定义了 AI 从数据中学习和决策的方式。

数据与算法相互依赖、相互促进,共同决定 AI 系统的性能上限。

理解数据处理流程和算法选型,是构建有效 AI 应用的基础。

1.3.2 机器学习与深度学习的逻辑框架

机器学习(Machine Learning,ML)和深度学习(Deep Learning,DL)是当前人工智能领域最核心、应用最广泛的技术。理解它们的基本概念和逻辑框架,对于认识现代人工智能的工作原理至关重要。本部分侧重于介绍其核心思想和工作流程,帮助建立清晰的认知框架。

1. 机器学习的基本概念与逻辑框架

机器学习是让计算机系统从数据中自动学习经验和规律,并利用这些经验对新数据进行预测或决策的技术,无需针对具体任务显式编程。

1) 机器学习的三大类型

(1) 监督学习(Supervised Learning)。①核心思想。模型通过学习带“正确答案”(标签)的训练数据,找出输入特征与输出标签的映射关系,类似学生跟着老师学习。②输入。带明确标签的训练数据集(如标注了“猫”“狗”的图片)。③任务。分类——输出离散类别(如垃圾邮件判断、物体类别识别);回归——输出连续数值(如房价预测、股票价格预测)。④实例:房价预测模型通过房屋面积、位置等特征及售价标签,学习特征与售价的关系,预测新房屋售价。

(2) 无监督学习(Unsupervised Learning)。①核心思想。模型在无“正确答案”的情况下,从无标签数据中发现隐藏结构或模式,类似学生自主探索学习。

②输入。未标注的训练数据集。③任务。聚类——将相似数据点分组(如用户分群);降维——减少数据特征数量(如主成分分析 PCA);关联规则挖掘——发现数据项关联(如超市购物篮分析)。④实例。根据用户浏览和购买记录,自动划分行为相似的用户群组。

(3) 强化学习(Reinforcement Learning)。①核心思想。智能体在环境中通过"奖励/惩罚"机制试错学习,优化策略以最大化累积奖励,类似训练宠物。②关键要素。智能体、环境、状态、动作、奖励。③任务。学习序贯决策(如机器人控制、AlphaGo 围棋策略、自动驾驶)。④实例。训练 AI 玩迷宫游戏,通过奖励机制学习最优路径。

2) 机器学习基本流程(如图 1-1 所示)

(1) 问题定义。明确要解决的问题与目标。

(2) 数据准备。收集、清洗、探索数据,并划分为训练集、验证集、测试集。

(3) 特征工程。提取或构建对预测有用的特征,直接影响模型性能。

(4) 模型选择。根据问题类型和数据特性选择合适算法。

(5) 模型训练。调整参数最小化预测误差。

(6) 模型评估。用验证集/测试集检验泛化能力,指标包括准确率、均方误差等。

(7) 模型调优。优化超参数或特征工程。

(8) 模型部署与监控。投入实际应用并持续更新。

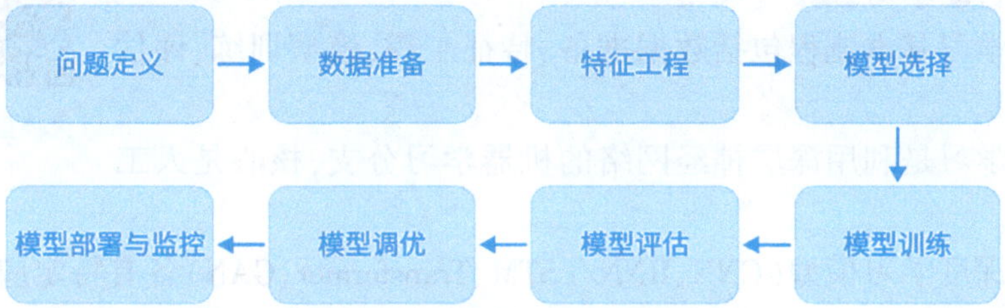

图 1-1　机器学习基本流程

2. 深度学习的基本概念与逻辑框架

深度学习是机器学习的分支,使用包含多个处理层的人工神经网络(ANN)从大规模数据中学习复杂模式和表示。

1) 神经网络基础

(1) 生物启发。人工神经网络灵感源于生物神经元的信号传递方式。

(2) 人工神经元模型(感知机)。接收输入信号并加权求和,通过激活函数(如 ReLU)产生输出。

(3) 多层感知机(MLP)。由输入层、隐藏层、输出层组成,深层神经网络(DNN)包含多个隐藏层。

2）常见深度学习模型（侧重逻辑和应用场景）

（1）卷积神经网络（CNN）。①核心思想。通过卷积层自动学习图像局部特征（如边缘），池化层降低维度，适用于图像数据。②应用。图像识别、目标检测、人脸识别等计算机视觉任务。

（2）循环神经网络（RNN/LSTM/GRU）。①核心思想。具备“记忆”能力，处理序列数据（当前输出依赖历史信息），LSTM/GRU 解决 RNN 长序列梯度消失问题。②应用。自然语言处理（机器翻译、文本生成）、语音识别、时间序列预测。

（3）Transformer 模型。①核心思想。基于自注意力机制，并行处理序列元素，捕捉长距离依赖，提升序列处理效率。②应用。自然语言处理（大语言模型如 GPT、BERT）、机器翻译、问答系统。

（4）生成对抗网络（GAN）。①核心思想。由生成器（生成假数据）和判别器（区分真假数据）博弈进化，生成高质量合成数据。②应用。AI 绘画、图像风格迁移、数据增强。

3）深度学习与机器学习的关系

深度学习是机器学习的强大分支，需更大量数据和计算能力，能自动学习复杂特征表示，减少人工特征工程依赖，尤其在处理图像、语音、文本等非结构化数据时优势显著。

关键要点总结

机器学习分为监督学习、无监督学习和强化学习，使计算机从数据中自动学习。

机器学习基本流程包括数据准备、特征工程、模型训练、评估及部署。

深度学习是利用深层神经网络的机器学习分支，核心是人工神经网络。

常见深度学习模型（CNN、RNN/LSTM、Transformer、GAN）各有特定应用领域。

深度学习可自动学习复杂特征，在非结构化数据处理中优势明显。

大模型图像识别

1.3.3 人工智能技术体系

人工智能并非单一技术，而是一个复杂的技术体系，由多个层次、不同功能的技术模块协同工作构成。了解人工智能的技术体系有助于我们从全局视角把握 AI 的构成和发展方向。根据《国家人工智能产业综合标准化体系建设指南（2024 版）》（以下简称《指南》），我国人工智能标准体系结构为我们理解其技术体系提供了一个清晰的框架。

1. 技术体系的层次结构

人工智能的技术体系通常可以划分为以下几个主要层次。

（1）基础层/基础支撑。此层为人工智能的研发和应用提供最底层的硬件、软件和数据资源。

(2) 数据(Data)。①数据资源与服务。包括用于模型训练和测试的各种数据集(文本、图像、语音、行业数据等)。②数据处理技术。涉及数据采集、清洗、标注、存储、管理、治理、安全与隐私保护等。高质量的数据是 AI 的基石。

(3) 算力(Computing Power)。①AI 芯片(Intelligent Chip)。专门为 AI 计算优化的处理器,如 GPU(图形处理器)、TPU(张量处理器)、NPU(神经网络处理器)、FPGA(现场可编程门阵列)等。例如,华为昇腾系列、寒武纪等是中国在 AI 芯片领域的代表。②智能传感器(Intelligent Sensor)。用于感知物理世界,获取图像、声音、位置、温度等各种信息。③计算设备与平台。包括 AI 服务器、边缘计算设备、云计算平台(如阿里云、腾讯云、华为云提供的 AI 计算服务)。④算力中心/智算中心。提供大规模、高性能的 AI 计算基础设施。⑤算法。指构成各种 AI 模型的基础数学原理和计算方法,如优化算法、统计学习方法等。

(4) 技术层/框架层/关键技术。此层基于基础层的资源,构建起实现各种 AI 功能的核心技术和开发工具。①机器学习/深度学习框架。提供用于开发、训练和部署 AI 模型的软件库和工具,如 TensorFlow(Google)、PyTorch(Meta)、PaddlePaddle(百度)、MindSpore(华为)等。这些框架大大降低了 AI 应用的开发门槛。②计算机视觉(CV)技术。涉及图像处理、特征提取、目标识别、场景理解等一系列算法和模型。③自然语言处理(NLP)技术。涉及文本分词、词性标注、句法分析、语义理解、文本生成、机器翻译等。④语音技术(Speech Technology)。涉及语音识别(ASR)、语音合成(TTS)、声纹识别、语音情感分析等。⑤知识图谱(Knowledge Graph)。用于结构化地表示和组织知识,支持更精准的问答和推理。⑥机器人技术(Robotic)。结合感知、控制、AI 决策,使机器人具备自主行动和智能交互能力。⑦其他关键通用/领域技术。如强化学习、迁移学习、联邦学习、可解释人工智能,以及人机混合增强智能、智能体、跨媒体智能、具身智能等前沿技术方向。

(5) 应用层/智能产品与服务/行业应用。将 AI 技术应用于解决特定行业或场景的实际问题,形成各种智能产品、服务和解决方案。①通用 AI 应用。如智能搜索、智能推荐、智能客服、智能办公助手等。②行业 AI 解决方案。针对特定行业的深度应用,如智慧医疗中的 AI 辅助诊断系统、智能制造中的 AI 质检系统、智慧金融中的 AI 风控平台、自动驾驶系统等。③AI 赋能新型工业化。《指南》特别强调了 AI 在赋能制造业全流程智能化以及重点行业智能升级方面的标准。中国信息通信研究院《人工智能发展报告(2024 年)》也指出,人工智能赋能新型工业化向纵深发展,呈现“大小模型协同”“两端快、中间慢”等阶段特征。

此外,《指南》还包括基础共性标准(如术语、参考架构、测试评估、管理、可持续等)和安全/治理标准,它们贯穿于整个技术体系,为 AI 的健康发展提供规范和保障。

2. AI 技术体系的特点

人工智能的技术体系呈现出以下几个显著特点。

(1) 技术交叉与深度融合。AI 技术体系内部各层次、各模块之间并非孤立存在,而是相互依赖、深度融合。例如,自动驾驶系统需要计算机视觉、传感器技术、机器学习决策算法、高精度地图数据等多方面技术的协同。

(2) 快速迭代与持续演进。AI 技术发展速度极快,新的算法、模型、框架和应用层出不穷。大模型的出现就是近年来技术快速迭代的典型体现。

(3) 开源生态的推动作用。大量的开源数据集、开源算法库、开源深度学习框架极大地加速了 AI 技术的普及和创新,降低了研发门槛,形成了富有活力的全球开发者社区。

(4) 应用驱动的特征明显。许多 AI 技术的突破和发展受到实际应用需求的驱动。解决特定行业痛点、提升效率、改善体验是 AI 技术发展的重要方向。

(5)"大小模型协同"趋势。即通用大模型提供基础能力,而针对特定场景的传统小模型或优化后的行业模型在具体应用中发挥作用。

1.4 人工智能的数据隐私保护与伦理问题

人工智能的强大能力在很大程度上依赖于对海量数据的分析和利用。然而,这也带来了前所未有的数据隐私保护挑战。作为未来的 AI 从业者,必须充分认识这些挑战,并掌握相关的法律法规和技术要求,以确保 AI 应用在合规和尊重用户隐私的前提下进行。

1.4.1 AI 时代数据隐私面临的挑战

人工智能技术的广泛应用,使得个人信息的收集、处理和使用达到了前所未有的深度和广度,由此引发了一系列严峻的隐私保护挑战。

(1) 海量个人信息的集中与泄露风险。AI 系统(尤其是大模型)的训练和运行需要大量的用户数据,这些数据如果集中存储和处理,一旦发生安全漏洞,可能导致大规模的个人信息泄露,造成严重后果。

(2) 数据滥用与用户画像的过度挖掘。AI 强大的分析能力可以从用户的各种行为数据中精准描绘用户画像,甚至挖掘出用户自己都未曾意识到的行为偏好和潜在需求。这些信息若被滥用,可能导致精准营销的过度干扰、价格歧视,甚至操纵用户行为。

(3) 算法不透明性带来的隐私侵犯隐蔽性。许多先进 AI 算法(如深度学习模型)的决策过程如同"黑箱",用户甚至开发者都难以完全理解其工作原理。这使得某些基于算法的隐私侵犯行为更加隐蔽,难以被发现和追溯。

(4) 敏感个人信息的特殊保护需求。AI 在医疗、金融、安防等领域的应用,往往涉及用户的生物识别信息(人脸、指纹)、健康医疗数据、金融交易数据等高度敏感的个人信息。这些信息的泄露或滥用将对个人造成更严重的损害。

(5) 个人信息控制权的削弱。在 AI 驱动的自动化决策和个性化服务中,用户可能难以有效控制其个人信息如何被收集、使用和共享,知情同意原则面临挑战。

(6) 跨境数据流动的风险。AI 应用和服务通常具有全球性,个人信息可能在不同国家和地区之间流动,增加了隐私保护的复杂性和监管难度。

1.4.2　数据隐私保护的法律框架与技术手段

1. 数据隐私保护的法律框架

为应对上述挑战,世界各国和地区纷纷加强数据隐私保护立法。在中国,已经初步形成了以《中华人民共和国网络安全法》《中华人民共和国数据安全法》和《中华人民共和国个人信息保护法》为核心的法律框架。

《中华人民共和国网络安全法》(2017 年实施)从国家网络安全的宏观角度,对网络运营者收集、使用个人信息等行为提出了基本要求。

《中华人民共和国数据安全法》(2021 年实施)确立了数据分类分级保护、数据安全风险评估、监测预警和应急处置等制度,强调了数据处理活动的安全保障义务。

《中华人民共和国个人信息保护法》(2021 年实施)是中国在个人信息保护领域的专门立法,对 AI 应用具有直接和重要的指导意义。其核心原则和规定如下。

(1) 知情同意原则。处理个人信息应当取得个人同意,并充分告知处理目的、方式、范围等。

(2) 最小必要原则。处理个人信息应当具有明确、合理的目的,并限于实现处理目的的最小范围。

(3) 目的限制原则。收集个人信息后,如需用于其他目的,应再次取得个人同意。

(4) 公开透明原则。个人信息处理者应当公开其处理规则,明示处理的目的、方式和范围。

(5) 个人信息处理者的义务。包括采取必要的安全保护措施、建立个人信息保护合规制度、指定负责人、开展个人信息保护影响评估(PIA)等。

(6) 个人权利。规定了个人对其信息享有的查阅、复制、更正、删除、撤回同意、可携带等权利。

(7) 自动化决策的规范。对利用个人信息进行自动化决策(如个性化推荐、用户画像)提出了特定要求,如保证决策的透明度和结果公平、公正,不得对个人在交易价格等交易条件上实行不合理的差别待遇,并应提供便捷的拒绝方式。

与 AI 相关的特定规定或指引还包括如下内容。

《新一代人工智能伦理规范》中明确要求“保护隐私安全”,强调“充分尊重个人信息知情、同意等权利,依照合法、正当、必要和诚信原则处理个人信息”。

《互联网信息服务算法推荐管理规定》《互联网信息服务深度合成管理规定》《生成式人工智能服务管理暂行办法》等部门规章,也对 AI 应用中的数据使用和隐私保护提出了具体要求。

2. 数据隐私保护的技术手段

除了法律规范,技术手段在数据隐私保护中也扮演着至关重要的角色。以下是一些常用的隐私增强技术(Privacy-Enhancing Technologies,PET)。

1) 数据加密与脱敏

(1) 数据加密(Encryption)。将原始数据(明文)通过加密算法转换为不可直接读取的密文,只有拥有密钥才能解密,用于保护数据在存储和传输过程中的安全。

(2) 数据脱敏(Data Masking/De-identification)。对敏感数据进行处理,如用“*”替换身份证号码中的部分数字、对姓名进行模糊化处理,使其在不泄露个人隐私的前提下仍可用于分析。

2) 匿名化(Anonymization)与假名化(Pseudonymization)

(1) 匿名化。移除或修改个人可识别信息,使得数据无法再关联到特定个人。

(2) 假名化。用一个假名或标识符替换原始的个人身份信息,原始身份信息与假名之间的对应关系被分开存储和保护。

3) 差分隐私(Differential Privacy)

一种提供数学上可证明的隐私保护强度的技术。它通过在查询结果中添加随机噪声,使得攻击者无法从查询结果中准确推断出个体信息是否存在于数据集中。

4) 联邦学习(Federated Learning)

一种分布式机器学习技术,允许多个参与方在不共享原始数据的情况下协同训练模型。数据保留在本地,只交换模型的更新参数,从而保护数据隐私。

5) 安全多方计算(Secure Multi-Party Computation,SMPC)

允许多个互不信任的参与方共同计算一个函数,而每个参与方除了自己的输入和最终的计算结果外,无法获知其他参与方的任何额外信息。

6) 访问控制与权限管理(Access Control & Rights Management)

严格控制对数据的访问权限,确保只有授权人员才能在授权范围内访问和使用数据。

1.4.3 企业在 AI 应用中数据隐私保护的责任与实践

企业作为 AI 技术的主要研发者和应用者,在数据隐私保护方面承担着重要责任。

(1) 建立健全数据安全管理制度和技术保障体系。制定明确的数据收集、使用、存储、共享、销毁等全生命周期的管理规范和操作流程。

(2) 开展数据安全和个人信息保护影响评估。在进行涉及大量个人信息处理或高风险的 AI 项目前,主动评估可能带来的隐私风险,并采取相应的缓解措施。

(3) 保障用户的知情权、同意权和选择权。以清晰易懂的方式告知用户个人信息的处理规则,获取明确同意,并为用户提供管理其个人信息(如查询、更正、删除、撤回同意、拒绝个性化推荐)的便捷途径。

(4) 采取适当的技术和管理措施保护数据安全。如数据加密、访问控制、安全审计、员工培训等,防止数据泄露、篡改和丢失。

(5) 建立数据泄露应急响应机制。制定应急预案,一旦发生数据泄露事件,能够及时响应、控制影响、通知相关方并配合调查。

(6) 坚持“Privacy by Design”(设计时隐私保护)理念。在 AI 系统和产品的设计研发初期就融入隐私保护的考量,而不是事后补救。

1.4.4 人工智能伦理挑战与应对策略

随着人工智能技术的飞速发展和应用的广泛普及,其带来的伦理问题也日益凸显,成为社会各界关注的焦点。理解这些伦理挑战并探讨应对策略,对于确保 AI 技术以负责任和有益于人类的方式发展至关重要。

1. 人工智能伦理的核心议题

人工智能的发展和应用引发了一系列复杂的伦理议题,主要如下。

1) 算法偏见与歧视(Algorithmic Bias and Discrimination)

(1) 产生原因。训练数据中的历史偏见(如性别、种族偏见)、算法设计缺陷或开发者无意识偏见,可能导致 AI 系统产生歧视性结果。

(2) 表现形式。招聘筛选中对特定人群的偏好、信贷审批中的群体差异对待、人脸识别对某些肤色人群的识别率较低等。

(3) 潜在危害。加剧社会不公,侵犯个体平等权利,固化甚至放大现有歧视。

2) 责任归属(Accountability and Responsibility)

(1) 问题。当自主运行的 AI 系统(如自动驾驶汽车、AI 医疗诊断系统)做出错误决策并造成损害时,责任应由谁承担?是开发者、所有者、使用者,还是 AI 本身?

(2) 挑战。传统法律责任框架难以适用于复杂 AI 系统,责任链条模糊,追责困难。

3) 就业冲击与社会结构变化(Impact on Employment and Social Structure)

(1) 挑战。AI 驱动的自动化可能取代大量重复性岗位,引发结构性失业,加剧收入分配不均。

(2) 机遇。同时催生新职业和产业,需要社会进行劳动力技能转型。

4) 人类自主性与控制权(Human Autonomy and Control)

担忧。过度依赖 AI 决策可能削弱人类自主判断能力,关键领域需确保 AI 始终处于人类有效控制之下,避免“算法独裁”或失控风险。

5) AI 的“黑箱”问题与可解释性需求(Explainability and Transparency)

(1) 问题。许多高性能 AI 模型(尤其是深度学习模型)内部决策逻辑复杂,难以被人类理解。

(2) 需求。在医疗、金融、司法等高风险领域,AI 决策的可解释性至关重要,有助于建立信任、发现错误、实现公平。

6) 数据权利与数字鸿沟(Data Rights and Digital Divide)

问题。AI 依赖大量数据,数据的收集、所有权、使用权及价值分配问题突出;不同群体在数据和 AI 技术的可及性上存在差距,可能加剧数字鸿沟。

7) AI 的军事化应用与安全风险(AI in Warfare and Security Risks)

担忧。自主武器系统(如 AI 控制的无人机、机器人士兵)的研发和部署可能引发军备竞赛,降低战争门槛,带来误判和冲突升级风险。

2.《新一代人工智能伦理规范》核心内容解读

为引导人工智能健康发展,中国国家新一代人工智能治理专业委员会于 2021 年 9 月发布《新一代人工智能伦理规范》,旨在将伦理道德融入人工智能全生命周期。其核心内容如下。

1) 六大基本伦理要求

(1) 增进人类福祉。坚持以人为本,促进人机和谐,推动可持续发展。

(2) 促进公平公正。坚持普惠性,保护各主体权益,关注弱势群体。

(3) 保护隐私安全。尊重个人信息权利,合法处理数据,保障隐私与安全。

(4) 确保可控可信。保障人类自主决策权,提升 AI 系统的透明性、可解释性、可靠性。

(5) 强化责任担当。明确人类为最终责任主体,建立问责机制。

(6) 提升伦理素养。普及伦理知识,主动参与伦理治理。

2) 特定活动的具体伦理要求

(1) 管理规范。推动敏捷治理、风险防范、包容开放。

(2) 研发规范。强化自律、提升数据质量、增强安全透明、避免偏见歧视。

(3) 供应规范。尊重市场规则、保障用户权益、强化应急保障。

(4) 使用规范。遵守法律法规、避免滥用、接受监督。

3. 应对 AI 伦理挑战的策略与路径

应对人工智能伦理挑战,需要政府、企业、学术界、公众及国际社会共同努力,采取多层面策略。

1）完善法律法规与伦理指南

制定适应 AI 发展的法律法规，明确研发、应用中的权利、义务和责任。

推广细化 AI 伦理准则和行业规范（如联合国教科文组织《人工智能伦理问题建议书》）。

2）加强技术研发与创新

（1）可解释人工智能。研发能解释决策过程的技术，增强透明度。

（2）公平性算法。设计检测和减轻算法偏见的算法。

（3）隐私增强技术（PET）。如差分隐私、联邦学习等，平衡数据利用与隐私保护。

（4）鲁棒与安全 AI。提高系统抗攻击和应对未知情况的能力。

3）建立伦理审查与监管机制

在 AI 项目研发和部署前进行伦理风险评估与审查。建立独立监管机构，监督 AI 应用。

4）推动行业自律与企业社会责任

鼓励行业协会制定自律公约，引导企业负责任开发应用 AI。企业将 AI 伦理融入公司治理和产品设计。

5）加强公众教育与多方对话

提高公众对 AI 技术和伦理问题的认知，促进理性讨论。建立多方参与的对话平台，共商 AI 治理方案。

6）深化国际合作与全球治理

AI 伦理是全球性挑战，需各国合作制定国际规则，推动全球治理框架（如中国《全球人工智能治理倡议》）。

1.5 学术诚信与负责任的技术应用

随着人工智能技术的普及，特别是在内容生成、数据分析等方面的强大能力，其在学术研究和日常技术应用中的使用日益增多。这既带来了便利，也对学术诚信和技术应用的责任提出了新的要求。作为未来的技术人才，理解并践行相关原则至关重要。

1.5.1 AI 在学术研究中的应用与挑战

人工智能工具，尤其是大型语言模型（如 ChatGPT、文心一言等），正在被越来越多地应用于学术研究的各个环节。

1. AI 辅助的优势

（1）文献综述与信息检索。AI 可快速处理大量文献，辅助研究人员筛选资料、总结研究进展。

（2）数据分析与模式发现。AI 算法能处理复杂数据集，发现人类难以察觉的模式和关联。

（3）辅助写作与润色。AI 写作工具可辅助生成初稿、改进表达、检查语法。

（4）代码生成与实验模拟。AI 辅助编写代码、进行仿真实验，提升研究效率。

2. AI 应用带来的学术诚信挑战

（1）原创性与署名权问题。AI 生成内容的原创性界定模糊，不当使用可能构成抄袭。

（2）学术不端风险。过度依赖 AI 生成内容可能导致研究深度不足、观点雷同。

（3）数据真实性与可靠性。需警惕 AI 分析中可能引入的偏见或误读。

（4）透明度与可复现性。使用 AI 工具需在论文中明确说明，保证研究过程透明。

3. AI 学术诚信的核心原则

无论技术如何发展，学术诚信的基石始终不变。使用 AI 辅助研究时，需坚守以下原则。

（1）原创性（Originality）。研究成果应基于独立思考，AI 仅作为辅助工具。

（2）真实性（Authenticity）。实验数据、过程和结果必须真实，严格验证 AI 分析结果。

（3）客观性（Objectivity）。结论基于事实证据，警惕 AI 算法中的潜在偏见。

（4）透明性（Transparency）。明确说明 AI 工具的使用情况（模型版本、参数等）。

（5）准确引用（Proper Citation）。对 AI 工具、借鉴的算法思想等按学术规范引用。

（6）责任担当（Accountability）。研究者对成果负最终责任，不推卸给 AI。

1.5.2 负责任的技术应用理念与 AI 从业者担当

1. 负责任的技术应用理念

将 AI 技术应用于实际场景，需秉持以下负责任的态度。

（1）技术向善（AI for Good）。应用 AI 解决气候变化、疾病防治等人类重大挑战，增进社会福祉。

（2）审慎评估潜在风险。开发和部署 AI 前，充分评估隐私泄露、算法歧视等负面影响并采取措施。

（3）避免误用和滥用。禁止将 AI 用于非法目的（如网络攻击、造谣、侵权等）；警惕深度伪造（Deepfake）技术滥用，防止欺诈、诽谤等恶意行为；避免过度依赖 AI 导致自身独立思考能力退化。

（4）遵守法律法规和伦理规范。严格遵守 AI 应用、数据保护、知识产权等相关法规和行业伦理。

(5) 以人为本,用户至上。AI 设计需考虑用户需求、体验和权利,确保普惠性和包容性。

2. 作为未来 AI 从业者的责任与担当

作为学生,未来参与 AI 技术工作时,需树立以下正确价值观。

(1) 持续学习,提升素养。学习 AI 技术的同时,加强法律法规和伦理规范的学习。

(2) 秉持审慎和负责的态度。参与 AI 项目时,思考其社会影响和伦理风险。

(3) 注重实践与反思。通过项目和案例分析,深化对负责任 AI 理念的理解。

(4) 勇于发声与建言。对不当 AI 应用或伦理风险提出质疑和改进建议。

(5) 积极参与构建健康 AI 生态。推动 AI 技术更好地服务社会发展。

1.5.3　实训项目建议

1. 主题 1:AI 应用场景调研与分析报告

1) 任务描述

同学们以小组(建议 3~4 人一组)为单位,选择一个自己感兴趣的行业(如智能制造、智慧医疗、电子商务、智慧教育、文化娱乐等)。针对所选行业,深入调研人工智能在该行业的至少 3 个典型应用案例。优先选择中国本土企业的成功案例。

2) 报告内容

(1) 案例背景介绍。阐述案例所处行业的现状、面临的挑战以及引入 AI 技术的契机和目标。例如在智慧医疗行业,鉴于人口老龄化加剧和医疗资源分布不均,提高医疗服务效率和可及性成为迫切需求,某企业基于此背景探索 AI 在医疗影像诊断方面的应用。

(2) AI 技术在案例中扮演的角色(具体应用了哪些 AI 技术,如图像识别、自然语言处理、机器学习模型等)。在医疗影像诊断案例中,详细说明利用深度学习图像识别技术对 X 光、CT 等影像进行分析,自动检测病灶特征,辅助医生快速准确地做出诊断。

(3) AI 技术如何解决了该场景下的实际问题,带来了哪些价值(如效率提升、成本降低、体验优化、模式创新等)。通过 AI 影像诊断技术,可大幅缩短诊断时间,从原来人工阅片的十几分钟缩短至几分钟,提高诊断效率;减少人为疏忽导致的误诊率,提升诊断准确性,改善患者就医体验;同时,由于诊断效率提升,医院能够接诊更多患者,在一定程度上缓解医疗资源紧张问题,实现医疗服务模式的创新。

(4) 该 AI 应用目前可能存在的挑战、局限性或潜在的伦理问题。可能面临数据质量不高影响诊断准确性的问题,因为医疗影像数据标注可能存在误差,且不同医院数据格式和标注标准不一致;在伦理方面,AI 诊断结果的责任界定不清晰,若出现误诊,难以确定是 AI 算法的问题还是医生使用不当的责任。

(5) 对该 AI 应用未来发展趋势的展望。未来,随着 AI 技术不断成熟和数据量的持续积累,诊断准确性将进一步提高;AI 可能与远程医疗更紧密结合,实现偏远地区患者也能享受到高质量的医疗诊断服务;同时,相关法律法规和伦理准则将逐步完善,保障 AI 在医疗领域的健康发展。

3) 成果形式

撰写详细的调研报告(可包含图文、数据等),并在课堂上进行成果展示和交流(如 PPT 演示)。

4) 能力培养

信息检索与筛选能力,案例分析能力,团队协作能力,报告撰写与表达能力。

2. 主题 2:“我与 AI 的第一次亲密接触”——AI 工具体验与反思

1) 任务描述

每位同学选择并体验 1~2 款当前常见的、易于上手的 AI 工具。例如以下工具。

(1) AI 绘画工具。如百度文心一格、Midjourney(Discord 版,体验可能需特定条件)、Stable Diffusion 的在线体验版等。

(2) AI 写作助手/聊天机器人。如 ChatGPT(体验可能需特定网络条件)、讯飞星火、文心一言、豆包等。

(3) 智能语音助手。手机自带的语音助手或其他智能语音识别/合成工具。

(4) AI 图像处理工具。如在线 AI 抠图工具、AI 图像修复工具等。

2) 体验要求

记录选择该工具的原因,以及对工具功能的初步预期:选择文心一言,是因为其在自然语言处理方面具有较高知名度,预期它能帮助解决写作时思路卡顿、语言表达不丰富的问题。

详细记录使用过程中的操作步骤、遇到的问题和感受:使用文心一言时,操作步骤较为简单,在输入框输入问题或写作主题即可。但在要求生成特定风格的文章时,可能出现风格把握不准确的情况,感受是其对常见问题的回答较为全面,但在个性化需求满足上还有提升空间。

测试工具在不同输入或场景下的表现,评估其功能的优点和局限性:在测试文心一言用于科普类文章创作时,发现它能快速提供丰富的知识和清晰的结构,优点是知识储备丰富、生成速度快;局限性在于文章创新性不足,缺乏独特的观点和深度分析。

截图或录屏记录关键体验环节:截取文心一言生成高质量科普段落的界面以及生成效果不理想的界面,用于后续分析对比。

3）反思内容

(1) 这款AI工具的核心功能是什么，它可能运用了哪些AI技术原理？文心一言核心功能是自然语言生成和问答，可能运用了深度学习中的Transformer架构等技术，通过对大量文本数据的学习来理解语义并生成回复。

(2) 这款工具在哪些方面带来了便利或惊喜？在快速获取资料、整理写作思路方面带来很大便利，能在短时间内提供多个角度的观点和素材，节省大量查阅资料时间。

(3) 在使用过程中，发现了这款工具的哪些不足或局限？存在内容深度不够、缺乏个性化情感表达、有时生成内容与实际需求有偏差等问题。

(4) 思考这款工具（或类似AI技术）如果被广泛应用，可能对个人生活、特定行业或社会带来哪些积极影响和潜在的负面影响（如伦理问题、隐私风险、技能替代等）？积极影响是提高个人工作学习效率，推动内容创作行业发展；潜在负面影响可能导致部分人写作能力退化，在新闻行业可能引发虚假新闻泛滥等伦理问题，同时大量个人提问数据存在隐私泄露风险，还可能替代一些简单的文案撰写等工作岗位。

(5) 作为使用者，如何才能更负责任地使用这类AI工具？合理参考AI生成内容，不抄袭，将其作为辅助而非替代自己的思考和创作；保护好个人隐私，不随意在不可信平台使用此类工具；积极反馈工具存在的问题，促进其改进。

4）成果形式

撰写一份AI工具体验与反思报告（图文并茂），有条件的同学可以制作简短的体验视频。

5）能力培养

AI工具使用与探索能力，批判性思维与反思能力，伦理风险感知能力。

【单元总结】

本模块作为《人工智能应用基础》的开篇，我们共同探索了人工智能这一激动人心的领域。我们从人工智能的基本定义与核心特征入手，理解了其模拟人类智能的本质；回顾了AI发展的三次浪潮与重要里程碑，特别是近年来中国在全球AI版图中的崛起；学习了AI的主要分类方式及其当前的能力边界与局限性，建立了对AI能力的客观认知；通过丰富的案例，我们熟悉了AI在日常生活及各行各业的典型应用场景，感知到AI的实用价值；我们认识到数据与算法是AI的基石，并初步掌握了机器学习与深度学习的逻辑框架；对庞杂的人工智能技术体系有了初步的层次化认知；最后，我们重点探讨了AI发展带来的数据隐私保护和伦理挑战，学习了相关的法律法规、技术手段和应对策略，并强调了学术诚信与负责任技术应用的重要性。

“初识人工智能”是后续深入学习图像识别、自然语言处理、大模型应用等具体技术和实践的基础。希望通过本单元的学习，同学们能够对人工智能有一个全面、系统且与时俱进的初步认识，激发学习兴趣，并为未来在人工智能领域的探索与应用打下坚实的思想和知识基础。

【知识拓展】

1. AI发展史上的关键人物

（1）艾伦·图灵（Alan Mathison Turing）。1912年出生于英国伦敦，被誉为计算机科学与人工智能之父。1936年，他发表论文《论可计算数及其在判定问题上的应用》，文中描述的“图灵机”为现代通用计算机的制造奠定了理论基础。1950年，图灵又发表《计算机器与智能》，提出“图灵测试”概念，探讨了机器具备思维的可能性。此外，第二次世界大战期间，图灵协助英国军方破解德国密码系统“Enigma”和“金枪鱼”，大大加速了盟军在第二次世界大战中的胜利进程。图灵的思想和贡献为后续计算机科学和人工智能的蓬勃发展提供了重要的基石。

（2）约翰·麦卡锡（John McCarthy）。1927年出生于美国，他在1955年的达特茅斯会议上首次提出“人工智能”一词，因此被尊称为“人工智能之父”。1958年，麦卡锡发明了LISP语言，该语言在人工智能领域广泛应用至今。他还推动了麻省理工学院的MAC项目，并协助建立斯坦福人工智能实验室。1971年，麦卡锡因在人工智能领域的卓越贡献荣获图灵奖。

（3）马文·明斯基（Marvin Minsky）。1927年出生于美国纽约。1951年，他建造了世界上第一个神经网络模拟器Snare，并提出关于思维如何萌发并形成的基本理论。1958年，明斯基与约翰·麦卡锡共同创建了世界上第一个人工智能实验室。1975年，他首创框架理论，以框架形式表示知识。明斯基还将人工智能技术与机器人技术结合，开发出世界上最早模拟人活动的机器人Robot C，并创建“思维机公司”开发智能计算机。1969年，他因在人工智能领域的突出贡献获得图灵奖。

（4）杰弗里·辛顿（Geoffrey Hinton）。1947年出生于英国温布尔登，拥有英国和加拿大双重国籍。他致力于神经网络模型研究，彻底改变了人工智能领域。1986年，辛顿及其合作者推广了“反向传播”算法，该算法成为几乎所有神经网络的基础。2012年，他和研究生开发的AlexNet程序在图像识别任务中表现卓越。2018年，辛顿与约书亚·本吉奥和杨立昆共同获得图灵奖，2024年荣获诺贝尔物理学奖，以表彰他为利用人工神经网络进行机器学习做出的基础性发现和发明。

（5）杨立昆（Yann LeCun）。他在卷积神经网络（CNN）领域有着开创性的贡献。其开发的LeNet-5卷积神经网络，是早期图像识别领域的重要突破，为后续CNN在计算机视觉任务中的广泛应用奠定了基础，推动了图像识别、目标检测等领域的快速发展，极大提升了计算机对图像信息的处理能力和准确性。

（6）约书亚·本吉奥（Yoshua Bengio）。专注于深度学习领域的研究，在神经网络的优化算法、无监督学习等方面做出了重要贡献。他的研究工作有助于提升神经网络的训练效率、性能表现以及对复杂数据的建模能力，促进了深度学习技术在语音识别、自然语言处理等多个领域的广泛应用和发展。

2. 当前AI领域的热门研究方向

（1）可解释人工智能（XAI）。旨在让AI的决策过程更透明、易于人类理解。在医疗领域，医生使用AI辅助诊断疾病时，若AI给出诊断结果却无法解释原因，医生很难完全信任并采用该结果。通过XAI技术，可将AI决策过程中的关键因素、推理逻辑以可视化或文本解释的形式呈现，帮助人们理解AI为何做出特定决策，增强对AI系统的信任，同时也有助于发现AI系统潜在的错误或偏见，推动AI技术在高风险决策场景中的可靠应用。

（2）小样本学习（Few-Shot Learning）/零样本学习（Zero-Shot Learning）。小样本学习致力于让AI模型在仅有少量标注数据的情况下进行有效学习；零样本学习则更进一步，期望AI模型在没有任何标注数据的情况下，依据已有的知识和语义理解来完成学习任务。在一些罕见病诊断中，由于病例数据稀缺，传统机器学习方法难以发挥作用，而小样本学习或零样本学习技术有望通过对少量病例特征以及医学知识图谱的利用，实现对罕见病的准确诊断和分析，拓宽AI技术在数据匮乏场景下的应用边界。

（3）科学智能（AI for Science）。聚焦于AI在基础科学研究，如物理、化学、生物、天文等领域的应用和突破。在材料科学中，通过AI算法对海量材料数据进行分析，能够快速筛选和设计具有特定性能的新材料，极大缩短新材料研发周期。在天文学中，利用AI处理大规模的天文观测数据，可帮助天文学家发现新的天体、分析天体演化规律等，为科学研究提供强大的工具和全新的研究思路，加速科学探索进程。

（4）具身智能（Embodied AI）。研究能够与物理环境进行智能交互的AI智能体，如机器人。在智能家居场景中，智能机器人可以通过视觉、听觉等传感器感知周围环境信息，理解用户指令并做出相应动作，如打扫房间、为用户拿取物品等。在工业生产中，具身智能机器人能够灵活应对复杂多变的生产任务，提高生产效率和自动化水平，使机器人更好地融入人类生活和工作环境，实现更加自然和高效的人机协作。

（5）AI安全与对齐（AI Safety and Alignment）。关注如何确保强大的AI系统与人类的价值观和意图保持一致，避免潜在风险。随着AI技术不断发展，AI系统的决策和行为可能对人类社会产生重大影响。通过AI安全与对齐研究，制定相应的技术和伦理规范，使AI在追求目标的过程中，遵循人类的道德准则和安全要求，防止出现如恶意攻击、侵犯隐私、造成社会不公平等负面情况，保障AI技术朝着对人类有益的方向发展。

3. 全球主要国家/地区的人工智能发展战略

(1) 美国。高度重视AI技术研发,持续加大在基础研究、关键技术突破以及人才培养等方面的投入。美国政府积极推动AI在军事、医疗、交通等关键领域的应用,例如在军事领域大力发展自主武器系统、智能作战指挥系统等,以维持其在全球军事技术领域的领先地位;在医疗领域,利用AI提高疾病诊断效率和准确性。同时,美国拥有众多顶尖高校和科技企业,产学研紧密结合,为AI技术创新提供了强大动力。

(2) 欧盟。强调AI发展的伦理和法律框架建设,注重保护个人隐私、数据安全以及确保AI决策的公平性和可解释性。欧盟通过制定一系列严格的数据保护法规,规范AI数据的收集、使用和管理。在应用方面,积极推动AI在智能交通、绿色能源、智慧城市建设等领域的应用,以提升社会可持续发展水平,促进经济转型和产业升级。

(3) 日本。将AI技术作为推动产业复兴和提升国家竞争力的关键手段。日本侧重于AI与制造业的深度融合,通过引入AI技术实现制造业的智能化升级,提高产品质量和生产效率。例如,在汽车制造、电子电器等传统优势产业中,应用AI技术优化生产流程、实现智能运维。同时,日本也在积极探索AI在养老、医疗等民生领域的应用,以应对人口老龄化等社会问题。

对比分析:美国在AI技术创新能力和产业发展规模上具有显著优势,尤其在基础研究和前沿技术探索方面处于领先地位;欧盟更注重AI发展的规范和可持续性,通过严格的法规保障AI技术符合社会伦理和法律要求;日本则凭借其强大的制造业基础,致力于AI与传统产业的融合,推动产业智能化转型。不同国家和地区的人工智能发展战略各有侧重,反映了其自身的产业结构、社会需求和发展目标,同时也在全球范围内形成了相互竞争又相互促进的发展格局。

【同步练习】

一、判断题

1. 人工智能的核心特征包括感知、学习、认知、交互和执行能力。(　　)

答案:√

解析:人工智能系统通常具备感知能力(获取外部信息)、学习能力(从数据中自动学习)、认知能力(推理决策)、交互能力(与人类沟通)和执行能力(转化为行动),这些是其区别于传统程序的关键特征。

2. 弱人工智能(ANI)具备与人类同等的通用智能,能处理任何领域的任务。(　　)

答案:×

解析:弱人工智能(ANI)专注于特定任务(如语音助手、AlphaGo),不具备通用智能;强人工智能(AGI)才是理论上具备人类同等智能的系统,目前尚未实现。

3. 达特茅斯会议(1956年)正式提出“人工智能”术语,标志着AI作为独立领域的诞生。(　　)

答案:√

解析:1956年达特茅斯会议由麦卡锡等人组织,首次提出“人工智能”概念,被视为AI学科诞生的标志。

4. 深度学习模型属于传统算法,依赖人工预定义规则处理数据。(　　)

答案:×

解析:深度学习属于机器学习的分支,通过神经网络自动从数据中学习特征,不依赖人工规则,与传统基于规则的算法(如专家系统)不同。

5.《中华人民共和国个人信息保护法》要求AI应用需遵循“最小必要原则”,即数据处理限于实现目的的最小范围。(　　)

答案:√

解析:《中华人民共和国个人信息保护法》明确规定,处理个人信息应遵循最小必要原则,避免过度收集和使用数据,保障用户隐私。

二、单选题

1. 以下哪项不属于人工智能的核心特征?(　　)

A. 感知能力　　B. 学习能力

C. 情感共鸣能力　　D. 执行能力

答案:C

解析:当前AI(尤其是窄人工智能)缺乏真正的情感共鸣能力,核心特征包括感知、学习、认知、交互和执行能力。

2. 首次提出“图灵测试”以判断机器是否具备智能的学者是?(　　)

A. 约翰·麦卡锡　　B. 艾伦·图灵

C. 杰弗里·辛顿　　D. 杨立昆

答案:B

解析:1950年,艾伦·图灵在《计算机器与智能》中提出“图灵测试”,作为判断机器智能的标准。

3. 以下哪项技术属于自然语言处理(NLP)的应用?(　　)

A. 人脸识别　　B. 语音合成(TTS)

C. 机器翻译　　D. 自动驾驶路径规划

答案:C

解析:机器翻译是NLP的典型应用,涉及文本语义理解与转换;人脸识别属于计算机视觉,语音合成属于语音技术,自动驾驶路径规划属于认知决策。

4. 根据能力水平分类,当前主流的AI系统(如语音助手、推荐算法)属于哪类?(　　)

A. 弱人工智能(ANI)　　B. 强人工智能(AGI)

C. 超人工智能(ASI)　　　　D. 通用人工智能

答案:A

解析:当前实际应用的 AI 系统多为弱人工智能(ANI),专注于特定任务,不具备通用智能。AGI 和 ASI 尚未实现。

5. 以下哪项不属于 AI 技术体系的基础层?(　　)

A. AI 芯片(如 GPU、TPU)　　　　B. 机器学习框架

C. 数据采集与清洗技术　　　　D. 算力中心

答案:B

解析:AI 技术体系的基础层包括数据、算力(如芯片、算力中心)和算法;机器学习框架属于技术层(框架层),用于开发 AI 模型。

单元 2　人工智能语言人机对话技术与应用

【学习目标】

知识目标

（1）理解人机对话系统的定义、核心目标及分类逻辑，掌握任务型、开放域聊天系统和问答系统的本质区别。

（2）掌握人机对话系统的典型技术架构，包括语音处理层、自然语言理解、对话管理、自然语言生成及知识库模块的功能与协同机制。

（3）理解人机对话基础操作的“四要素”及其对交互效果的影响。

技能目标

（1）能够根据任务需求区分不同类型的对话系统，并选择合适的交互策略。

（2）掌握自然语言理解中意图识别与实体抽取的基本方法，能分析用户输入的语义模糊性与多重意图问题。

素质目标

（1）通过分析人机对话技术的发展历程，培养探索人工智能前沿技术的创新精神，树立“科技服务人类”的伦理意识。

（2）在实践动态调整技巧时，强化问题分析与逻辑推理能力，养成批判性审视 AI 输出的科学思维习惯。

（3）通过理解对话系统中多学科理论的交叉应用，体会跨领域知识融合的重要性，培养系统思维与工程素养。

【知识脉络】

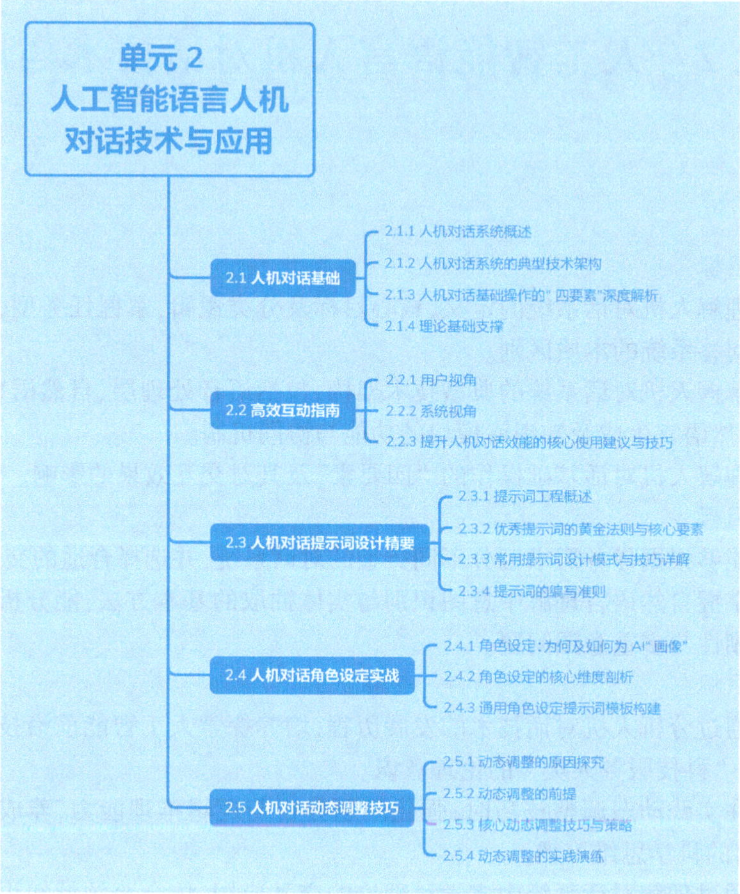

【案例导入】

人机对话技术赋能教学实践与交互能力体系构建
——从课堂应用到提示词设计的全维度解析

在合肥市杏林小学的课堂上,学生轻触屏幕,便能与“诗仙”李白展开跨越千年的对话;思政课里,“清洁工”智能体以第一视角讲述平凡岗位的坚守。这一创新教学方式,正是基于人机对话技术实现。老师借助“豆包”等 App 输入指令,生成互动情境,让知识在沉浸式体验中“活”起来。不仅激发了学生兴趣,还提升了课堂参与度,展现了人机对话在实际场景中的巨大潜力。

在人工智能技术快速发展的当下,人机对话已成为连接人类与智能系统的关键纽带。本单元将系统拆解高效人机交互的技术密码:从剖析对话核心原理与操作要素入手，带你理解人机对话的底层逻辑；通过常见问题剖析与应对策略，建立互动思维框架。你将掌握提示词设计的核心技巧，学会通过角色设定赋予 AI 具象化"人格"，运用结构化提示框架拆解复杂任务。同时，深入探索动态调整、记忆管理、知识库调优等进阶技术，最终构建从基础原理到复杂场景应用的完整能力体系，让人机对话成为驱动 AI 效能的核心引擎。

当你掌握这些知识后，不妨思考：如何用精准的提示词让 AI 理解复杂需求？动态对话中该如何调整策略以获得更理想的回应？又该如何通过记忆管理让 AI 持续"记住"对话背景？这些问题的答案，将在本单元的学习中逐步揭晓。

2.1　人机对话基础

人机对话技术旨在让机器能够像人一样使用自然语言进行交流。本节将深入探讨人机对话系统的基本概念、典型技术架构以及构成一次成功对话交互的核心操作要素，为后续学习打下坚实的理论基础。

2.1.1　人机对话系统概述

1. 定义与目标

人机对话系统（Human-Machine Conversation System），也常被称为对话系统（Dialogue System）或聊天机器人（Chatbot），是一种能够通过自然语言（文本或语音）与人类用户进行交互的计算机程序。其核心目标是理解用户的意图，提供有用的信息，完成特定的任务，或者仅仅是进行开放式的、类似人类的闲聊与情感陪伴。随着人工智能技术的发展，现代对话系统越来越追求交互的自然性、智能化和个性化。

2. 分类

1）按应用目标划分

（1）任务型对话系统（Task-Oriented Dialogue System）。旨在帮助用户完成特定任务，如查询天气、预订机票、控制智能家居设备等。这类系统通常有明确的对话流程和目标槽位需要填充。

（2）开放域聊天系统（Open-Domain Chat System）。旨在与用户进行广泛主题的、无固定目标的自由对话，更侧重于对话的流畅性、趣味性和情感连接，如社交机器人、陪伴机器人。

（3）问答系统（Question Answering System）。专注于根据用户提出的问题，从知识库或文档中检索并提供精准答案。

2）按实现技术划分

（1）基于规则的系统（Rule-based System）。依赖人工编写的大量规则和模式来理解用户输入并生成回复。开发成本高，灵活性差，但对于特定、封闭领域的任务有一定效果。

（2）基于检索的系统（Retrieval-based System）。通过从预先构建的对话库或知识库中检索最匹配的回复来响应用户。通常结合信息检索和文本匹配技术。

（3）基于生成的系统（Generation-based System）。利用机器学习模型（尤其是深度学习模型，如序列到序列模型、Transformer、大型语言模型）并根据当前对话上下文动态生成全新的回复。这类系统具有更强的灵活性和创造力，是当前研究和应用的热点。

三种类型对话系统的对比如图 2-1 所示。

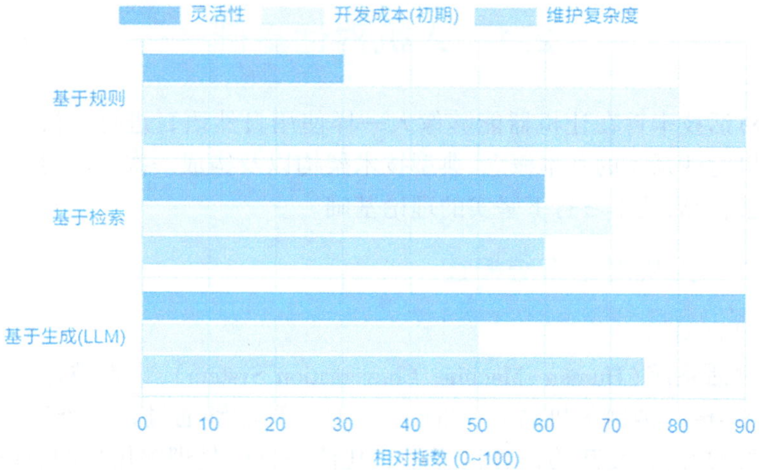

图 2-1　三种类型对话系统对比（概念性数据）

2.1.2　人机对话系统的典型技术架构

一个完整的人机对话系统通常包含以下几个核心技术模块，它们协同工作以实现流畅和智能的交互。

1. 语音处理层（可选）

主要用于语音交互场景。

（1）自动语音识别（Automatic Speech Recognition，ASR）。将用户的语音输入转换为文本。其基本原理包括声学建模（将声学信号映射到音素）和语言建模（根据音素序列预测可能的词语序列）。

（2）语音合成（Text-to-Speech，TTS）。将系统生成的文本回复转换为自然的语音输出。其基本原理包括文本预处理、声学参数预测和波形生成。

2. 自然语言理解（Natural Language Understanding，NLU）层

这是对话系统的“耳朵”和“大脑初级处理部分”，负责解析用户输入的文本，提取其核心语义信息。主要任务如下。

(1) 意图识别(Intent Recognition)。判断用户说话的主要目的或想要执行的操作(如“查询天气”“播放音乐”)。

(2) 实体抽取(Entity Extraction)/槽位填充(Slot Filling)。从用户输入中识别出与意图相关的关键信息片段(实体),并填充到预定义的语义槽位中(如“查询天气”意图下的“城市”和“日期”槽位)。

(3) 情感分析(Sentiment Analysis)。识别用户输入中蕴含的情绪(如喜悦、愤怒、悲伤)。

(4) 指代消解(Coreference Resolution)。确定代词(如“它”“他”“那个”)在上下文中具体指代的对象。NLU 的实现方法从早期的基于规则和关键词匹配,发展到基于统计机器学习(如 SVM、CRF),再到当前主流的基于深度学习的方法(如 RNN、LSTM、Transformer、BERT 等预训练模型)。

3. 对话管理(Dialogue Management,DM)层

这是对话系统的“决策大脑”,负责在多轮对话中维护对话状态、理解上下文,并决定系统下一步应该采取什么行动。核心任务如下。

(1) 对话状态跟踪(Dialogue State Tracking,DST)。在对话过程中持续追踪和更新关键信息,如用户的意图、已填充的槽位、对话历史、系统的上一个动作等,形成对当前对话状态的表征。

(2) 对话策略(Dialogue Policy,DP)。根据当前的对话状态,选择系统下一步应该执行的动作(如向用户提问、确认信息、调用外部 API、生成回复等)。对话策略的实现方法包括基于有限状态机(FSM)的简单规则、基于统计学习的规划方法,以及当前流行的基于强化学习(Reinforcement Learning,RL)的端到端策略网络。DM 模块对于实现连贯、有目标导向的多轮对话至关重要。

4. 自然语言生成(Natural Language Generation,NLG)层

对话系统的“嘴巴”,负责将对话管理器决定的系统动作或要表达的语义内容,转换成自然、流畅、符合语法规范的人类语言文本。NLG 的技术从简单的模板填充,发展到基于规则的语法构建,再到基于深度学习的序列到序列(Seq2Seq)模型、Transformer 以及大型语言模型(LLM)直接生成。现代 LLM 在 NLG 方面表现出色,能够生成多样化且高质量的文本。

5. 知识库/外部知识(Knowledge Base/External Knowledge)接口

为了提供准确、丰富的信息,对话系统常常需要依赖外部知识源。这可以是非结构化的文档集合、结构化的数据库,或者是知识图谱。系统通过检索或查询这些知识库来获取回答用户问题或完成任务所需的信息。如何有效地将外部知识与对话系统的其他模块(尤其是 NLU 和 NLG)融合,是提升对话系统智能水平的关键。

2.1.3　人机对话基础操作的“四要素”深度解析

无论对话系统的内部结构多么复杂,从用户与系统交互的视角来看,一次成

功的人机对话过程可以被抽象为以下四个核心操作要素的循环(图 2-2)。

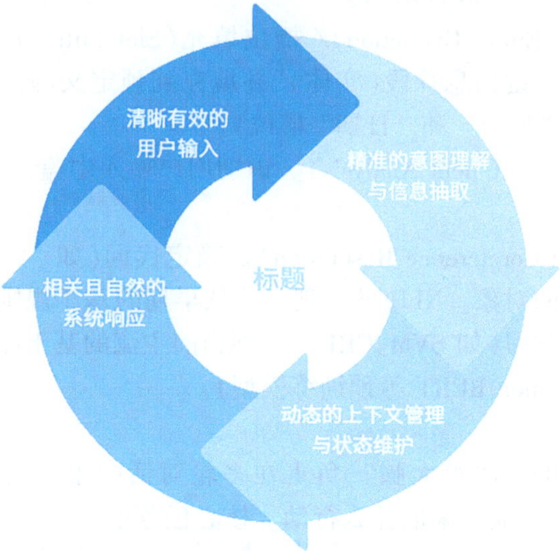

图 2-2 人机对话基础操作四要素循环图

1. 要素一:清晰有效的用户输入(User Input)

(1) 用户查询语句形式。用户通常以自然语言的陈述句、疑问句或指令句形式发起查询或表达需求。

(2) 输入方式的特点。文本输入直接明了,便于编辑和精确表达;语音输入更自然便捷,但可能受环境噪声、发音影响,需要 ASR 模块的准确转换。

(3)输入质量的影响。用户输入的明确性(意图是否清晰)、完整性(关键信息是否齐全)和简洁性(是否包含过多无关信息)会直接影响后续 NLU 模块的理解准确率和效率。一个模糊或不完整的输入可能导致系统无法理解或需要多轮澄清。

2. 要素二:精准的意图理解与信息抽取(Intent Recognition & Information Extraction)

(1) 系统如何识别核心意图。通过 NLU 模块,系统分析用户输入的词汇、句法结构和语义信息,将其映射到预定义的意图类别上,或理解其开放域的交流意愿。

(2) 如何提取关键实体 / 槽位。在识别意图的基础上,系统会进一步从输入中定位和提取与该意图相关的具体参数,即实体或槽位值(如订票意图中的"北京""上海""明天")。

(3) 处理意图的层次性与复杂性。用户的一个输入可能包含多个意图,或者一个主要意图下嵌套多个子意图。处理这种复杂意图对 NLU 模块提出了更高要求。

3. 要素三：动态的上下文管理与状态维护（Context Management & State Tracking）

（1）对话上下文为什么重要。对话上下文是指当前对话之前的交互历史、共享知识，以及对话环境等信息。上下文对于理解后续的用户输入（如指代消解、省略表达）和生成连贯的系统响应至关重要。

（2）多轮对话中如何跟踪和更新对话状态。对话管理（DM）模块的核心任务就是DST，它会记录并实时更新对话中的关键信息，如已确认的意图、已填充的槽位、用户的偏好、系统的上一步动作等。

上下文对后续理解和生成的影响：一个维护良好的对话状态能够帮助系统避免重复询问已知信息，理解用户在当前轮次的省略和指代，并根据用户的历史行为和偏好进行个性化响应。

4. 要素四：相关且自然的系统响应（System Response）

（1）响应的类型。系统响应可以多种多样，包括直接回答用户的问题（信息提供）；执行用户请求的任务并反馈结果；当信息不足或理解不确定时，进行澄清式反问；在闲聊场景中，生成富有情感、幽默或引导性的回复；提供操作建议或选项。

（2）评价响应质量的标准。准确性（Accuracy），信息是否正确，任务执行是否符合用户预期；相关性（Relevance），回复是否紧扣用户当前意图和上下文；流畅性（Fluency）& 自然性（Naturalness），语言表达是否符合语法规范，听起来是否像人类的自然语言；一致性（Consistency），在多轮对话中，系统的回答风格、所持观点、提供的信息是否前后一致；信息量（Informativeness），回复是否提供了足够且有用的信息；用户满意度（User Satisfaction），最终衡量对话系统好坏的综合指标。

2.1.4 理论基础支撑

人机对话技术的快速发展离不开多个基础理论学科的支撑，主要如下。

概率论与统计学：是机器学习模型的基础，广泛应用于NLU中的意图识别、槽位填充（如条件随机场CRF），以及对话管理中的策略学习（如强化学习中的概率模型）。

信息论：为理解和度量信息、优化编码（如语音识别中的语言模型熵）提供了理论基础。

形式语言与自动机：为早期基于规则的NLU和DM（如有限状态自动机FSM）系统提供了理论框架。

计算语言学：研究如何用计算的方法来处理和分析自然语言，是NLU和NLG的核心理论来源。

机器学习：提供了各种从数据中学习模式和规律的算法，是现代对话系统（包括基于检索和生成的系统）的关键驱动力。监督学习、无监督学习、强化学习等都在对话系统中扮演重要角色。

深度学习：作为机器学习的一个分支，深度神经网络（如RNN，LSTM，CNN，Transformer）因其强大的特征提取和序列建模能力，在ASR，NLU，NLG，DM等各个模块都取得了突破性进展，尤其是大型语言模型（LLM）的出现，极大地提升了对话系统的智能水平。

理解这些理论基础有助于我们更深刻地认识人机对话技术的本质，并为未来的技术创新和应用拓展提供更广阔的视野。

以中文语义理解和人机对话技术为核心的应用

2.2 高效互动指南

尽管人工智能对话系统取得了显著进步，但在实际应用中，用户与AI的互动并非一帆风顺。本节将从用户视角和系统视角剖析人机对话中常见的问题与挑战，并提供一系列实用的使用建议与技巧，旨在帮助同学们提升与AI对话的效能。

2.2.1 用户视角

用户在使用对话AI时，常常会遇到以下一些令人困惑或不甚满意的情况。

1. AI听不懂我的话

这是最常见的问题之一，原因可能如下。

(1) 语义模糊。用户使用了含义不明确的词语或句子。

(2) 口语化/非规范表达。用户输入了过多的口语、俚语、缩写，甚至是错别字，超出了AI的理解范围。

(3) 多重意图。一个问句中包含了多个并列的或嵌套的意图，AI难以准确捕捉和处理。

(4) 指代不明。用户在对话中使用了“它”“那个”等代词，但AI未能正确关联到上文的具体指代对象。

2. AI答非所问/胡说八道

即AI的回答与用户的问题不相关，或者给出了明显错误、不合逻辑甚至捏造的信息。原因可能如下。

(1) 模型幻觉（Hallucination）。尤其是基于大型语言模型的生成式AI，有时会“一本正经地胡说八道”，编造看似合理但实则虚假的信息。

(2) 知识盲区。AI模型的知识库是有限的（通常基于其训练数据截止日期前的知识），对于全新的、非常专业的或极为冷僻的问题可能无法回答。

(3) 上下文理解失败。AI未能正确理解当前对话的上下文，导致回答偏离主题。

3. AI 像个复读机/缺乏新意

AI 的回答显得单调、重复,缺乏个性和创造力,尤其在开放域闲聊场景中容易出现。

4. 与 AI 聊天越聊越偏/忘记了最初的目的

在多轮对话中,AI 可能因为上下文管理能力不足或用户引导不当,导致对话逐渐偏离最初设定的目标或核心议题。

5. 对 AI 能力的过度预期或错误理解

认为 AI 无所不能,能够解决所有问题或具备真正的人类情感和意识;将 AI 的流畅对话等同于其拥有真正的理解和智慧。

2.2.2 系统视角

从对话系统自身的技术实现层面来看,也存在诸多固有的挑战和瓶颈,这些是导致上述用户困境的深层原因(图 2-3)。

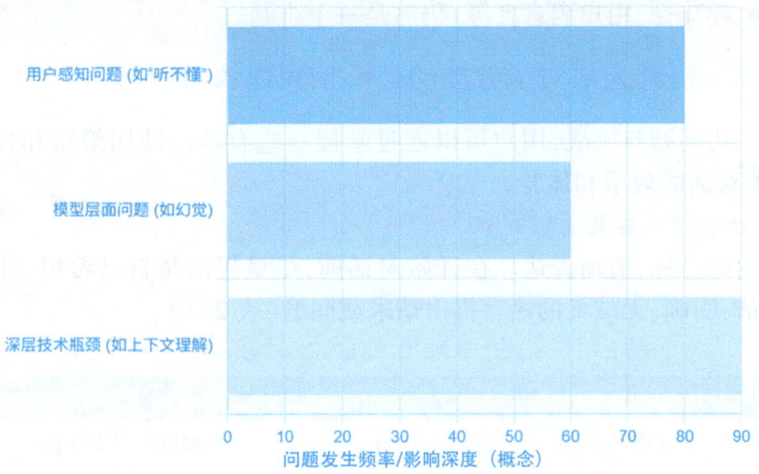

图 2-3 人机对话常见问题分类金字塔(概念示意图)

1. 自然语言的复杂性

人类语言充满了歧义(一词多义、句法结构多解)、多义性、隐喻、反讽、文化背景依赖等复杂现象,这对 NLU 模块的精准理解构成了巨大挑战。

2. 上下文理解的深度与广度

(1) 长程依赖(Long-range Dependency)。在较长的对话中,当前的理解可能依赖于很久之前的某句话,这对模型的记忆能力和上下文建模能力要求很高。

(2) 隐式上下文(Implicit Context)。很多对话信息是隐含在背景知识、用户常识或对话情境中的,AI 难以捕捉。

(3) 多模态上下文。未来的对话可能融合文本、图像、语音等多种模态,如何有效建模和利用多模态上下文是一个前沿挑战。

3. 知识的获取、表示与更新

如何构建和维护一个大规模、高质量且能够动态更新的知识库以支撑对话，以及如何将结构化知识（如知识图谱）和非结构化知识（如文本）与语言模型有效融合，以提供准确可靠的回答。

4. 可控性与可解释性（Controllability & Interpretability）

如何确保 AI 生成的内容是安全、合规、无偏见且符合用户预期的（可控性），以及如何理解和解释 AI（特别是深度学习模型）做出某个决策或生成某段回复的内部逻辑（可解释性），这对于调试、信任和责任追究非常重要。

5. 个性化与情感化交互

如何让 AI 真正理解用户的情感状态、个性特征和长期偏好，并据此进行富有同理心和个性化的回应，是实现更高级人机交互的关键。

6. 评估标准的缺乏

尤其对于开放域对话，如何科学、全面、客观地评估对话系统的性能（如流畅度、一致性、趣味性、用户满意度等）仍然是一个难题。

2.2.3 提升人机对话效能的核心使用建议与技巧

面对上述问题与挑战，用户可以通过掌握一些有效的使用策略和技巧，显著提升与 AI 对话的效率和体验。

1. 提升对话效能的关键建议

（1）明确目标，清晰表达。在开始对话前，尽量想清楚自己希望 AI 做什么，然后用简洁、明确、无歧义的语言提出请求或问题（表 2-1）。

表 2-1 AI 对话使用“Do's”和“Don'ts”清单

Do's（应该做的）	Don'ts（避免做的）
指令清晰、具体	问题模糊、含糊不清
提供必要的上下文	假设 AI 了解所有背景
将复杂问题分解	一次性提出多个复杂请求
尝试不同的提问方式	对初步不理想的回答轻易放弃
赋予 AI 明确角色	期望 AI 自然理解所有隐含义
批判性地评估 AI 的回答	完全相信 AI 的每一个输出
使用迭代和追问来优化	与 AI 进行无意义的争论
明确输出格式要求	期望 AI 自动猜到你想要的格式

（2）提供充分上下文。如果对话依赖特定背景信息，务必在提问时提供给 AI，或确保 AI 能从前文获取。

（3）迭代提问，逐步求精。不要期望一次提问就能得到完美答案。当 AI 回答不理想时，尝试换种问法、补充信息或针对性地要求 AI 修正。

2. 学会“提问的艺术”

(1) 适当使用开放式问题(鼓励 AI 发散)和封闭式问题(获取特定信息)的组合。

(2) 避免在一个问题中包含过多指令或过于复杂的逻辑。

(3) 将复杂任务分解为多个小步骤进行提问。

3. 善用 AI 的角色扮演能力

通过赋予 AI 特定角色,可以引导其以更专业或特定的方式回答问题。

4. 批判性审视 AI 回答

始终牢记 AI 可能产生幻觉或提供不准确信息。对 AI 的回答,尤其是涉及事实、数据、重要决策的内容,务必结合常识和专业知识进行判断和验证。

5. 积极反馈与调整

(1) 如果对话系统提供反馈机制(如点赞 / 点踩),积极使用可优化服务。

(2) 通过观察 AI 的反应,不断调整自己的提问方式和对话策略。

6. 管理预期

理解当前 AI 技术的能力边界和局限性,不抱有不切实际的期望,将其视为一个强大的辅助工具而非全知全能的“神”。

7. 迭代式提问与反馈优化流程(图 2-4)

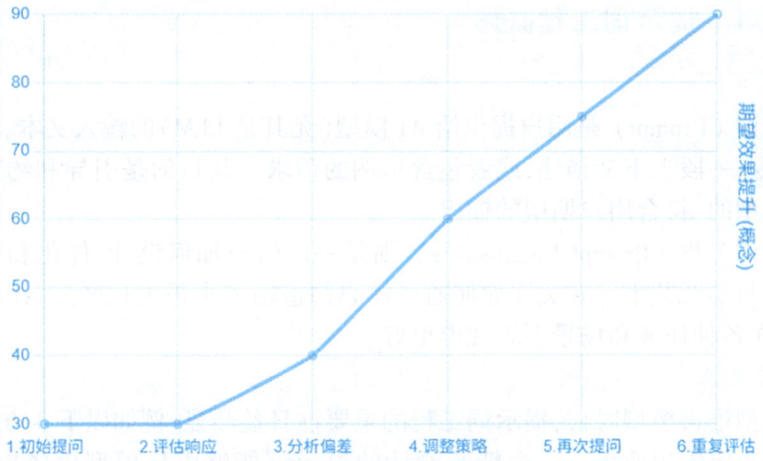

图 2-4 迭代式提问与反馈优化流程图

当与 AI 的初次交互未达到预期时,可以采用迭代式提问的方法进行优化。这个过程可以概括为以下几个步骤。

(1) 初始提问。清晰地提出你的初始问题或指令。

(2) 评估 AI 响应。检查 AI 的回答是否准确、相关、完整、符合要求。

(3) 分析偏差。如果回答不理想,分析可能的原因(是 AI 没理解? 信息不足? 还是能力所限?)。

(4) 调整提问策略。

澄清 / 简化:如果 AI 没理解,尝试用更简单、更明确的语言重述问题。

补充信息 / 上下文:如果 AI 因信息不足而无法回答,提供缺失的背景或数据。

分解任务:如果问题太复杂,将其分解为更小的子问题逐一询问。

提供示例:如果 AI 输出的格式或风格不对,给出期望的示例。

角色强化:再次强调 AI 需要扮演的角色及其职责。

(5) 再次提问。使用调整后的提示词与 AI 进行新一轮交互。

(6) 重复评估与调整。循环步骤(2)~(5),直到获得满意的结果或确认当前 AI 能力无法满足该特定需求。

2.3 人机对话提示词设计精要

在与现代人工智能,特别是大型语言模型(LLM)进行交互时,“提示词”的设计质量直接决定了 AI 输出内容的优劣。掌握提示词工程(Prompt Engineering)的精要,如同掌握了与 AI 高效沟通的“钥匙”。本节将系统介绍提示词的基本概念、设计原则、常用模式与实战技巧。

2.3.1 提示词工程概述

1. 定义

提示词 (Prompt) 是用户提供给 AI 模型(尤其是 LLM)的输入文本,它可以是问题、指令、一段上下文描述,或者包含示例的请求。其目的是引导和约束模型生成特定类型的、符合用户期望的输出。

提示词工程 (Prompt Engineering) 则是一门研究如何设计、优化和迭代提示词的学科与实践艺术。它关注如何通过精心构造输入来最大化激发 AI 模型的潜能,使其在各种任务和场景下表现得更好。

2. 重要性

在大型语言模型时代,提示词工程的重要性日益凸显,例如以下 3 方面。

(1) 决定输出质量。一个精心设计的提示词能够引导模型生成更准确、相关、连贯且有深度的内容。反之,模糊或设计不当的提示词往往导致 AI 答非所问、产生幻觉或输出低质内容。

(2) 解锁模型能力。通过巧妙的提示词设计,可以“解锁”LLM 在特定任务(如推理、代码生成、创意写作)上的潜力,使其表现超出简单提问所能达到的水平。

(3) 提升交互效率。好的提示词能让用户更快地获得满意的结果,减少反复尝试和修改的次数。

3. 目标

提示词工程的核心目标是：引导模型生成符合预期的、高质量的、有用的内容。这意味着输出不仅要正确，还要满足用户在格式、风格、详略程度等方面的特定需求。

2.3.2 优秀提示词的黄金法则与核心要素

设计一个优秀的提示词，通常需要遵循以下黄金法则并关注其核心构成要素（图2-5）。

图2-5 优秀提示词要素构成图

（1）清晰性（Clarity）。确保指令和问题表述清晰、准确，没有歧义。AI模型是基于文本模式进行预测的，模糊的输入自然难以得到清晰的输出。

（2）具体性（Specificity）。尽可能详细地描述任务要求、期望的输出内容、输出的格式、回答的语气或风格等。例如，与其说“写个故事”，不如说“写一个关于勇敢小猫在夜晚城市探险的短篇童话故事，字数在500字左右，风格要温馨有趣”。

（3）简洁性（Conciseness）。在保证清晰和具体的前提下，尽量避免不必要的冗余信息。过于冗长的提示词可能会分散模型的注意力或引入噪声。

（4）完整性（Contextual Completeness）。提供所有必要的背景信息、数据、约束条件或上下文，帮助模型更好地理解任务场景。

（5）角色赋予（Role Assignment）。为AI设定一个特定的角色（如“你是一位资深软件工程师”“你是一位历史学家”），这能有效地引导模型的行为模式、知识范围和沟通风格。

（6）逐步引导／思维链（Step-by-step Instruction／Chain-of-Thought，CoT）。

对于复杂任务,特别是需要推理的任务,通过要求模型“一步一步地思考”或“列出你的推理过程”,可以显著提高模型解决问题的能力和答案的准确性。

(7) 输出格式定义(Output Formatting)。明确要求模型以何种格式输出结果,如列表、JSON 对象、Markdown 表格、代码块、特定 XML 结构等。这对于后续程序化处理 AI 输出非常重要。

(8) 提供示例(Few-shot Prompting):通过在提示词中给出 1 个到多个“输入-期望输出”的示例,向模型具体展示你想要它如何完成任务,这对于复杂模式或特定风格的模仿非常有效。

2.3.3 常用提示词设计模式与技巧详解

根据不同的任务需求和交互方式,可以采用多种提示词设计模式(表 2-2)。

表 2-2 不同提示词设计模式对比表

设计模式	描述	适用场景	核心技巧
指令式提示(Instruction Prompts)	直接清晰地给出 AI 需要执行的操作指令	大多数任务,如文本总结、翻译、信息提取、内容生成等	使用祈使句,动词明确,详细说明任务目标和约束
角色扮演提示(Role-Playing Prompts)	赋予 AI 一个特定角色,引导其行为和语言风格	专业问答、特定风格的内容创作、模拟对话	明确角色身份、职责、知识背景、沟通语气
零样本提示(Zero-shot Prompts)	不提供任何示例,仅依靠指令让模型执行任务	简单任务,或模型对该任务已有较强泛化能力	指令必须极其清晰、准确
少样本提示(Few-shot Prompts)	在提示词中提供 1 个至多个输入-输出示例,帮助模型理解任务模式	需要特定格式输出、模仿特定风格、复杂模式识别的任务	示例应与目标任务高度相关,格式一致
思维链提示(Chain-of-Thought, CoT Prompts)	引导模型在给出最终答案前,先输出详细的思考和推理步骤	算术推理、常识推理、逻辑推理等复杂问题	在示例中展示推理过程,或直接要求模型“逐步思考”
自我批判/反思提示(Self-critique/Reflection Prompts)	引导模型在生成初步答案后,对其进行评估、检查错误并进行修正	提高答案质量,减少错误,增强逻辑性	明确指出需要检查的方面,或提供批判标准
使用分隔符和特殊标记	使用如'###','---','[INPUT]','[CONTEXT]'等标记来清晰地区分提示词的不同部分(如指令、上下文、输入数据、示例等)	结构化复杂提示词,提高可读性和模型解析准确性	选择一致且模型易于理解的标记

2.3.4 提示词的编写准则

1. 规避开放性过度的问题

在构建提示词时,应谨慎避免提出过于宽泛或开放性的问题,这类问题往往导致输出的内容缺乏焦点或不具体,难以满足实际需求。提示词应当精确且具体,杜绝模糊性和不确定性。特别是在多语言环境下,需细致考虑语言间的差异及翻译精确度,以确保提示词既准确又实用。

(1) 错误示例:“请助我学习。”

分析:此提示词虽具体指向学习行为,但缺乏明确的学习领域或目标,使得AI模型难以定位具体的帮助内容。

(2) 正确示例:“请指导我如何高效掌握Python编程基础。”

分析:此提示词明确了学习目标和领域,使得AI能够更精确地提供相关内容。

2. 目标要清晰

在动手编写提示词前,首要任务是明确所需生成内容的具体要求,目标的简洁明确有助于AI模型更好地理解指令,提升处理效率和专注度。无论是撰写新闻稿、创意文本、营销文案,还是进行数据分析,都应事先界定清晰。

(1) 错误示例:“撰写一篇关于人工智能的文章。”

分析:此提示词过于宽泛,未指定文章的具体方向或重点,可能导致内容泛泛而谈。

(2) 正确示例:“撰写一篇聚焦于人工智能在环保领域最新进展的文章,特别强调其在水质监测中的应用。”

分析:此提示词明确了文章的主题、领域及具体关注点,使内容更具针对性和深度。

3. 背景信息尽量全

提供详尽的背景信息对于AI模型理解情境、生成相关内容至关重要。这包括主题概述、写作风格、目标读者群体等,有助于模型生成更加贴合预期的内容。

(1) 错误示例:同上(撰写关于人工智能的文章)。

(2) 正确示例:“基于当前科技趋势,撰写一篇面向科技爱好者的文章,探讨人工智能在智能家居领域的应用,包括智能安防、家居自动化等方面。”

分析:此提示词通过添加背景信息,明确了文章的受众、风格及具体探讨方向。

4. 语言要准确无误

使用简洁、直接且不含糊的语言表达需求,是确保提示词有效性的关键。避免使用可能引起歧义的词汇或表达方式,以减少生成内容偏离预期的风险。

(1) 错误示例:“创作一篇关于人工智能的文章,可能包含实际应用案例。”

分析:此提示词中的“可能包含”造成了不确定性,使得模型在是否包含案例上犹豫不决。

(2) 正确示例:“请详细阐述人工智能在医疗健康领域的实际应用案例,特别是其在疾病预测、远程医疗等方面的创新。”

分析:此提示词通过具体列举应用案例的类型,确保了内容的明确性和针对性。

2.4 人机对话角色设定实战

在与AI的对话中,仅仅给出清晰的指令有时并不足够。通过为AI设定一个明确的“角色”,我们可以极大地提升对话的沉浸感、相关性和专业性。本节将深入探讨角色设定的概念、核心维度,并提供一个通用的角色设定模板及其实战案例,帮助同学们掌握这项赋予AI“灵魂”的关键技巧。

2.4.1 角色设定:为何及如何为AI“画像”

1. 概念

角色设定(Role Assignment/Personal Setting)是在设计提示词时,通过明确的语言描述,赋予人工智能模型具体身份、个性特征、知识背景、沟通风格和行为模式的过程。简单来说,就是告诉AI“你现在是谁,你应该怎样说话和行动”。

2. 意义

为AI设定角色具有多重重要意义。

(1) 提升对话相关性与一致性。AI会根据设定的角色调整知识库侧重点和语言风格,使对话内容更贴合特定场景,并在多轮交互中保持角色行为的一致性。

(2) 增强用户体验与沉浸感。具有鲜明角色的AI更易让用户产生信任感和情感连接,使对话过程更自然、愉快。

(3) 聚焦任务与减少无关输出。角色设定为AI行为划定边界,助其专注当前任务,避免生成离题或不相关内容。

(4) 引导AI展现特定领域专业性。例如,当AI扮演“资深医生”角色时,回答会侧重医学知识和专业术语(需谨慎对待,AI不能替代真实医生)。

(5) 控制AI的沟通风格与语气。可要求AI表现得幽默、严肃、正式、富有同情心等,以适应不同对话情境和用户需求。

正如Learn Prompting所指出的,通过为AI分配角色,提供的上下文有助于其更好地理解问题并给出答案。

2.4.2 角色设定的核心维度剖析

构建丰满的AI角色,通常需从以下核心维度思考和定义。

1. 身份与名称(Identity & Name)

AI具体扮演什么角色?(例如:“创意写作助手”“语言学习伙伴”“Python编程辅导员”“《三体》研究专家”。)

是否需要特定名字?(例如,角色是“小P”,你的私人助理。)

2. 职责与目标(Responsibilities & Goals)

角色的主要任务是什么?(例如,帮助用户解决编程问题、生成营销文案、提供旅行建议。)

希望通过对话达成什么具体目标?(例如,提高用户对某概念的理解、帮助用户完成作文初稿。)

3. 知识背景与专业领域(Knowledge & Expertise)

角色应具备哪些知识和技能?(例如,精通某一编程语言、了解特定历史时期事件、掌握某种写作风格。)

知识深度和广度如何?是否需要限制知识范围?

4. 沟通风格与语气(Tone & Style)

正式(Formal) vs. 非正式(Informal)

专业(Professional) vs. 口语化(Colloquial)

友好(Friendly) vs. 严肃(Serious)

幽默(Humorous) vs. 客观(Objective)

富有同情心(Empathetic) vs. 直截了当(Direct)

其他特定风格(如诗意、严谨、活泼等)

5. 行为准则与限制(Rules & Constraints)

角色在对话中必须遵守哪些规则?(例如,"只回答与[特定主题]相关的问题""禁止提供个人观点""回答长度不超过[X]个词"。)

有哪些话题不能讨论或应避免?

遇到无法回答的问题时,角色应如何反应?(例如,承认不知道并建议查阅其他资料,或尝试模糊回答。)

6. 目标受众(Target Audience)

角色主要与谁对话?(例如,初学者、专业人士、儿童、特定文化背景人群。)

对话对象的特点(如年龄、知识水平、需求偏好)会如何影响角色设定?

2.4.3 通用角色设定提示词模板构建

为了方便同学们快速上手,这里提供一个结构清晰、要素完整的通用角色设定模板。该模板借鉴了 LangGPT 项目的结构化思想,但进行了简化以适应专科教学。同学们可以根据具体需求,填充和调整各个模块的内容。

```
# Role:[AI 的角色名称,简洁明了地定义身份]
## Profile:
- Author:[创作者名称或团队]
- Version:[当前角色定义的版本号,如 1.0]
- Description:[对该角色的简短描述,说明其核心功能和特点]
## Goals:
-[明确列出该角色希望通过对话实现的主要目标 1]
-[主要目标 2]
```

- [...]

Knowledge & Expertise:

- Specializes in:[角色精通的核心领域或主题1]
- Familiar with:[角色了解的相关领域或主题2]
- Key Skills:[角色应具备的关键技能,如“问题分解”“代码调试”“创意联想”]

Tone & Style:

- Primary Tone:[主要的沟通语气,如:友好、专业、幽默]
- Language Style:[语言风格,如:简洁明了、详细解释、生动形象]
- Avoid:[应避免的语气或语言风格,如:避免使用俚语、避免过于负面]

Rules & Constraints:

- Must do:[必须遵守的行为准则,如:始终以积极的态度回应]
- Must not do:[禁止的行为,如:禁止提供金融投资建议]
- Response Length:[对回答长度的限制,如:尽量简短,或特定情况下不超过多少字]
- If unable to answer:[当无法回答或信息不足时的应对策略,如:礼貌地表示无法提供帮助,并建议用户尝试其他方式提问或查阅其他资料]

Initialization:

- Greeting:[角色在对话开始时的标准开场白或问候语]
- Introduction (optional):[角色对自己的简要介绍,可选]

模板说明:

Role:核心身份定位。
Profile:元信息,用于记录和版本管理。
Goals:驱动角色行为的核心目标。
Knowledge & Expertise:定义角色的知识边界和能力范围。
Tone & Style:塑造角色的个性和沟通方式。
Rules & Constraints:为角色的行为划定红线和规范。
Initialization:设定对话的起始点,给用户第一印象。

同学们可以复制此模板,并根据不同的应用场景进行填充和修改。

2.5 人机对话动态调整技巧

人机对话并非一成不变的单向指令传递,而是动态的交互式过程。如同人与人交流,有效的AI对话常需用户根据对话进展和AI反馈,灵活调整沟通策略。本节探讨动态调整的必要性、核心技巧及实践方法,助你掌握这门“对话的动态艺术”。

2.5.1 动态调整的原因探究

1. 人类对话的动态特征分析

人类对话天然具备高度流动性与不确定性，具体表现为：

(1) 话题演进的自然转换。交流过程中话题可能因语境关联或思维发散而自然迁移；

(2) 意图表达的渐进清晰。用户初始意图可能模糊，随对话深入逐步明确或调整；

(3) 表达形式的即时变异。语言风格、句式结构受情绪、场景影响呈现个性化特征。

2. AI 对话系统的理解局限性

尽管当前 AI 对话技术持续迭代，仍在动态场景理解中存在以下瓶颈：

(1) 意图解析偏差。

① 自然语言歧义性(如多义词、双关语)；

② 用户表达的非结构化特征(如口语化省略、逻辑跳跃)；

③ 模型自身的认知局限(如训练数据偏差、推理逻辑预设)。

(2) 信息基准缺陷。

① 初始输入的信息完整性不足(用户未提供任务必要参数)；

② 数据准确性误差(如用户提供错误背景信息)。

(3) 需求演进响应滞后。

无法实时捕捉用户需求的动态变化(如新需求萌发、目标优先级调整)。

(4) 对话流程失控风险。

① 多轮交互中缺乏语境锚定，易导致话题漂移；

② 面对信息缺失或复杂问题时，陷入响应僵局。

3. 动态调整机制的核心价值

动态调整作为人机对话的关键调节手段，其目标体系包括：

(1) 认知修正。通过用户干预纠正 AI 的意图误判，建立准确的语义映射。

(2) 信息补全。动态补充缺失参数或修正错误输入，夯实任务执行基础。

(3) 流程引导。通过结构化提示控制对话走向，避免话题偏离或交互中断。

(4) 体验优化。最终实现对话流畅度、任务完成精度与用户满意度的多维提升。

2.5.2 动态调整的前提

有效动态调整需用户具备“对话洞察力”，感知和判断对话状态，识别调整时机。关键洞察点包括以下几点。

(1) 识别用户输入的模糊性或歧义。AI 对问题表现出困惑，或给出多个可能理解时,说明原始输入不够明确。

(2) 判断 AI 当前理解是否准确。留意 AI 回复是否紧扣问题核心,或复述需求时是否准确。

(3) 感知 AI 回答的相关性和质量。回答是否跑题、提供有用信息,是否存在逻辑错误或"幻觉"。

(4) 察觉对话是否偏离主题或陷入僵局。多轮对话后,回顾最初目标是否被关注,交流是否有效推进任务。

2.5.3 核心动态调整技巧与策略

用户可运用多种技巧引导和优化 AI 行为。

1. 澄清与追问(Clarification & Probing)

(1) 场景。用户输入不明确或 AI 对意图理解不确定时。

(2) 技巧。AI 可主动提出澄清问题(如"您说的'那个项目'具体指哪个?"),用户也可通过精确重述澄清意图。

示例:

用户:"给我推荐一些好吃的。"

AI:"当然!请问您偏好什么口味的菜系?比如中餐、西餐或其他国家美食?"

2. 纠错与重导向(Error Correction & Redirection)

(1) 场景。AI 理解明显错误或回答偏离主题时。

(2) 技巧。用户明确指出错误,用清晰指令引导回正轨(如"不对,我问的是 Python 列表操作,不是字典");部分平台允许编辑历史提问或 AI 回复,修改输入以改变对话走向。

3. 逐步求精与迭代优化(Iterative Refinement)

(1) 场景。复杂创作、规划或分析类任务,AI 难一次性给出完美答案时。

(2) 技巧。将大任务分解为小步骤,先让 AI 生成初步版本,用户再针对性提出修改意见,通过多轮迭代优化(如先让 AI 生成文章大纲,再逐段展开论述并修改)。

4. 上下文提示与刷新(Contextual Cues & Refreshing)

(1) 场景。长对话中 AI 可能因上下文窗口限制或其他原因"忘记"早期重要信息时。

(2) 技巧。用户提问时主动回顾或引用前文关键信息(如"根据之前讨论的目标 A 和约束 B,生成 C 方案"),或重新输入几轮前的关键对话内容。

5. 指令的动态添加与修改

(1) 场景。对话中用户需对 AI 行为施加新约束或调整原有要求时。

(2) 技巧。新提问中明确加入修改后的指令(如"继续分析数据,但以 Markdown 表格形式输出")。

6. 多策略组合应用

实际对话中,技巧常根据情境灵活组合。例如,AI 回答跑题时,需先纠错,再通过提供明确上下文和细化指令重导向。

2.5.4 动态调整的实践演练

场景 1:AI 理解错误并跑题

用户(初始提问):"帮我写一份关于人工智能在教育领域应用的报告大纲。"

AI(跑题回答):"人工智能是革命性技术,在自动驾驶、医疗诊断等领域广泛应用……"

用户(动态调整:纠错与重导向):"不对,我需要的是教育领域应用的报告大纲。请聚焦教育场景,如个性化学习、智能辅导系统等,列出主要章节标题。"

AI(调整后回答):"好的,大纲建议:1. 引言;2. 个性化学习路径规划;3. 智能辅导系统;4. AI 驱动的教育评估;5. 教育管理应用;6. 挑战与展望。您看是否合适?"

场景 2:用户需求逐步明确(逐步求精)

用户(初始提问):"我想去旅游。"

AI(回应与追问):"您对目的地有什么偏好吗?比如自然风光或历史文化名城?"

用户(补充):"喜欢自然风光,想去有山有水且能徒步的地方。"

AI(进一步追问):"国内黄山、张家界或瑞士阿尔卑斯山不错。您对预算和出行时间有要求吗?"

用户(再次补充):"国内,预算 5000 元,5 天左右。"

AI(生成初步建议):"推荐 5 天黄山徒步行程……"

用户(迭代优化):"方案不错,能推荐每天的住宿类型吗?偏向经济型酒店或特色客栈。"

AI(完善回答):"市区可选择 XX 经济型酒店,山上推荐 XX 客栈,符合预算且评价良好……"

这些场景展示了用户如何通过主动调整,引导 AI 逐步达成期望目标。

【单元总结】

本单元系统地探讨了人工智能语言人机对话技术的多个核心方面,从基础原理到高级应用策略。通过本单元的学习,同学们应初步构建起对这一前沿领域的全面认知,并掌握一系列与 AI 进行高效、深度对话的核心能力。

人机对话系统基础:理解了对话系统的定义、目标、主要分类(任务型、开放域;基于规则、检索、生成),以及核心技术架构(ASR, NLU, DM, NLG, TTS, 知识库)。

深入剖析了构成一次成功对话的基础操作四要素:清晰用户输入、精准意图理解、动态上下文管理、相关自然系统响应。

常见问题与应对：从用户和系统双视角分析了人机对话中常见的障碍（如理解偏差、模型幻觉、上下文丢失）及背后的技术挑战，并学习了提升互动效能的核心使用建议。

提示词工程精要：掌握了提示词的定义、重要性，优秀提示词的黄金法则（清晰、具体、简洁、完整、角色赋予、逐步引导、格式定义、提供示例），以及常用的设计模式（指令式、角色扮演、零/少样本、思维链 CoT、自我批判）。

角色设定实战：学习了为 AI 设定角色的核心维度（身份、目标、知识、风格、规则、受众），并掌握了通用角色设定模板的应用。

【同步练习】

一、判断题

1. 任务型对话系统旨在帮助用户完成特定任务，如查询天气、预订机票。（　　）

答案：√

解析：任务型对话系统的核心目标是协助用户完成具体任务，文中明确列举了查询天气、预订机票等场景。

2. 基于规则的对话系统灵活性高，适合处理开放域任务。（　　）

答案：×

解析：基于规则的系统依赖人工编写规则，灵活性差，仅适用于特定封闭领域，而非开放域任务。

3. 自然语言理解（NLU）层负责将系统回复转换为语音输出。（　　）

答案：×

解析：NLU 层的作用是解析用户输入，提取语义信息；语音合成（TTS）才负责将文本转换为语音。

4. 对话管理（DM）层需跟踪对话状态并决定系统下一步动作。（　　）

答案：√

解析：DM 层作为“决策大脑”，需维护对话状态并根据状态选择响应策略，如提问或调用 API。

5. 模型幻觉是指 AI 因知识库有限而无法回答问题。（　　）

答案：×

解析：模型幻觉指 AI 编造虚假信息，而知识库有限导致的是知识盲区，二者概念不同。

二、单选题

1. 下列哪项属于开放域聊天系统的特点？（　　）

A. 有明确对话流程　　B. 侧重情感连接

C. 从知识库检索答案　　D. 专注特定任务

答案:B

解析:开放域聊天系统无固定目标,更注重对话流畅性和情感连接,如社交机器人。

2. 自然语言生成(NLG)层的主要功能是?( )

A. 将语音转换为文本　　B. 识别用户意图

C. 生成自然语言回复　　D. 跟踪对话状态

答案:C

解析:NLG 层是对话系统的“嘴巴”,负责将语义内容转换为自然文本输出。

3. 下列哪项技术不属于深度学习在对话系统中的应用?( )

A. Transformer　　B. 有限状态机(FSM)

C. LSTM　　D. BERT

答案:B

解析:FSM 属于基于规则的传统方法,而 Transformer、LSTM、BERT 均为深度学习模型。

4. 用户输入的明确性和完整性直接影响?( )

A. 语音合成质量　　B. NLU 模块的理解准确率

C. 对话管理策略　　D. 知识库更新效率

答案:B

解析:用户输入的质量(如明确性、完整性)会直接影响 NLU 对意图和实体的提取准确性。

5. 提升人机对话效能的建议不包括?( )

A. 提供充分上下文　　B. 一次性提出复杂请求

C. 迭代提问逐步求精　　D. 明确输出格式要求

答案:B

解析:文中建议将复杂任务分解,而非一次性提出多个复杂请求,以免 AI 理解困难。

单元 3　人工智能视觉技术与应用

【学习目标】

知识目标

（1）掌握计算机视觉技术的基础理论及相关框架，理解其核心内涵，了解该技术的发展历程与重要里程碑事件。

（2）理解图像数字化表示原理，掌握主流技术的应用场景及原理，熟悉不同技术模块的协同关系。

技能目标

（1）能够使用百度 AI 开放平台训练简单的图像分类模型，熟练操作相关基础工具。

（2）能够用 Python+OpenCV 完成证件照背景替换，具备相应的项目实践能力。

素质目标

（1）通过辩证分析人脸识别技术对隐私权的影响边界，培养尊重隐私、坚守底线的伦理精神，树立正确的技术伦理观。

（2）通过养成用可视化工具解释模型决策的习惯，培养严谨求实、追求精准的科学精神，树立持续学习、不断精进的发展理念。

【知识脉络】

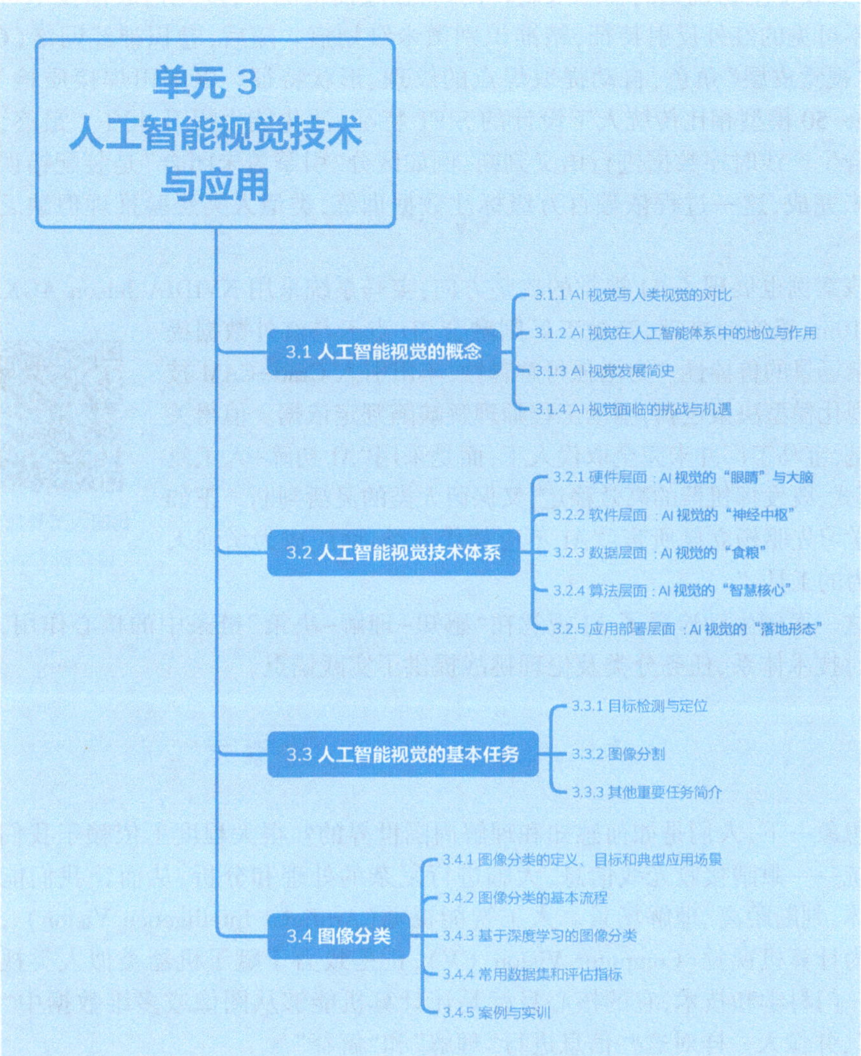

【案例导入】

AI 视觉赋能汽车制造——从宝马工厂的智能质检说起

在德国莱比锡的宝马工厂内，一条全自动化的车身检测线上，机械臂正以毫米级精度扫描着刚完成焊接的车架。通过搭载 3D 视觉系统与深度学习算法，这套系统能在 5 秒内捕捉车身的 2000 多个检测点，识别焊接不良、漆面缩孔等微小缺陷，准确率高达 99.7%，效率是人工检测的 50 倍。这一场景不仅是 AI 视觉技术的典型应用,更深刻揭示了其与人类视觉的差异与互补性。

AI 视觉系统首先通过高分辨率线阵相机与激光雷达模拟人类视网膜的感光功能,突破了生物视觉的物理限制。例如,在漆面检测中,多光谱成像技术可捕捉人眼不可见的红外反射特征,精准识别微米级划痕。随后,卷积神经网络(CNN)扮演“视觉皮层”角色,自动提取焊点的纹理、形状特征。以丰田焊接质检为例,ResNet-50 模型相比传统人工设计的 SIFT 特征,泛化能力提升 40%。最终,系统需结合生产线时序数据进行语义判断,例如区分“引擎盖未闭合”是装配错误还是工序未完成,这一过程依赖百万级标注数据训练,类似人类经验推理但缺乏直觉关联。

该案例也展现了 AI 视觉的攻坚方向:宝马系统采用 NVIDIA Jetson AGX 芯片实现 10ms 级实时推理,奔驰工厂则融合 3D 点云与红外数据提升复杂场景的鲁棒性。为增强可解释性,丰田引入 Grad-CAM 技术可视化模型决策逻辑,辅助工程师理解缺陷判定依据。值得关注的是,宝马工厂并未完全取代人工,而是采用“AI 初筛+人工复检”模式,既发挥机器的高效稳定,又保留人类的灵活判断。正如深度学习先驱杨立昆所言:“AI 不应替代人类,而应成为增强人类能力的工具。”

我国人工智能视觉诊疗研究启动

这一案例生动诠释了 AI 视觉在“感知-理解-决策”链条中的核心作用,为后续探讨技术体系、任务分类及伦理挑战提供了实践锚点。

3.1 人工智能视觉的概念

想象一下,人们是如何感知和理解周围世界的?很大程度上依赖于我们的视觉系统——眼睛接收光线信息,大脑进行复杂的处理和分析,从而让我们能够识别物体、判断距离、理解场景。人工智能视觉(Artificial Intelligence Vision),通常被称为计算机视觉(Computer Vision,CV),正是致力于赋予机器类似人类视觉能力的一门科学和技术,它的核心目标是让计算机能够从图像或多维数据中“获取信息”,并像人一样对这些信息进行“理解”和“解释”。

3.1.1 AI 视觉与人类视觉的对比

AI 视觉与人类视觉均以“感知-理解-决策”为核心目标,处理流程呈现三级递进结构(表 3-1):

(1) 信息获取。人类通过视网膜感光细胞捕捉光信号,AI 视觉依赖摄像头与传感器实现光电转换。

(2) 特征提取。人类视觉皮层通过神经元编码边缘、纹理等特征,AI 视觉则通过卷积神经网络(CNN)的卷积核完成类似操作。

(3) 语义认知。人类将视觉信息与常识、情感关联,AI 视觉借助深度学习模型建立语义关联(如谷歌 Inception-v4 网络在 ImageNet 数据集上达到 80.2%的识别准确率,接近人类水平)。

表 3-1 人类视觉和 AI 视觉的对比

维度	人类视觉	AI 视觉
感知器官	生物视网膜+神经突触(能耗约 20W)	图像传感器+计算芯片如 NVIDIA Jetson AGX Xavier,推理延迟低至 10ms
学习方式	小样本泛化(如婴儿通过数次接触识别"猫")	大数据驱动(ImageNet 含 1400 万标注图片,ResNet-152 需数周训练)
认知深度	融合常识、情感与因果推理(如理解"雨中打伞"的语义)	局限于像素级分析(特斯拉 Autopilot 曾误判卡车反光条为道路)
处理性能	动态场景适应性强,但速度/精度受限	标准化任务中效率卓越(如基恩士 SR-7000 工业质检效率是人工的 50 倍)

通过理解 AI 视觉与人类视觉的异同,我们可以更好地把握当前 AI 视觉技术的发展阶段、能力边界和未来潜力。

3.1.2 AI 视觉在人工智能体系中的地位与作用

在整个人工智能技术体系中,AI 视觉扮演着"感知智能"的核心角色。如果说人工智能的目标是构建能够思考和行动的智能体,那么视觉就是这个智能体感知和理解物理世界最主要的方式之一,其重要性体现在:

(1) 信息输入的主要渠道。据统计,人类获取外界信息约 80%来自视觉。同样,对于许多智能系统(如自动驾驶汽车、机器人),视觉是获取环境信息的关键入口。

(2) 驱动决策与行动的基础。准确的视觉感知是后续认知、决策和行动的前提。例如,自动驾驶汽车需要通过视觉识别路况才能做出正确的驾驶决策。

(3) 与其他 AI 技术的协同。AI 视觉常与自然语言处理(如看图说话)、语音识别(如唇语识别)、机器人技术(如视觉导航与抓取)等其他 AI 分支紧密结合,共同实现更复杂的智能任务。

可以说,没有强大的视觉感知能力,人工智能系统就如同"盲人摸象",难以真正理解和适应复杂多变的现实世界。

3.1.3 AI 视觉发展简史

AI 视觉的发展经历了从简单到复杂、从理论到应用的漫长历程,大致可以分为以下几个关键阶段(图 3-1):

(1) 早期探索(20 世纪 50—70 年代)。以计算视觉理论为代表,尝试从二维图像中恢复三维信息,关注边缘检测、区域分割等底层处理。1951 年,第一个神经网络计算机 SNARC 被构建,可以识别简单的模式。1959 年,Hubel 和 Wiesel 的研究揭示了视觉皮层神经元对特定方向边缘的响应,启发了后续的特征提取研究。

(2) 传统方法时期(20 世纪 80 年代—21 世纪初)。出现了许多基于手工设计特征(如 SIFT、HOG、LBP)和传统机器学习算法(如 SVM、Adaboost)的视觉识别方法。这些方法在特定场景下取得了一定成功,但泛化能力和处理复杂场景的能力有限。

(3) 深度学习革命(2012 年至今)。2012 年, AlexNet 在 ImageNet 大规模视觉识别挑战赛(ILSVRC)中以远超传统方法的优异成绩夺冠,标志着深度学习(尤其是卷积神经网络 CNN) 时代的到来。此后,VGG、GoogLeNet、ResNet 等更深、更复杂的 CNN 模型不断涌现,大幅提升了图像分类、目标检测、图像分割等核心任务的性能, 推动 AI 视觉进入了高速发展期。

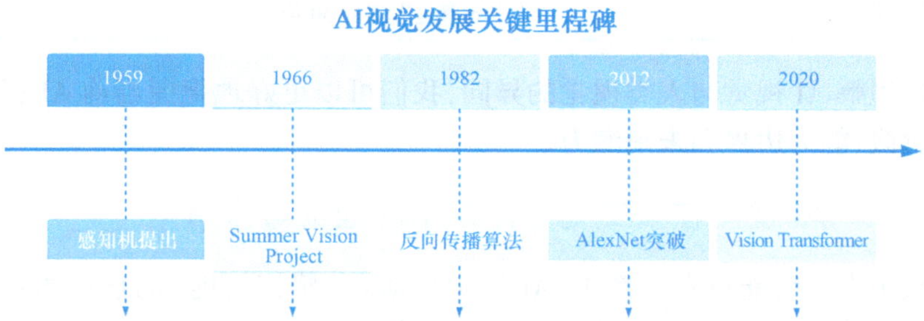

图 3-1 AI 视觉发展重要里程碑(示意)

3.1.4 AI 视觉面临的挑战与机遇

尽管 AI 视觉技术在近年来取得了突破性进展,但其实际应用仍面临多重挑战与机遇并存的复杂局面:在复杂动态场景中,光照强度突变、极端天气干扰、目标物体部分遮挡或非标准姿态呈现等问题会直接导致检测精度显著下降,而小目标识别与密集场景解析更是成为制约技术落地的关键瓶颈;深度学习模型对大规模标注数据的强依赖性催生了高昂的数据获取与标注成本,且模型在跨场景迁移时暴露出的泛化能力不足问题,往往因训练数据分布偏差引发过拟合风险;实时性要求严苛的自动驾驶与智能监控等领域,对视觉算法的推理速度与能效比提出极限挑战,而深度神经网络固有的"黑箱"特性导致的可解释性缺失,更在医疗诊断与金融风控等关键领域埋下信任危机。

此外,复杂模型训练所需的庞大算力资源与潜在伦理风险,如人脸识别技术滥用引发的隐私争议,也亟待行业规范与技术突破的双重约束。与此同时,技术演进正迎来前所未有的发展机遇:Transformer 与图神经网络等新型架构持续优化视觉表征能力,自监督学习与小样本学习技术大幅降低数据依赖,多模态融合策略推动感知维度升级;万物互联时代催生的海量视觉数据与 5G+边缘计算架构的融合,更拓展了实时处理与低延迟应用场景的边界。如何通过算法创新突破现有技术瓶颈,以负责任的人工智能原则构建可信赖的视觉系统,将成为决定 AI 视觉技术能否从实验室走向产业深水区的关键跃迁。

3.2 人工智能视觉技术体系

人工智能视觉技术并非单一技术,而是一个涉及硬件、软件、算法、数据等多个层面相互协作的复杂系统,理解其技术体系有助于我们从全局视角把握 AI 视觉的构成和运作方式。

3.2.1 硬件层面:AI 视觉的"眼睛"与"大脑"

硬件是 AI 视觉系统感知世界和进行计算的物理基础。

1. 图像传感器与摄像头

电荷耦合器件(Charge-Coupled Device,CCD)和互补金属氧化物半导体(Complementary Metal-Oxide-Semiconductor,CMOS)是主流的图像传感器类型,负责将光信号转换为电信号。摄像头模组则集成了镜头、图像传感器、图像信号处理器(ISP)等部件,是获取原始图像的核心设备。

2. 光源系统

合适的光源对于保证图像质量至关重要,尤其是在工业检测、低光照环境等场景。

3. 专用计算芯片

AI 视觉算法(特别是深度学习模型)计算量巨大。主要包括:

(1) 图形处理器(Graphics Processing Unit,GPU)。因其强大的并行计算能力,成为训练和推理深度学习模型的主流选择。

(2) 神经网络处理器(Neural-network Processing Unit,NPU)。专门为神经网络计算设计的芯片,能效比较高,常见于移动端和边缘设备。典型代表有华为的昇腾。

(3) 现场可编程门阵列(Field-Programmable Gate Array,FPGA)。具有可编程性和一定的并行处理能力,适用于对延迟要求高或算法需要定制的场景。

(4) 专用集成电路(Application-Specific Integrated Circuit,ASIC)。为特定应用设计的芯片,性能和功耗可以做到极致优化,但研发周期长、成本高。

3.2.2 软件层面:AI 视觉的"神经中枢"

软件层面为 AI 视觉算法的开发、部署和运行提供支撑。

1. 操作系统

为整个系统提供基础的运行环境,如 Linux、Windows、Android、iOS 等。

2. 图像处理库

提供丰富的图像处理函数和工具,方便开发者进行图像预处理、特征提取等操作。主要有:

(1) OpenCV(Open Source Computer Vision Library)。是应用最广泛的开源计算机视觉和机器学习软件库, 提供了 C++、Python、Java 等多种接口。

(2) Pillow (PIL Fork)。Python 图像处理库,易于使用。

(3) Scikit-image。基于 Python 的图像处理库,集成了多种算法。

3. 深度学习框架

为深度学习模型的构建、训练和部署提供了高效的工具集。主要有:

(1) Tensor Flow(Google)。应用广泛的开源机器学习平台。

(2) PyTorch(Facebook/Meta)。以其灵活性和易用性受到学术界和工业界的青睐。

(3) PaddlePaddle(百度)。中国自主研发的开源深度学习平台, 在国内有广泛应用。

(4) Keras。高级神经网络 API, 可以运行在 TensorFlow、Theano 或 CNTK 之上。

4. 算法模型库

包含大量预训练好的视觉模型(如 ResNet、YOLO 等),开发者可以直接使用或在其基础上进行微调,加速应用开发。

3.2.3 数据层面:AI 视觉的“食粮”

数据是驱动 AI 视觉技术(尤其是深度学习方法)发展的核心要素。

(1) 数据采集。通过各种传感器(摄像头、雷达、激光雷达等)获取原始图像或视频数据。

(2) 数据标注。为原始数据添加标签信息,供模型学习。例如,在图像分类任务中,为每张图片标注其类别;在目标检测任务中,标注物体的边界框和类别。数据标注的质量直接影响模型性能。

(3) 数据集。大规模、高质量的公开数据集(如 ImageNet, COCO, PASCAL VOC) 对推动 AI 视觉技术发展起到了至关重要的作用。许多研究和应用都基于这些数据集进行。

(4) 数据增强。通过对现有数据进行旋转、裁剪、翻转、调整亮度和对比度等操作,人为扩充训练数据集,提高模型的泛化能力。

(5) 数据管理。包括数据的存储、版本控制、清洗、去重等,确保数据的高效和可靠使用。

3.2.4 算法层面:AI 视觉的“智慧核心”

算法是 AI 视觉系统实现智能感知的核心,经历了从传统方法到深度学习的演进。

(1) 传统图像处理算法。包括基于颜色、纹理、形状等手工设计的特征提取方法,以及基于这些特征的传统机器学习分类器、聚类算法等。这些方法在简单场景下有效,但对复杂场景的适应性和泛化能力较差。

(2) 卷积神经网络(CNN)。是现代 AI 视觉的基石,能够自动从数据中学习层次化的特征表示,广泛应用于图像分类、目标检测、图像分割等任务。

(3) 循环神经网络(RNN)/长短期记忆网络(LSTM)。在处理视频序列、图像描述生成等需要时序信息的任务中有应用。

(4) 生成对抗网络(GAN)。用于图像生成、图像修复、风格迁移等任务。

(5) Transformer。最初应用于自然语言处理,近年来也被成功引入视觉领域(如 Vision Transformer, ViT),在图像分类等任务上展现出强大潜力。

3.2.5 应用部署层面:AI 视觉的"落地形态"

AI 视觉技术的应用部署形态多样,以适应不同场景的需求。

(1) 云端 AI 视觉服务。将视觉模型部署在云服务器上,通过 API 向用户提供服务。优点是计算资源强大,模型可以非常复杂;缺点是依赖网络连接,可能存在延迟和数据隐私风险。各大云厂商(如 AWS、阿里云、腾讯云、百度智能云、华为云)均提供丰富的视觉 AI 服务。

(2) 边缘计算视觉方案。将部分或全部 AI 视觉处理能力部署在靠近数据源的边缘设备上(如智能摄像头、边缘服务器)。优点是低延迟、节省带宽、保护数据隐私;缺点是边缘设备计算资源有限。

(3) 嵌入式视觉系统。将 AI 视觉算法集成到专用的嵌入式硬件中(如智能手机的 NPU、无人机的视觉芯片),实现端侧智能。对模型的大小和计算效率要求极高。

这几个层面共同构成了完整的人工智能视觉技术体系,它们相互依赖、协同工作, 推动着 AI 视觉技术的不断发展和应用普及。

3.3 人工智能视觉的基本任务

人工智能视觉的目标是让计算机能够"看懂"世界,为了实现这一宏大目标,研究者们将其分解为一系列具体的基本任务。这些任务从简单到复杂,层层递进,共同构成了 AI 视觉技术的核心能力(图 3-2),理解这些基本任务是学习和应用 AI 视觉技术的基础。

3.3.1 目标检测与定位

1. 作用

目标检测与定位不仅要识别出图像中存在哪些类别的物体,还需要确定这些

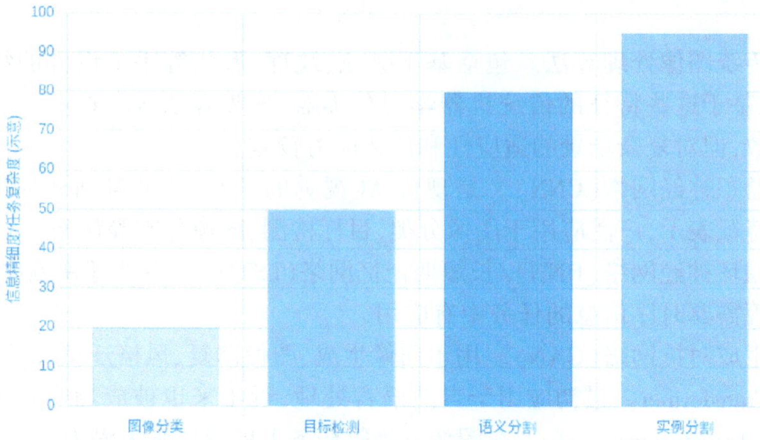

图 3-2 AI 视觉核心任务输入输出对比示意图

物体在图像中的具体位置，通常用一个紧密包围物体的矩形框（Bounding Box）来表示其位置。

2. 与分类的区别

图像分类关注整张图片“是什么”，而目标检测关注图片中“有什么物体，在哪里”，一张图片可能包含多个不同类别的物体，目标检测需要将它们都找出来并定位。

3. 解决什么问题

在复杂的场景图像中找出感兴趣的物体，并确定其位置和大小。例如，在街景图片中检测所有的“行人”“车辆”和”交通标志”。

4. 输出形式

一组边界框，每个边界框对应一个检测到的物体，并附带该物体的类别标签和置信度得分。

3.3.2 图像分割

图像分割是 AI 视觉中对图像理解最为精细的任务。它的目标是将图像中的每个像素点都分配到一个具体的类别标签，从而将图像划分为若干具有特定语义含义的区域，简单来说，就是这张图片的每个像素属于什么？

1. 分类

图像分割根据其输出的精细程度和对实例的区分，主要分为以下几种类型（图 3-3）。

（1）语义分割（Semantic Segmentation）。为图像中的每个像素分配一个类别标签（如“道路”“建筑”“天空”“行人”）。它不区分同类别的不同实例，例如，所有行人都被标记为“行人”。

（2）实例分割（Instance Segmentation）。在语义分割的基础上，进一步区分同类别的不同个体实例。例如，它不仅能识别出所有“行人”，还能区分出“行人 1”

“行人2”等不同的个体。

(3) 全景分割(Panoptic Segmentation)。结合了语义分割和实例分割的目标,为图像中的每个像素分配一个类别标签,并且对属于“物体”类别的像素区分出不同的实例。它试图为图像中的所有内容(包括背景等“stuff”类和物体等“thing”类)提供一个全面且一致的分割结果。

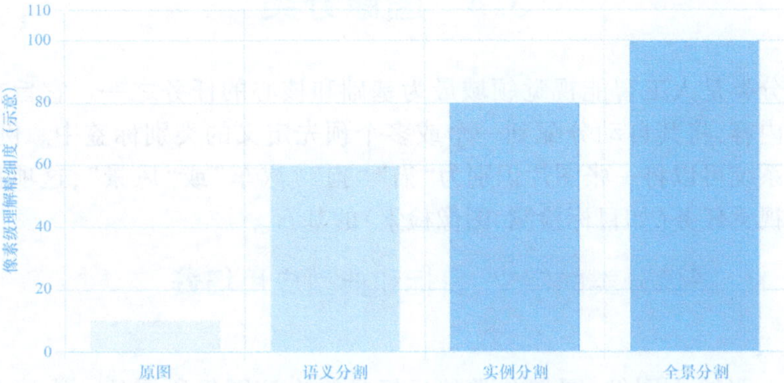

图3-3 语义分割、实例分割、全景分割效果对比示意图(概念说明)

2. 解决什么问题

通过图像分割,可以对图像内容进行像素级别的精确理解和划分。这样就可以在诸如自动驾驶中精确识别可行驶区域、车道线,在医疗影像中精确勾勒出病灶区域。

3. 输出形式

一个与原图同样大小的分割掩码(Segmentation Mask),其中每个像素的值对应其所属的类别标签(语义分割)或实例ID(实例分割、全景分割)。

说明:图3-3仅为概念示意,实际分割效果图会直接在图像上用不同颜色标记区域或实例。

3.3.3 其他重要任务简介

除了上述核心任务外,AI视觉还包含许多其他重要的研究方向和应用任务。

(1) 目标跟踪(Object Tracking)。在视频序列中定位特定目标,并持续跟踪其运动轨迹。

(2) 姿态估计(Pose Estimation)。识别人体或物体的关键点(如关节点、顶点),从而估计其姿态或朝向。

(3) 场景理解(Scene Understanding)。不仅识别图像中的物体,还要理解物体之间的关系、场景的整体布局和语义信息。

(4) 图像生成(Image Generation)。利用模型生成新的、逼真的图像,如AI绘画、图像修复、超分辨率等。

(5) 三维重建(3D Reconstruction)。从单张或多张二维图像中恢复物体的三维结构信息。

这些任务之间往往相互关联,共同构成了 AI 视觉技术解决"看懂世界"这一宏伟目标的基石,随着技术的不断发展,这些任务的精度和应用范围也在持续拓展。

3.4 图像分类

图像分类是人工智能视觉领域最为基础和核心的任务之一。它旨在根据输入图像的内容,将其自动分配到一个或多个预先定义的类别标签中。例如,一个图像分类系统可以将一张图片识别为"猫""狗""汽车"或"风景",这项技术是许多更高级视觉任务(如目标检测、图像检索)的基石。

3.4.1 图像分类的定义、目标和典型应用场景

1. 定义

给定一张输入图像,图像分类的目标是输出该图像所属的一个或多个类别标签。

2. 目标

让计算机能够像人一样理解图像中的主要内容,并根据这些内容进行归类。

3. 典型应用场景

图片内容可自动打标。例如,社交媒体平台自动为用户上传的图片打上"美食""旅行""宠物"等标签,方便组织和搜索。以下为部分应用场景。

(1) 相册管理。智能相册根据图片内容(如人脸、场景、物体)自动分类整理照片。

(2) 内容审核。自动识别图片中是否包含不当内容(如暴力、色情)。

(3) 医疗影像辅助诊断。对医学影像(如 X 光片、CT 扫描)进行分类,辅助医生判断是否存在某种疾病的迹象。

(4) 工业质检。对生产线上的产品图片进行分类,判断是合格品还是某种类型的次品。

(5) 遥感图像分析。对卫星或航拍图像进行地物分类(如森林、农田、水体、建筑)。

(6) 零售商品识别。识别货架上的商品种类。

3.4.2 图像分类的基本流程

一个典型的图像分类系统通常遵循以下流程(图 3-4)。

(1) 图像预处理(Image Preprocessing)。对输入的原始图像进行一系列处理,以改善图像质量、去除噪声、统一格式等,便于后续特征提取。常见的预处理操作

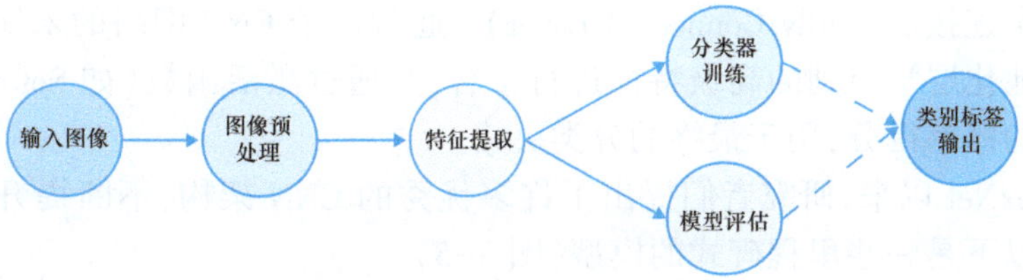

图 3-4 图像分类基本流程图

包括图像缩放、裁剪、归一化、去噪等。

(2) 特征提取 (Feature Extraction)。从预处理后的图像中提取出能够有效区分不同类别图像的特征,这是图像分类中最核心的步骤之一。

(3) 分类器设计与训练 (Classifier Design and Training)。选择或设计一个合适的分类器模型,并使用带有类别标签的训练图像数据集对其进行训练。训练的目标是让分类器学习到从图像特征到类别标签的映射关系。

(4) 模型评估(Model Evaluation)。使用一个独立的测试图像数据集来评估训练好的分类器模型的性能,衡量其在未见过图像上的分类准确率等指标。

(5) 应用与预测(Application and Prediction)。将训练好的模型部署到实际应用中,对新的未知图像进行分类预测。

3.4.3 基于深度学习的图像分类

深度学习,特别是卷积神经网络(CNN)的出现,彻底改变了图像分类领域。CNN 能够从原始像素数据中自动学习和提取层次化的特征,无需(或很少需要)手工设计特征,极大地提升了图像分类的性能和泛化能力。

CNN 的核心原理。CNN 是一种特殊设计的前馈神经网络,其网络结构借鉴了生物视觉皮层的组织方式,特别适合处理具有网格状拓扑结构的数据。其核心组成部分包括:

(1) 卷积层(Convolutional Layer)。CNN 的核心。通过使用一系列可学习的滤波器(也称为卷积核或特征检测器)对输入图像(或前一层的特征图)进行卷积运算,从而提取局部特征。每个滤波器学习检测一种特定的模式,如边缘、角点、纹理等。

(2) 激活函数 (Activation Function)。在卷积操作之后通常会应用一个非线性激活函数 (如 ReLU、Sigmoid、Tanh) ,为网络引入非线性表达能力,使其能够学习更复杂的模式。常用的 ReLU(Rectified Linear Unit) 函数形式简单且能有效缓解梯度消失问题。

(3) 池化层 (Pooling Layer)。也称下采样层。对卷积层输出的特征图进行降维操作,减少参数数量和计算复杂度, 同时增强特征的平移不变性。常用的池化操作有最大池化(Max Pooling) 和平均池化(Average Pooling)。

（4）全连接层(Fully Connected Layer)。通常位于 CNN 网络的末端。将前面卷积层和池化层学习到的高级特征进行整合,并通过激活函数(如 Softmax）输出每个类别的概率得分,用于最终的分类决策。

自 AlexNet 以来,研究者们提出了许多优秀的 CNN 架构,不断提升图像分类的性能。以下是一些里程碑式的模型(图 3-5)：

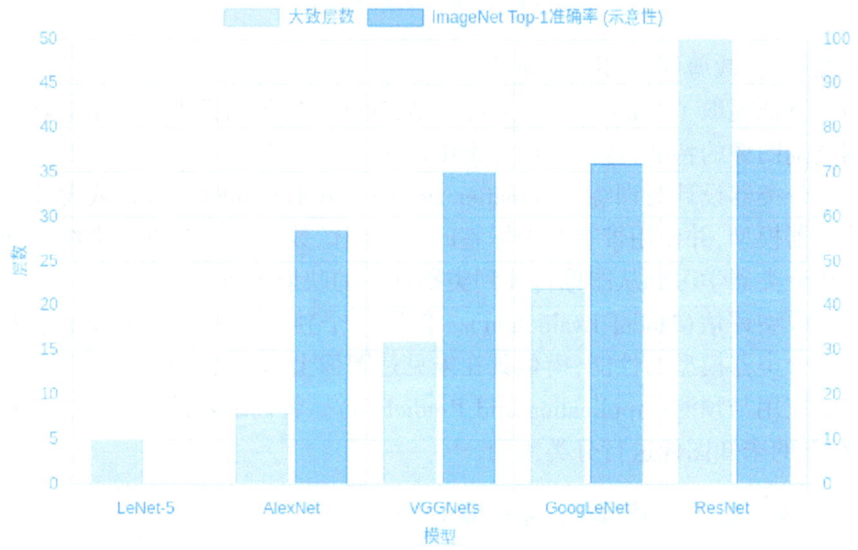

图 3-5　经典 CNN 模型关键特性对比(示意)

（1）LeNet-5（1998，Yann LeCun 等）。早期成功的 CNN 之一，主要用于手写数字识别,结构简单,包含卷积层、池化层和全连接层,奠定了现代 CNN 的基础。

（2）AlexNet（2012，Alex Krizhevsky 等）。在 ImageNet ILSVRC 2012 竞赛中取得巨大成功，引爆了深度学习在计算机视觉领域的热潮。它使用了更深的网络结构、ReLU 激活函数、Dropout(防止过拟合）和数据增强等技术。

（3）VGGNets（2014，Oxford）。探索了网络深度的影响,通过堆叠多个小尺寸(3×3)卷积核来构建非常深的网络(如 VGG-16、VGG-19)。结构规整,易于理解和实现。

（4）GoogLeNet/Inception（2014，Google）。引入了“Inception 模块”，该模块并行使用不同尺寸的卷积核和池化操作,然后将结果拼接起来,从而在增加网络宽度和深度的同时,有效地控制了计算量。

（5）ResNet（2015，Microsoft）。提出了“残差学习”(Residual Learning）框架,通过引入“快捷连接”(Shortcut Connection）或“跳跃连接”(Skip Connection),使得训练非常深的网络(如超过 100 层甚至 1000 层)成为可能,有效解决了深度网络训练中的梯度消失和网络退化问题。ResNet 及其变种是目前应用最广泛的 CNN 架构之一。

3.4.4 常用数据集和评估指标

1. 常用数据集

(1) MNIST。手写数字识别数据集,包含0~9的手写数字图片,常用于入门级实验。

(2) CIFAR-10/CIFAR-100。包含10个/100个类别的小尺寸彩色图像数据集,也是常用的基准数据集。

(3) ImageNet。大规模图像识别数据集,包含超过1000个类别、上百万张图片,对推动深度学习发展起到了关键作用。ILSVRC (ImageNet Large Scale Visual Recognition Challenge) 是基于此数据集的著名竞赛。

2. 评估指标

(1) 准确率(Accuracy)。分类正确的样本数占总样本数的比例,是最常用的指标,但在类别不均衡时可能具有误导性。

(2) 精确率(Precision)。在所有被预测为正例的样本中,真正为正例的比例。Precision=TP /(TP + FP)(TP: True Positive, FP: False Positive)

(3) 召回率(Recall)/敏感度(Sensitivity)。在所有真正为正例的样本中,被正确预测为正例的比例。Recall=TP/ (TP + FN) (FN: False Negative)。

(4) F1 分数(F1-Score)。精确率和召回率的调和平均值,综合评价模型的性能。F1=2×(Precision×Recall)/(Precision+Recall)。

(5) Top-k 准确率。如果模型预测的概率最高的 k 个类别中包含了真实类别,则认为预测正确。

3.4.5 案例与实训

1. 案例

(1) 电商商品分类。阿里巴巴、京东等电商平台利用图像分类技术对海量商品图片进行自动分类和打标签,优化搜索结果和用户体验。

(2) 内容审核。字节跳动(抖音、今日头条)、腾讯(微信)等平台使用图像分类技术自动审核用户上传的图片和视频,识别涉黄、涉暴等违规内容。

(3) 智能安防。海康威视、大华股份等安防企业的产品中,图像分类用于识别特定场景(如火灾、烟雾)或物体(如遗留物)。

2. 学生实训建议

1) 任务

构建一个简单的图像分类器,例如识别手写数字(使用 MNIST 数据集)或区分猫和狗的图片。

2) 工具

Python 编程语言, 结合 TensorFlow/Keras 或 PyTorch 深度学习框架。

3）步骤

（1）准备数据集（下载并划分训练集、验证集、测试集）。

（2）定义并搭建一个简单的 CNN 模型架构（可以参考 LeNet-5 或自定义小型网络）。

（3）编译模型（选择损失函数、优化器、评估指标）。

（4）训练模型，并在验证集上监控性能。

（5）评估模型在测试集上的准确率。

PyTorch 实现识别手写数字

预期成果：学生能够理解图像分类的基本流程，掌握使用深度学习框架构建、训练和评估 CNN 模型的基本技能。

【单元总结】

AI 视觉与人类视觉均以“感知-理解-决策”为目标，但实现方式迥异。人类通过生物视觉系统（视网膜+神经）动态适应复杂场景，结合常识与情感推理；AI 则依赖传感器与算法（如 CNN）实现高效标准化任务处理（如工业质检效率达人工 50 倍），但需海量数据训练且泛化能力有限。

作为 AI 体系的“感知核心”，AI 视觉发展历经三阶段：早期图像处理（20 世纪 50—70 年代）、传统特征提取（20 世纪 80 年代—21 世纪初）到深度学习革命（2012 年后）。当前技术体系包含五大层面：硬件，摄像头、NPU 芯片支撑实时处理；软件，OpenCV、PyTorch 等工具简化开发；数据，ImageNet 等标注数据集驱动模型训练；算法，CNN、Transformer 实现特征自动提取；应用，云端服务、边缘计算满足多场景需求。

核心任务涵盖目标检测（YOLO 模型）、图像分割（医疗病灶定位）及图像生成（AI 绘画）。尽管面临动态场景适应性弱、数据隐私争议等挑战，但通过小样本学习与多模态融合，AI 视觉正加速赋能自动驾驶、智能医疗等领域，推动机器从“看见”向“理解”进化。

【同步练习】

一、判断题

1. 题目：AI 视觉与人类视觉的处理流程均呈现“信息获取-特征提取-语义认知”的三级递进结构。（　　）

答案：√

解析：文中明确提到两者均以“感知-理解-决策”为核心，处理流程包括信息获取、特征提取和语义认知三个阶段。

2. 题目：AI 视觉在动态场景适应性上优于人类视觉，但处理速度和精度受限。（　　）

答案：×

解析：人类视觉动态场景适应性强，但速度／精度受限；AI 视觉在标准化任务中效率卓越，而非动态场景。

3. 题目：AlexNet 在 2012 年 ImageNet 竞赛中的胜利标志着深度学习在 AI 视觉领域的兴起。（　　）

答案：√

解析：文中指出 AlexNet 在 2012 年 ILSVRC 夺冠，标志着深度学习（尤其是 CNN）时代的到来。

4. 题目：图像分割中的语义分割需要区分同类物体的不同实例。（　　）

答案：×

解析：语义分割不区分同类实例，实例分割才需要区分不同个体，如“行人 1”“行人 2”。

5. 题目：AI 视觉中的目标检测任务仅需识别物体类别，无需定位其位置。（　　）

答案：×

解析：目标检测需同时识别物体类别并确定其在图像中的位置，用边界框表示。

二、单选题

1. 题目：下列哪项属于 AI 视觉的硬件基础？（　　）

A. 深度学习框架　　B. 数据标注工具

C. CMOS 图像传感器　　D. 图像分割算法

答案：C

解析：硬件层面包括图像传感器（如 CMOS）、摄像头、专用芯片等，A、B、D 属于软件或算法层面。

2. 题目：Google 的 Inception-v4 网络在 ImageNet 数据集上的识别准确率接近多少？（　　）

A. 70.2%　　B. 80.2%

C. 90.2%　　D. 95.2%

答案：B

解析：文中提到 Inception-v4 在 ImageNet 上达到 80.2% 的准确率，接近人类水平。

3. 题目：下列哪种任务属于 AI 视觉的基础任务？（　　）

A. 目标检测与定位　　B. 自然语言生成

C. 语音识别　　D. 知识图谱构建

答案：A

解析：目标检测是 AI 视觉的核心任务之一，其他选项属于 NLP 或语音领域。

4. 题目：ResNet 模型通过什么技术解决深度网络训练中的梯度消失问题？

(　　)

A. 最大池化　　　　　　B. 数据增强

C. Softmax 激活函数　　　　　　D. 残差连接(快捷连接)

答案:D

解析:ResNet 引入残差学习框架,通过快捷连接缓解梯度消失和网络退化问题。

5. 题目:在图像分类任务中,当类别分布不均衡时,哪个评估指标更可靠?(　　)

A. 准确率　　　　　　B. 召回率

C. F1-Score　　　　　　D. Top-5 准确率

答案:C

解析:准确率在类别不均衡时可能误导,F1-Score 综合精确率和召回率,更客观。

单元4　人工智能语音技术与应用

【学习目标】

知识目标

（1）理解人工智能语音处理的基本概念、核心任务，明确其在AI领域的重要性及与其他AI技术的关联。

（2）系统掌握语音处理的主要技术体系架构，详细知晓前端信号处理、声学特征提取、声学模型、语言模型、解码器及语音合成等关键模块的功能与相互作用。

技能目标

（1）能够清晰阐述语音识别（ASR）、语音合成（TTS）、语音分析、声纹识别、语音增强等核心技术的原理、方法，并能列举出各技术的至少3个典型应用场景。

（2）能够结合智能音箱等典型案例，具体分析语音技术在产品功能实现、服务优化等方面的作用机制，说明其如何赋能实际产品和服务。

素质目标

（1）通过学习语音技术相关的实训项目思路，树立技术服务实际需求的理念，培养积极的技术应用意识和创新精神。

（2）通过辩证看待“人机协作”边界及识别语音技术潜在风险，树立合理运用技术的理念，培养审慎的技术伦理精神。

【知识脉络】

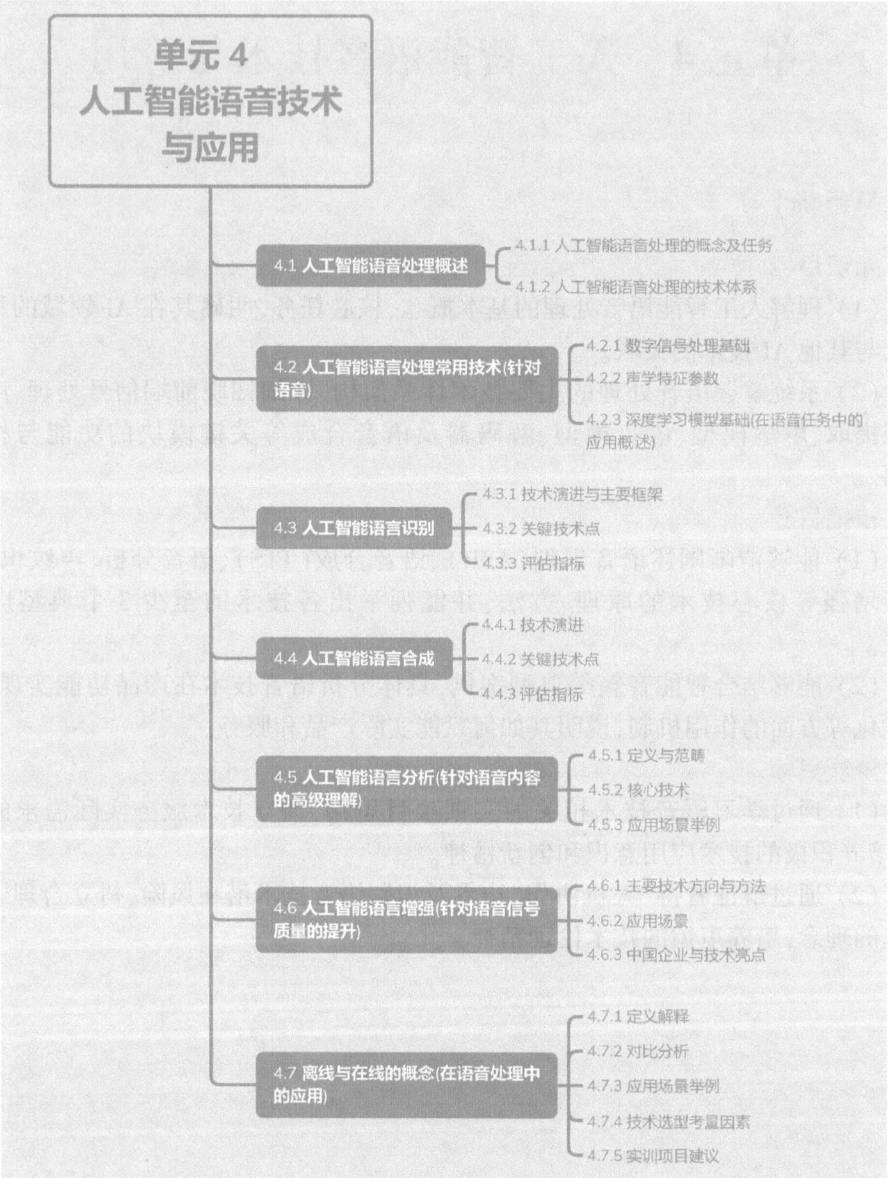

【案例导入】

人工智能语音技术赋能智能家居——以小度音箱的交互革命为例

在杭州滨江的一户普通家庭中，清晨7点的阳光刚洒进客厅，主人尚未起身，一句“小度小度，早安模式”的指令已唤醒智能音箱。窗帘自动开启15°迎光角度，咖啡机开始研磨哥伦比亚豆，浴室暖风系统同步启动，这套行云流水的场景联动背后是人工智能语音技术构建的“听觉中枢”在精准运作。小度音箱搭载的环形六麦克风阵列模拟人类双耳的“空间听觉”能力，通过波束成形技术实现5米半径内的360°声源定位，误差控制在±1°以内，即使在厨房油锅沸腾的背景噪声中，系统仍能精准捕捉主人指令，这得益于深度学习驱动的噪声抑制算法实时分析200余种家居噪声特征。

小度回复“已为您播放《科技日报》早间资讯”的声音并非录制片段，而是由端到端神经合成系统实时生成，百度WaveRNN 2.0模型通过韵律建模在问句末尾自动提升2~3个半音，并基于GPT-3的文本情感分析为不同内容注入恰当情感。在智能家居场景中，系统持续进行情绪识别、声纹认证和意图预判，当检测到高频叹气声时自动切换舒缓音乐，通过99.3%准确率的声纹识别区分用户身份，甚至在用户说出“我饿了”之前，已根据历史行为启动食谱推荐流程。尽管语音技术已实现商用突破，但低资源场景、多模态融合和因果推理等挑战仍待破解，正如语音识别领域权威Daniel Povey所言，技术演进的目标始终是构建“更懂人类的伙伴”。

本单元旨在帮助同学们系统地掌握人工智能语音技术的核心原理、关键技术模块和典型应用场景。我们将一同探索语音信号是如何被采集和处理的，机器是如何将声波转换成文字，又是如何将文字转换成流畅语音的。我们还会了解机器如何分析语音中的情感和说话人特征，以及如何提升语音信号的质量，更直观地理解这些技术如何协同工作，为我们的生活带来便利。

4.1　人工智能语音处理概述

4.1.1　人工智能语言处理的概念及任务

人工智能语音处理(Artificial Intelligence Speech Processing)是一门综合运用声学、语言学、信号处理、模式识别、机器学习等多个学科的理论与方法，旨在赋予计算机系统理解、分析、转换和生成人类语音能力的技术领域。其核心目标是打破人与机器之间的沟通壁垒，实现更加自然、高效的语音交互。

语音处理可以看作是连接物理声学世界与计算机信息世界的桥梁，它不仅仅是将声音信号转换为计算机可识别的符号，更深层次地，它追求让机器能够像人一样处理和理解语音信息。

人工智能语音处理的核心任务可以概括为以下几个方面(图4-1)：

(1) 让机器“听懂”——语音识别(Speech Recognition)。这是最核心的任务之一，即自动语音识别(ASR)，目标是将人类的口头语言准确地转换成计算机可读的文本序列。

(2) 让机器“会说”——语音合成(Speech Synthesis)。即文本到语音合成(TTS),目标是根据输入的文本信息,生成自然、清晰、富有表现力的人类语音。

(3) 让机器“理解”——语义理解与分析(Speech Understanding & Analysis)。这涉及到超越简单的文本转换,深入分析语音信号及其转写文本,以获取更深层次的信息,例如说话人的意图、情感状态、语义内容、主题等。

(4) 让机器“辨认”——声纹识别(Speaker Recognition)。即声纹识别,通过分析语音信号中独特的个人特征来识别或验证说话人的身份。

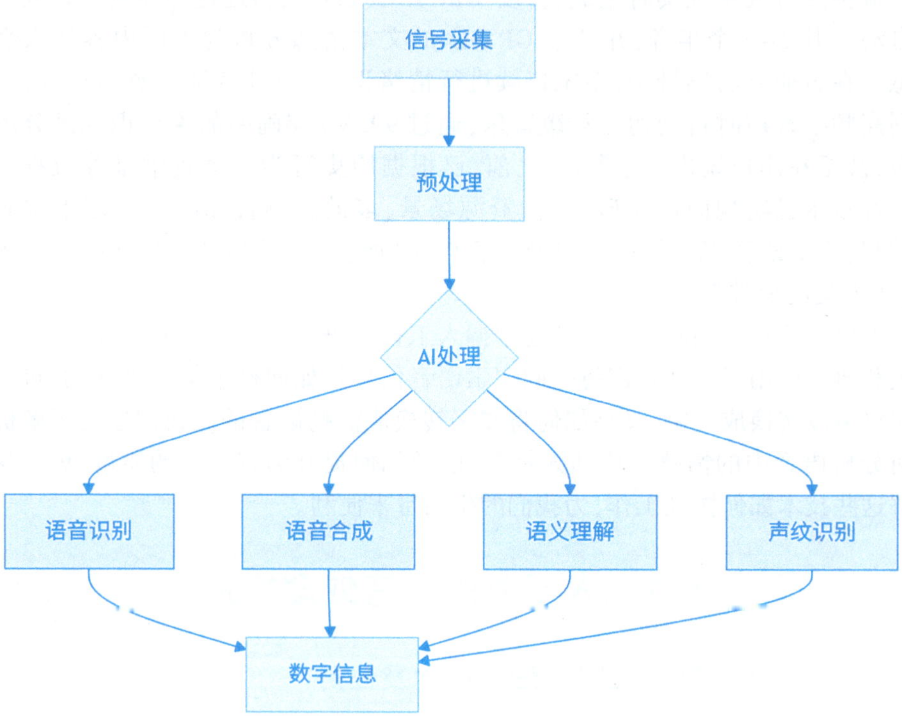

图 4-1　通用语音处理流程示意图

在人工智能领域,语音交互因其自然性和便捷性,被认为是未来人机交互的主流方式之一。语音技术的发展对于智能家居、智能车载、智能客服、移动应用、可穿戴设备等众多领域具有至关重要的推动作用。然而,人工智能语音处理也面临着诸多挑战:

(1) 环境噪声干扰。现实环境中的各种背景噪声会严重影响语音信号的质量和识别准确率。

(2) 口音与方言。不同地区、不同人群的口音和方言差异给语音识别带来了巨大困难。

(3) 说话风格多样性。语速、音量、情感状态的变化都会影响语音特征。

(4) 远场语音交互。在距离麦克风较远的情况下，语音信号会衰减并受到混响等影响。

(5) 多语种与混合语用。处理多种语言以及语言间切换、混合使用(如中英文夹杂)是一个复杂问题。

(6) 语义理解的深度。仅仅识别文字是不够的，理解文字背后的真实意图和上下文信息更具挑战性。

(7) 计算资源与实时性。高性能的语音处理算法通常需要较大的计算资源，如何在保证效果的同时实现低延迟的实时处理是一个关键问题。

4.1.2　人工智能语言处理的技术体系

人工智能语音处理的技术体系是一个复杂的系统工程，它集成了多种技术模块，协同工作以实现从语音信号的感知到理解，再到生成与反馈的完整流程(图4-2)。一个典型的语音处理技术体系架构可以根据其主要功能模块进行划分。

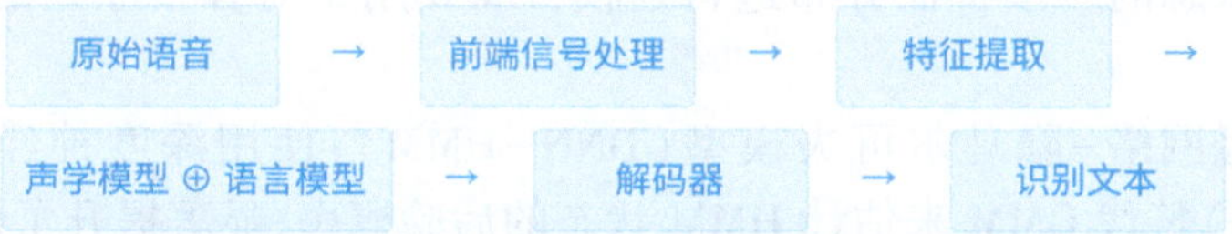

图4-2　典型语音识别(ASR)系统框图

1. 语音识别(ASR)系统架构

语音识别系统致力于将输入的原始语音信号转换为对应的文本序列。其典型架构通常包括以下几个核心模块。

1) 前端信号处理(Frontend Signal Processing)

(1) 功能。对麦克风采集到的原始语音信号进行预处理，以增强有用语音、抑制噪声和干扰，提取更适合后续声学模型处理的信号。

(2) 技术。

语音活动检测(Voice Activity Detection,VAD)：判断语音段是否存在，区分语音段和静音段/噪声段。

降噪(Noise Reduction/Suppression)：削弱背景噪声的影响，例如基于统计模型的降噪或基于深度学习的降噪。

回声消除(Acoustic Echo Cancellation,AEC)：消除扬声器播放内容被麦克风重新拾取造成的回声。

去混响(Dereverberation)：减少室内反射声对语音清晰度的影响。

波束形成(Beamforming)：利用麦克风阵列技术，将拾音方向对准目标声源，抑制其他方向的干扰。

2）声学特征提取(Acoustic Feature Extraction)

（1）功能。从经过前端处理的语音信号中提取能够有效表征语音内容和特性的参数序列。这些特征应具有良好的区分性、鲁棒性和紧凑性。

（2）常用特征。

梅尔频率倒谱系数(Mel Frequency Cepstral Coefficients,MFCC)：模仿人耳感知特性,是最常用的声学特征之一。

滤波器组能量特征(Filter Bank Energies,FBank)：MFCC 的中间产物,近年来在深度学习模型中也被广泛应用。

3）声学模型(Acoustic Model,AM)

（1）功能。描述声学特征序列与语音基本单元(如音素、音节、词)之间的对应关系。即给定一段声学特征,声学模型能够计算出这段特征对应各个语音单元的概率。

（2）常用模型。

高斯混合模型-隐马尔可夫模型(GMM-HMM)：传统的统计建模方法,GMM 用于对音素状态的声学特征分布进行建模,HMM 用于对音素序列的时间动态性进行建模。

深度神经网络-隐马尔可夫模型(DNN-HMM)：使用深度神经网络(DNN、CNN、RNN 等)替代 GMM 来估计 HMM 状态的后验概率,显著提升了性能。

端到端(End-to-End)声学模型：直接将声学特征序列映射到文本序列或中间表示(如音素序列),无需显式的 HMM 和发音词典。

4）语言模型(Language Model,LM)

（1）功能。评估一个词序列(即一句话)在特定语言中出现的合理性或概率。它捕捉了语言的语法、语义和语用规则。在 ASR 中,语言模型有助于区分声学上相似但语义上差异较大的词序列。

（2）常用模型。

N-gram 模型：基于马尔可夫假设,认为一个词的出现仅与其前 N-1 个词相关。简单有效,但难以捕捉长距离依赖。

循环神经网络语言模型(RNN-LM)：利用 RNN(包括 LSTM、GRU)的时序建模能力,能够捕捉更长的上下文信息。

Transformer 语言模型(Transformer-LM)：基于注意力机制,能够更好地处理长距离依赖,并在大规模预训练后表现出色,如 BERT、GPT 系列等。

5）解码器(Decoder)

（1）功能。综合声学模型和语言模型的输出(似然度和概率),根据一定的搜索算法(如 Viterbi 算法、束搜索 Beam Search)找到最可能的词序列作为最终的识别结果。

（2）目标。最大化 $P(W|X)=P(X|W)P(W)/P(X)$,其中 X 是声学特征,W

是词序列。

2. 语音合成(TTS)系统架构

语音合成系统致力于将输入的文本信息转换为自然流畅的语音波形。其典型技术链路(图4-3)如下。

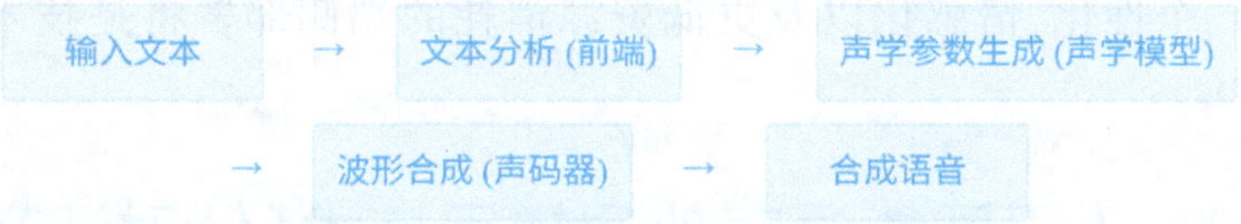

图4-3　典型语音合成(TTS)系统框图

1) 文本分析/前端(Text Analysis/Frontend)

(1) 功能。对输入的原始文本进行处理和分析,将其转换为适合声学模型处理的语言学特征序列。

(2) 技术。

文本正则化(Text Normalization):将非标准词(如数字、缩写、符号)转换为标准读音形式。

分词(Word Segmentation):对于中文等无明显词边界的语言,进行词语切分。

词性标注(Part-of-Speech Tagging):标注每个词的词性。

韵律预测(Prosody Prediction):预测文本的语速、停顿、轻重音、语调等韵律信息,这些信息对合成语音的自然度至关重要,通常会输出音素序列及时长、基频轮廓等。

2) 声学参数生成/声学模型(Acoustic Feature Generation/Acoustic Model)

(1) 功能。根据文本分析得到的语言学特征序列,生成控制语音产生的声学参数序列。这些声学参数可以是梅尔频谱、线性谱、基频、能量等。

(2) 常用模型。

基于HMM的参数合成(HMM-based Parametric Synthesis):早期参数合成方法。

基于深度学习的端到端声学模型:如Tacotron系列和FastSpeech系列。

3) 波形合成/声码器(Waveform Generation/Vocoder)

(1) 功能。将声学模型生成的声学参数序列转换为最终可听的语音波形。声码器的质量直接影响合成语音的清晰度和真实感。

(2) 常用模型。

传统声码器:如Griffin-Lim算法(基于迭代的相位重建)。

基于深度学习的神经声码器:基于自回归的卷积神经网络(WaveNet)、基于RNN的自回归模型(WaveRNN)。

人工智能语音处理的技术栈正经历着从传统统计方法向深度学习方法的深刻转变。深度学习,特别是端到端模型的兴起,使得系统结构更加简洁,性能也得到了显著提升。例如,在 ASR 领域,基于 Transformer 的 Conformer 模型结合了 CNN 的局部建模能力和 Transformer 的全局建模能力,在多个基准测试上取得了领先水平;在 TTS 领域,Tacotron 和 FastSpeech 等声学模型与 HiFi-GAN 等神经声码器的结合,使得合成语音的自然度和相似度越来越接近真人发声。未来,多模态融合、个性化、情感化以及更低资源消耗的端侧部署将是技术发展的重要方向。

4.2 人工智能语言处理常用技术(针对语音)

本节将介绍支撑语音识别(ASR)、语音合成(TTS)及语音分析等核心任务的一些底层常用技术。这些技术是理解和处理语音信号的基础,为更高级的 AI 语音应用奠定了基石。

4.2.1 数字信号处理基础

语音本质上是一种模拟声波信号,计算机要处理语音,首先需要将其转换为数字信号。数字信号处理(DSP)是语音处理的起点。

(1) 采样(Sampling)。将连续时间的模拟语音信号按照一定的时间间隔(采样周期)进行取值,得到离散时间的采样点序列。根据奈奎斯特采样定理,采样频率至少应为语音信号最高频率的两倍,才能无失真地恢复原始信号。电话语音通常采样率为 8kHz,高保真语音通常为 16kHz 或更高。

(2) 量化(Quantization)。将采样后得到的每个采样点的幅度值用有限个离散电平来表示。量化位数决定了表示语音幅度的精度,常见的有 8 位、16 位量化。

(3) 编码(Coding)。将量化后的采样值用二进制码表示,以便计算机存储和处理。

(4) 傅里叶变换(Fourier Transform)。语音信号处理中最重要的数学工具之一。它可以将时域信号转换到频域,分析信号的频率成分。短时傅里叶变换(Short-Time Fourier Transform,STFT)是分析语音这种时变信号的常用方法,它通过对语音信号加窗分段,然后对每一帧进行傅里叶变换,得到语谱图(Spectrogram),语谱图能同时展示语音信号的频率成分随时间的变化。

(5) 滤波器(Filter)。用于选择性地通过或抑制某些频率成分。在语音处理中,滤波器常用于去噪、频率均衡、特征提取等。常见的滤波器类型有低通、高通、带通、带阻滤波器。

4.2.2 声学特征参数

为了让机器学习模型能够有效地处理语音信号,需要从原始语音波形中提取具有代表性的声学特征。理想的声学特征应具备以下特点:能够有效区分不同的语音内容、对噪声和信道变化具有鲁棒性、维度较低以便于计算。

(1) 短时能量(Short-Time Energy)。反映语音信号在短时间内的幅度变化,可以用来区分语音段和静音段。

(2) 短时过零率(Short-Time Zero-Crossing Rate)。指单位时间内语音信号波形穿过零电平的次数。清音的过零率通常高于浊音。

(3) 基频(Fundamental Frequency)/音高(Pitch)。声带振动的基本频率,是构成语音韵律的重要参数,与说话人的性别、年龄以及语音的语调、情感等有关。

(4) 共振峰(Formant)。声道(口腔、鼻腔)的谐振频率,是区分不同元音的重要声学特征。前三个共振峰(F1、F2、F3)对元音的感知尤为重要。

(5) 线性预测系数(Linear Prediction Coefficient LPC)。基于语音信号产生的线性模型,认为当前语音采样点可以由过去若干个采样点的线性组合来预测。这些预测系数可以作为语音特征。

(6) 梅尔频率倒谱系数(Mel Frequency Cepstral Coefficients,MFCC)。目前应用最广泛的语音特征之一(图4-4)。其提取过程模拟了人耳的听觉感知特性。

① 对语音信号进行预加重、分帧、加窗。

② 对每一帧进行快速傅里叶变换(FFT)得到频谱。

③ 将频谱能量通过梅尔滤波器组(一组三角滤波器,在梅尔频率尺度上等间隔分布)进行滤波,得到梅尔谱。梅尔频率尺度更符合人耳对低频敏感、对高频不敏感的特性。

④ 对梅尔谱取对数。

⑤ 进行离散余弦变换(DCT),取其低阶系数作为MFCC。

滤波器组特征(Filter Bank Feature,FBank):MFCC提取过程中的中间产物,即梅尔滤波器组的对数能量输出。

感知线性预测(Perceptual Linear Prediction,PLP):也是一种模拟人耳听觉感知的特征提取方法,结合了临界频带分析、等响度曲线和强度-响度幂律等听觉特性。

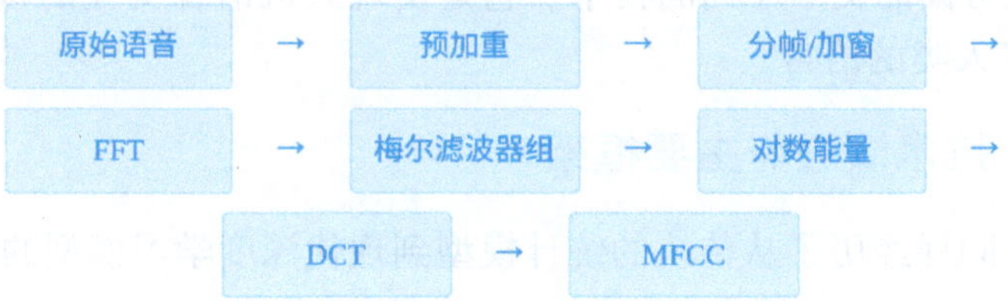

图4-4 MFCC特征提取流程示意图

4.2.3 深度学习模型基础(在语音任务中的应用概述)

深度学习模型,特别是各种神经网络结构,已成为现代语音处理技术的核心驱动力，它们能够从大规模数据中自动学习复杂的特征表示和映射关系。

(1) 深度神经网络（Deep Neural Networks，DNN）。也称为多层感知机（MLP）。在语音中，常用于声学建模（如 DNN-HMM 中的声学打分）或特征转换。

(2) 卷积神经网络（Convolutional Neural Networks，CNN）。通过卷积层（使用滤波器提取局部特征）、池化层（降维和增加感受野）和全连接层构建。特别擅长处理图像等具有网格结构的数据。

(3) 循环神经网络（Recurrent Neural Networks，RNN）。具有循环连接，能够处理序列数据，并将前一时刻的信息传递到当前时刻，从而捕捉时间序列中的动态信息。

(4) 长短期记忆网络（Long Short-Term Memory，LSTM）。一种特殊的 RNN 结构，通过引入门控机制（输入门、遗忘门、输出门）有效解决了标准 RNN 在处理长序列时容易出现的梯度消失或梯度爆炸问题，能够更好地捕捉长距离依赖关系。

(5) 门控循环单元（Gated Recurrent Unit，GRU）。LSTM 的一种简化变体，具有更少的参数，在某些任务上也能达到与 LSTM 相当的性能。

(6) Transformer 模型。完全基于自注意力机制构建的序列到序列（Seq2Seq）模型，摒弃了 RNN 的循环结构，从而能够更好地并行计算。自注意力机制使其能够直接计算序列中任意两个位置之间的依赖关系，有效捕捉长距离依赖。通常包含编码器和解码器结构。

这些深度学习模型往往不是孤立使用的，而是根据任务需求进行组合和创新，例如 CNN-RNN 混合结构、Transformer 与 CTC 的结合等。理解它们的基本原理和在语音信号特性上的适应性，是掌握现代 AI 语音技术的关键。

4.3 人工智能语言识别

人工智能语言识别（Automatic Speech Recognition，ASR），通常简称为语音识别或语音转文本（Speech-to-Text，STT），是一项旨在将人类的口头语音信号自动转换成计算机可读的文本序列的技术。它是实现人机语音交互的核心环节，让机器能够“听懂”人类的语言。

4.3.1 技术演进与主要框架

ASR 技术同样经历了从传统的统计模型到现代深度学习模型的演进。

1. 传统 HMM-GMM 框架（Hidden Markov Model-Gaussian Mixture Model）

(1) 声学模型（AM）。每个音素（或更小的语音单元如三音子状态）用一个 HMM 来建模其时间演化过程，每个 HMM 状态的观测概率由一个 GMM 来描述该状态下声学特征（如 MFCC）的分布。

(2) 发音词典（Pronunciation Lexicon）。定义了词汇表中每个词到音素序列的映射关系。

(3) 语言模型(LM)。通常是 N-gram 模型,用于评估一个词序列的合理性。

(4) 解码器(Decoder)。基于 Viterbi 算法等,结合 AM、发音词典和 LM 的输出来搜索最可能的词序列。

优点:理论成熟,对数据量要求相对较低。

缺点:GMM 对声学特征的建模能力有限;模块间独立优化,难以达到全局最优;对噪声和口音等变化鲁棒性较差。

2. HMM-DNN 混合框架(Hybrid HMM-DNN)

使用深度神经网络(DNN),如多层感知机(MLP)或循环神经网络(RNN),来替换 GMM,直接估计 HMM 状态的后验概率 P(state feature)。

优点:DNN 具有更强的非线性建模能力和特征学习能力,显著提升了声学模型的性能,从而提高了整体识别准确率。

缺点:仍然保留了 HMM 的结构,需要发音词典和独立的语言模型,训练流程相对复杂。

3. 端到端(End-to-End,E2E)模型

端到端模型旨在将 ASR 的多个模块(声学模型、发音词典、部分语言模型功能)集成到一个单一的神经网络中进行联合优化,直接从输入的声学特征序列映射到输出的文本序列(或音素/字符序列)。

4. 基于 CTC(Connectionist Temporal Classification)的模型

CTC 引入了一个特殊的"空白"标签,并通过动态规划算法来解决输入声学特征序列与输出标签序列(如字符序列)之间不等长对齐的问题。它允许模型在输出序列中插入空白标签,从而处理不同时长的发音。模型可以直接输出字符序列的概率分布。

优点:训练简单,解码速度快,不需要帧级别的对齐。

缺点:条件独立性假设(每一帧的输出概率独立于其他帧的输出),可能忽略上下文信息;通常需要外部语言模型进行后处理以提升性能。

5. 基于注意力机制的编码器-解码器模型

该模型是深度学习领域中的一种重要模型架构,尤其在自然语言处理任务中表现出色。其原理可以归纳如下(图 4-5)。

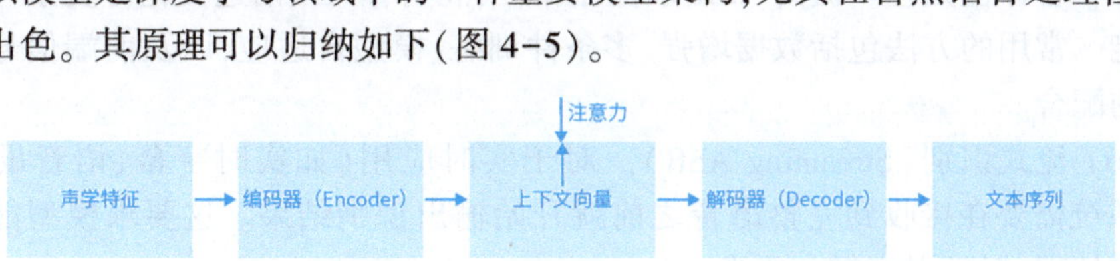

图 4-5　基于注意力机制的 Encoder-Decoder ASR 系统架构示意图

模型基本架构主要由编码器和解码器两部分组成。编码器负责将输入序列转换为一个固定长度的上下文向量(Context Vector),这个向量捕捉了输入序列

的关键信息。解码器则根据这个上下文向量生成输出序列。然而,传统Seq2Seq模型在处理长序列时面临信息瓶颈和长距离依赖问题,因为编码器需要将整个输入序列压缩为一个固定长度的向量,这可能导致信息丢失。

为解决这些问题,注意力机制被引入到编码器-解码器模型中。注意力机制的核心思想是在解码器的每个时间步,重新关注输入序列的不同部分,从而动态地获取相关信息。具体来说,在解码器的每个时间步,模型会计算一个注意力权重分布,这个分布决定了输入序列中每个位置对当前解码步骤的重要性。通过这种方式,解码器可以更加灵活地利用输入序列的信息,而不仅仅依赖于一个固定的上下文向量。

注意力机制的工作原理可以进一步细化为以下步骤:首先,在解码器的每个时间步,模型会生成一个查询向量(Query),这个向量代表了当前解码步骤的需求。然后,模型会计算查询向量与输入序列中每个位置的键(Key)向量之间的相似度,得到一个注意力权重分布。接着,根据这个权重分布对输入序列中的值向量(Value)进行加权求和,得到上下文向量(Context Vector)。最后,解码器将上下文向量与当前的隐藏状态结合,生成输出。

4.3.2 关键技术点

(1) 声学特征提取。高质量的声学特征(MFCC、FBank等)是ASR性能的基石。

(2) 声学建模。核心任务是学习声学特征与语音单元之间的概率关系。深度学习模型(如DNN,CNN,RNN,Transformer)在此扮演关键角色。科大讯飞等公司基于深度学习的CNN和LSTM模型进行语音数据处理和特征提取,以实现高准确率和个性化识别。

(3)语言建模。无论是传统框架还是某些端到端框架,语言模型都对提升识别准确率至关重要,它能提供词序的合理性约束。

(4) 解码算法。在搜索空间中寻找最优词序列的过程。常用的有Viterbi解码(用于HMM)、束搜索(Beam Search,用于Seq2Seq模型和CTC的后续处理)。

(5) 鲁棒性处理。提高ASR系统在噪声、混响、口音、语速变化等复杂环境下的性能。常用的方法包括数据增强、多条件训练、模型自适应,以及前端信号处理技术的配合。

(6) 流式识别(Streaming ASR)。对于实时应用(如实时字幕、语音助手),ASR系统需要在接收到完整语音之前就开始输出识别结果。这要求模型能够进行流式处理,对延迟有较高要求。

4.3.3 评估指标

衡量ASR系统性能的主要指标是:

(1) 词错误率(Word Error Rate,WER)。计算替换(Substitution)、插入(Insertion)和删除(Deletion)的词数之和,除以参考文本的总词数。WER 越低,性能越好。

(2) 句错误率(Sentence Error Rate,SER)。至少包含一个词错误的句子所占的比例。

(3) 字符错误率(Character Error Rate,CER)。对于中文等无明显词边界的语言,或评测音素识别任务时常用。计算方式与 WER 类似,但单位是字符。

目前,领先的 ASR 系统在特定场景下(如近场、标准普通话)的识别准确率已经非常高。例如,百度 AI 开放平台的语音识别技术据称采用了国际领先的流式端到端语音语言一体化建模算法(百度 AI 开放平台的语音识别)。阿里云的智能语音交互服务也提供了高准确率的语音识别能力(阿里云的一句话识别)。

4.4 人工智能语言合成

人工智能语言合成(Text-to-Speech,TTS),简称语音合成,是一项旨在将计算机程序生成的或用户输入的文本信息转换成可听的、自然流畅的人类语音输出的技术。其核心目标不仅仅是让机器能够“朗读”文字,更是要让合成的语音听起来像真人说话一样,具备自然的韵律、清晰的发音以及丰富的情感表现力。

4.4.1 技术演进

语音合成技术经历了从简单的拼接到复杂的深度学习模型的演进过程。

1. 拼接合成(Concatenative Synthesis)

(1) 原理。这种方法依赖于一个预先录制好的、包含大量语音单元(如音素、半音节、音节、词甚至短语)的语音库。合成时,系统根据输入文本分析出所需的语音单元序列,然后从库中挑选最合适的单元进行拼接,并进行一定的平滑处理。

(2) 代表技术。单元挑选合成(Unit Selection Synthesis)。它通过复杂的代价函数来挑选语音单元,以保证拼接处的自然过渡。

(3) 优点。合成语音的音质(特别是在挑选到较长且匹配的单元时)可以非常接近真人。

(4) 缺点。需要巨大的高质量录音数据库;拼接痕迹有时难以完全消除,导致不自然;难以灵活控制语音的风格和情感;对于库中未覆盖的语音模式,合成效果差。

2. 参数合成(Parametric Synthesis)

(1) 原理。这种方法不直接拼接录音片段,而是建立一个统计模型来描述语音的声学参数(如基频、频谱包络、时长等)与文本特征之间的关系。合成时,根据输入文本预测出一系列声学参数,然后通过声码器(Vocoder)将这些参数转换成语音波形。

(2) 代表技术。基于隐马尔可夫模型(HMM)的语音合成。HMM 用于对声学参数的统计特性进行建模。

(3) 优点。模型尺寸小,存储需求低;可以较好地控制合成语音的参数(如语速、音高);合成语音相对平滑。

(4) 缺点。合成语音的自然度通常不如高质量的拼接合成,"机器味"较重,因为统计平均过程会损失一些细节。

3. 基于深度学习的端到端合成(End-to-End Deep Learning-based Synthesis)

近年来,深度学习的飞速发展极大地推动了语音合成技术的进步,端到端模型成为主流。这类模型通常将语音合成过程分解(图 4-6)为两个主要阶段:声学模型和声码器。

(1) 声学模型(Acoustic Model)。

功能:将输入的文本序列(通常是字符或音素序列)转换成中间的声学表征,如梅尔频谱图(Mel Spectrogram)或其他声学参数序列。

优点:能够从大规模数据中学习复杂的文本到声学特征的映射,合成语音的自然度和表现力远超传统方法。

缺点:训练通常需要大量高质量的平行文本-语音数据;模型复杂度较高。

(2) 声码器(Vocoder)/波形生成器(Waveform Generator)。

功能:将声学模型生成的声学表征(如梅尔频谱图)转换成最终可听的原始语音波形。

优点:神经声码器能够生成比传统信号处理方法(如 Griffin-Lim)更高质量、更自然的语音波形。并行声码器在速度上有了巨大提升。

缺点:训练难度较大,部分模型仍需要较多计算资源。

图 4-6 典型的端到端 TTS 系统架构示意(以 Tacotron 类模型为例)

4.4.2 关键技术点

一个高质量的 TTS 系统,除了核心的声学模型和声码器外,还需要关注以下关键技术:

(1) 文本前端处理(Text Frontend Processing)。这是 TTS 的第一步,对输入文本进行规范化和语言学分析。

(2) 文本正则化(Text Normalization)。将数字(如"123""2024 年")、缩写(如"AI""Dr.")、符号等转换为其完整的文字读法。

(3) 分词(Word Segmentation)。特别是对中文等语言,需要准确切分词语。

(4) 词性标注(Part-of-Speech Tagging)。确定每个词的词性,有助于后续的韵律预测和多音字消歧。

(5) 多音字处理(Polyphone Disambiguation)。根据上下文确定多音字的正确发音,如“行长”的“行”读 háng,而“行走”的“行”读 xíng。

(6) 韵律建模(Prosody Modeling)。韵律是影响合成语音自然度和表现力的关键因素,包括语速(Speaking Rate)、停顿(Pauses)、重音(Stress)和语调(Intonation)。模型需要能够根据文本内容和标点符号预测这些韵律特征。

(7) 情感合成(Emotional TTS)。使合成语音带有特定的情感色彩,如高兴、悲伤、愤怒等。这通常需要在训练数据中包含带情感标签的语音,或者通过控制潜在表示空间来实现。

(8) 音色转换。将一段源说话人的语音内容,用目标说话人的音色重新合成出来。

(9) 声音克隆。仅使用目标说话人少量(甚至几秒钟)的语音样本,就能合成出具有该说话人音色的语音。这通常需要预训练一个多说话人模型,然后进行微调或利用说话人嵌入向量。

4.4.3 评估指标

评估 TTS 系统性能的指标主要分为主观评估和客观评估。

(1) 主观评估(Subjective Evaluation)。最常用的是平均意见分(Mean Opinion Score,MOS)。MOS 评分通常由一组听众对合成语音的自然度、清晰度、相似度(对于声音克隆任务)等进行打分(通常是 1~5 分制),然后取平均值。MOS 是最能反映用户真实感受的指标。

(2) 客观评估(Objective Evaluation)。通过计算合成语音与目标真实语音在声学特征上的差异,如梅尔倒谱失真(MCD)、基频均方根误差(F0RMSE)、时长预测准确率等。客观指标可以辅助快速评估,但最终效果仍需主观评估确认。

随着技术的不断进步,端到端语音合成模型在自然度和表现力方面已经取得了巨大突破,使得机器生成的声音越来越难以与真人区分。例如,Google Cloud 的 Text-to-Speech AI 和阿里云的智能语音交互服务都提供了高质量的语音合成能力。

4.5 人工智能语言分析(针对语音内容的高级理解)

人工智能语言分析(Speech Content Analysis)在语音技术领域,指的是超越简单的语音到文本转换(ASR),对语音信号本身及其转写后的文本内容进行更深层次的分析和理解,以提取出说话人的意图、情感状态、语义主题、关键词、说话人身份等丰富信息。这使得机器不仅能“听见”和“转写”,更能“理解”对话的内涵和外延。

4.5.1 定义与范畴

人工智能语言分析的目标是赋予机器对口语交流的综合理解能力。其范畴广泛,主要包括:

(1) 识别语音中所表达的情感。

(2) 区分和标记多人对话中的不同发言者。

(3) 从语音流中检测特定的关键词或唤醒词。

(4) 概括长段语音的核心内容和主题。

(5) 判断说话者通过语音表达的真实意图和目的。

(6) 分析语音中的韵律、停顿等副语言学信息。

4.5.2 核心技术

实现这些高级理解任务依赖于多种技术的交叉应用。

1. 语音情感识别(Speech Emotion Recognition,SER)

原理:人类在表达不同情感时,其语音的声学特征(如音高、能量、语速、频谱特性等)会发生系统性变化。SER 技术通过分析这些声学特征,并结合 ASR 转写出的文本内容的情感极性,来判断说话者当前的情感状态(如高兴、悲伤、愤怒、中性等)(图 4-7)。网易伏羲等公司提供相关技术应用,其 emotion2vec 模型旨在通过分析副语言学信息判断情感。

常用特征:

(1) 韵律特征。基频(F0)相关的统计量(均值、标准差、变化范围)、能量相关的统计量、语速、停顿等。

(2) 音质特征。共振峰、频谱倾斜度、谐波噪声比(HNR)等。

(3) 谱特征。MFCC、FBank 等。

常用模型:

(1) 传统机器学习。支持向量机(SVM)、K-近邻(KNN)、决策树等,通常配合人工设计的声学特征集。

(2) 深度学习。卷积神经网络(CNN)可以直接从语谱图或原始波形中学习情感相关特征;循环神经网络(RNN、LSTM、GRU)用于建模语音信号的时序动态性;Transformer 模型也逐渐被应用。有时会采用多模态融合方法,结合声学特征和文本特征进行情感判断。

2. 说话人日志(Speaker Diarization)

(1) 原理。在一段包含多人对话的音频中,自动检测“谁在什么时候说话”。其核心任务包括语音分割(将音频流分割成若干语音片段)、声学特征提取和聚类

图 4-7 语音情感识别基本流程示意图

（将属于同一说话人的语音片段聚集在一起）、说话人身份标记。

（2）技术挑战。说话人数量未知、语音重叠、背景噪声、不同说话人音色相似等。

（3）应用。会议纪要整理（区分不同参会者的发言）、智能客服（记录客户与客服专员的对话）、媒体内容分析（标记影视剧或访谈节目中的发言者）。

3. 关键词检索（Keyword Spotting，KWS）/唤醒词检测（Wake-word Detection）

（1）原理。在连续的音频流中实时或离线地检测预先定义好的一个或多个关键词或唤醒词（如智能音箱的“小爱同学”），这通常需要一个专门针对这些关键键词训练的声学模型。

（2）特点。对于唤醒词检测，要求低功耗、低误唤醒率（False Alarm Rate）和高召回率（Recall Rate）。

（3）应用。智能音箱和语音助手的激活、特定指令的快速响应、语音监控等。

4. 语音内容摘要与主题提取（Speech Summarization and Topic Extraction）

（1）原理。首先通过 ASR 将长段语音转换为文本，然后利用自然语言处理（NLP）技术（如文本摘要算法、主题模型如 LDA）对转写文本进行分析，提取核心内容，生成摘要或识别主要议题。

（2）应用。会议纪要自动生成、讲座录音内容概括、客服通话要点提取。

5. 语音意图识别（Spoken Language Understanding，SLU）

原理：在 ASR 将语音转换为文本后，通过 NLU 技术分析文本，识别用户的真实意图和相关的参数（通常称为“槽位填充”）。例如，用户说“我想订一张明天去北京的火车票”，意图是“订票”，槽位包括“时间：明天”“目的地：北京”“交通工具：火车”。

4.5.3 应用场景举例

人工智能语言分析技术在多个领域都有广泛应用，显著提升了智能化水平。

（1）智能客服中心。通过语音情感识别分析客户情绪，以便客服代表采取更合适的沟通策略；通过说话人日志区分客户和座席的语音，便于质检和数据分析；通过意图识别快速定位用户问题，提升服务效率。

(2) 会议系统。自动生成带有发言人标记的会议纪要;提取会议的关键议题和待办事项;进行实时字幕展示。

(3) 媒体内容分析与管理。对视频、播客等音频内容进行关键词检索、主题分类、内容摘要,方便用户查找和理解。

(4) 教育领域。分析学生朗读时的情感和流利度,提供个性化反馈;识别课堂互动中的关键问题。

(5) 公共安全与舆情监控。从大量的语音数据中(如电话录音、网络音频)分析特定主题、情感倾向和关键词,为决策提供支持。

许多提供语音识别服务的云平台,如百度 AI 开放平台、阿里云智能语音交互、腾讯云等,也集成了不同程度的语音分析能力,供开发者调用。科大讯飞等公司也在其行业解决方案中深度融合了这些高级语言分析技术。

4.6 人工智能语言增强(针对语音信号质量的提升)

人工智能语言增强(AI Speech Enhancement),通常简称为语音增强,是指利用人工智能及相关信号处理技术,改善原始语音信号的质量,使其更清晰、可懂度更高,或者更易于被后续的语音处理模块(如语音识别系统)准确处理。在真实的声学环境中,语音信号往往会受到各种噪声、混响、回声以及传输信道失真等因素的干扰,语音增强技术的目标就是尽可能地抑制这些干扰,恢复或提取出纯净的目标语音信号。

4.6.1 主要技术方向与方法

语音增强是一个涉及多种技术方法的领域,根据目标和原理的不同,可以分为以下几个主要方向。

1. 语音降噪(Speech Denoising/Noise Reduction)

(1) 目标。从带噪语音中去除或抑制背景噪声。

(2) 技术。基于统计模型的方法、深度学习方法、基于 DNN/CNN/RNN 的模型等。

2. 回声消除(Acoustic Echo Cancellation,AEC)

(1) 目标。在免提通话、视频会议、智能音箱等场景中,消除由扬声器播放的声音被麦克风再次拾取而形成的回声。

(2) 原理。通常需要一个参考信号(即远端语音或扬声器播放的信号),通过自适应滤波器估计回声路径,然后从麦克风信号中减去估计的回声。

3. 去混响(Dereverberation)

(1) 目标。减轻由室内声波反射(混响)引起的语音拖尾和模糊,提高语音清晰度。

(2) 技术。包括基于逆滤波的方法、基于谱减的方法以及基于深度学习的方法。

4. 语音分离/盲源分离(Speech Separation/Blind Source Separation,BSS)

(1) 目标。从混合语音信号中分离出不同说话人的语音,或者将语音与其他类型的声音(如音乐、环境声)分离开。

(2) 技术。独立成分分析(ICA)、非负矩阵分解(NMF)、基于深度学习的掩码估计或直接波形分离等。

5. 带宽扩展(Bandwidth Extension,BWE)/人工带宽扩展(Artificial Bandwidth Extension,ABWE)

(1) 目标。从窄带语音信号(如电话语音,通常带宽在300~3400Hz)中恢复或生成高频信息,使其听起来更接近宽带语音(如7000Hz或更高带宽),从而提升语音的自然度、临场感和可懂度。

(2) 技术。基于统计模型的方法、基于码本激励线性预测(CELP)的方法、基于深度学习的频谱预测或波形生成方法。

6. 丢包补偿(Packet Loss Concealment,PLC)

(1) 目标。在IP语音(VoIP)等基于包交换网络的语音通信中,当部分语音数据包因网络拥塞或错误而丢失时,通过一定的算法来估计和恢复丢失的语音片段,以减少通话中断感,提高通话质量。

(2) 技术。插入法(插入静音、重复前一帧)、插值法、基于模型的重建方法。

4.6.2 应用场景

语音增强技术是提升各类语音应用性能和用户体验的关键环节,其应用场景非常广泛。

(1) 通信与会议。手机通话、IP语音(VoIP)、视频会议系统,通过降噪、回声消除、去混响等技术保证通话质量。

(2) 语音助手与智能音箱。提升在嘈杂环境下或远距离拾音时的语音识别准确率。

(3) 语音识别前端。作为ASR系统的重要预处理步骤,改善输入语音质量,从而提高识别率。

(4) 听力辅助设备。如助听器,通过增强目标语音、抑制背景噪声,帮助听障人士更好地感知声音。

(5) 语音记录与取证。对含有噪声的录音进行处理,提取清晰的语音内容。

(6) 车载语音系统。在驾驶环境下,有效抑制路噪、风噪、引擎声等,提升车载语音交互的可靠性。

4.6.3 中国企业与技术亮点

中国在语音增强技术领域也有深入的研究和广泛的应用，许多 AI 公司和研究机构都在积极推动相关技术的发展和落地。

1. 科大讯飞(iFLYTEK)

在其智能语音交互解决方案中，集成了先进的语音增强技术，包括麦克风阵列信号处理、远场拾音、复杂场景下的降噪和回声消除等。这些技术广泛应用于其智能会议系统、车载语音产品、智能客服以及开放平台的语音能力中。例如，科大讯飞与达实智能合作，将多模语音增强技术应用于深圳地铁的智慧客服系统，并推出了星火语音同传大模型，强调实时意群理解和上下文精准选词能力，这背后必然有强大的语音信号处理和增强技术支撑。

2. 百度(Baidu)

百度 AI 的语音技术，特别是在智能音箱(如小度系列)和 DuerOS 语音交互平台中，非常重视前端信号处理和语音增强。其远场语音识别方案就包含了复杂的前端信号处理技术，以应对家庭环境中的各种噪声和干扰。

3. 阿里巴巴(Alibaba)

阿里云的智能语音交互服务也强调在复杂声学环境下的语音交互能力。阿里达摩院在语音技术研发中，将前端信号处理与唤醒、本地识别等联合建模，面向复杂声学挑战逐步在端侧实现全栈语音交互能力。

4. 腾讯(Tencent)

腾讯云的语音服务同样包含语音增强的相关能力，应用于社交、游戏、会议等多种场景。

5. 思必驰(AISpeech)

作为一家专注于人机对话的 AI 公司，思必驰在智能降噪技术方面有深入研究，其技术采用"传统分离结合深度学习方案"，可应用于会议设备、车载系统等，有效滤除环境噪声，提升交互体验。

语音增强技术的进步，尤其是深度学习方法的引入，使得机器在嘈杂和复杂声学环境下的"听力"越来越好，这对于扩展 AI 语音技术的应用边界、提升用户体验至关重要。

4.7 离线与在线的概念(在语音处理中的应用)

在人工智能语音处理的实际应用中，根据语音数据的处理位置和网络依赖情况，通常可以区分为在线处理(Online Processing)和离线处理(Offline Processing)，也常被称为云端处理(Cloud-based Processing)和端侧处理(Edge/On-Device Processing)。理解两者的概念、优缺点及其适用场景对于语音应用方案的设计和选型至关重要。

4.7.1 定义解释

1. 在线语音处理(Online Speech Processing)

指语音数据的核心处理任务(如复杂的语音识别模型推理、大规模语言模型运算、高质量语音合成等)主要在远程的云端服务器上完成。用户的语音数据通过网络传输到云服务器,处理结果再通过网络返回给用户设备。

2. 离线语音处理(Offline Speech Processing)/端侧语音处理

指语音数据的核心处理任务主要在用户本地设备(如手机、智能音箱、车载系统、物联网设备等)上完成,无需或仅需少量网络连接。相关的模型和算法直接部署在设备端。

4.7.2 对比分析

在线处理和离线处理各有其优势和局限性(表4-1),适用于不同的应用需求。

表4-1 在线语音和离线语音的对比

特性	在线语音处理(云端)	离线语音处理(端侧)
计算能力与模型复杂度	可利用云端强大的计算资源,运行更大、更复杂的模型,通常效果更好(如识别准确率、合成自然度)	受限于本地设备的算力(CPU/NPU/DSP)、内存和功耗,通常运行轻量级、简化的模型,效果可能略逊于云端
响应速度(延迟)	受网络状况(带宽、延迟、稳定性)影响较大,数据往返传输会引入额外延迟	处理在本地进行,响应速度通常更快,延迟较低,对实时性要求高的场景有优势
网络依赖	强依赖稳定的网络连接。无网络或网络质量差时无法工作	可在无网络或弱网环境下运行,鲁棒性更好

4.7.3 应用场景举例

离线语音处理的典型应用。智能音箱/设备的唤醒词检测(Wake-word Detection),如"小爱同学""天猫精灵"。这是最常见的离线应用,要求低功耗、快速响应、高准确率。简单的本地语音指令控制,如在智能家居中控制"开灯""关空调",或在车载系统中控制"下一曲""增大音量"。

在线语音处理的典型应用。复杂的自然语言查询与对话,如向语音助手询问开放性问题、进行多轮复杂对话,需要云端强大的NLU和知识库支持;大规模词汇量的语音转写,如会议记录、采访整理、长篇演讲的ASR,需要云端大规模声学模型和语言模型保证准确率。

4.7.4 技术选型考量因素

在设计一个语音应用时，选择在线处理、离线处理需要综合考虑以下因素。

(1) 性能要求。对识别准确率、合成自然度、响应延迟等有何要求？

(2) 功能复杂度。是简单的命令控制还是复杂的开放域对话？词汇量大小如何？

(3) 成本预算。能否承担持续的云服务费用？设备硬件成本有何限制？

(4) 隐私安全需求。用户数据是否敏感？能否接受数据上传云端？

(5) 网络环境。应用场景的网络连接是否稳定可靠？

(6) 设备能力。端侧设备的计算能力、存储空间和功耗限制如何？

(7) 可维护性与可扩展性。模型和服务的更新迭代是否便捷？未来功能扩展的需求如何？

理解离线与在线语音处理的特性和差异，有助于开发者根据具体的应用需求做出合理的技术选型，从而设计出更优秀、更符合用户期望的语音交互产品。

智能芯片：人工智能视觉的“大脑”

4.7.5 实训项目建议

以下是适合学生动手实践的 AI 语音技术项目案例，旨在巩固本单元所学知识，培养动手能力和创新意识。

技术栈：Python，speech_recognition 库(可配置 Google Web Speech API、CMU Sphinx 等)、pyttsx3 库、os/subprocess 库(用于执行系统命令)。

任务描述：创建一个简单的 Python 桌面应用程序，能够通过麦克风接收用户的语音指令，识别指令内容，并执行相应的本地操作(如“打开记事本”“查询现在时间”“播放本地音乐文件”)或通过 TTS 进行语音回复(如回答时间、确认操作)。

步骤指导：

(1) 环境搭建。安装 Python 及所需库。

(2) 语音输入与识别模块。使用 speech_recognition 库实现麦克风录音和语音转文本功能。可以先尝试使用在线 API，再尝试配置离线引擎。

(3) 指令解析模块。对识别出的文本进行关键词匹配或简单意图识别，判断用户想要执行的操作。

(4) 任务执行模块。根据解析出的指令，使用 os 或 subprocess 库调用系统命令打开应用程序，或使用 Python 内置模块获取时间、控制音乐播放等。

(5) 语音回复模块。使用 pyttsx3 库将程序的操作结果或回答信息以语音形式输出。

(6) 主程序逻辑。整合以上模块，实现循环监听、指令处理、执行与反馈的流程。

核心代码片段示例(概念性)。

```
import speech_recognition as sr
importpyttsx3
import os
import datetime
#初始化 TTS 引擎
engine=pyttsx3. init()
def
speak(text):engine. say(text)engine. runAndWait()
deflisten():
r =sr. Recognizer()
withsr. Microphone()asSsource:
print("正在聆听…")
audio=r. listen(source)
try:
command=r. recognize_google(audio,language=1zh-CN)
print(f"你说了:{command}")
return command. lower()
exceptsr. UnknownValueError:
speak("抱歉,我没有听清。1")
return1111
```

```
exceptsr. RequestError:speak("抱歉,网络服务出错。")return#——主循环和指令处理逻辑(省略)—例如:command = listen()if"打开记事本" in command:#os. system("notepad. exe")#speak("记事本已打开")#elif"现在几点" in command:#now=datetime. datetime. now(). strftime("%H 点%M 分")#speak(f"现在是{now}")
```

【单元总结】

本单元系统地介绍了人工智能语音技术的核心概念、技术体系及关键技术模块。从人工智能语音处理的基本定义出发,探讨了其在 AI 领域的重要性及面临的挑战。接着,深入剖析了语音处理的技术体系架构,包括前端信号处理、声学特征提取,以及语音识别(ASR)和语音合成(TTS)中核心的声学模型、语言模型和解码/声码器等组件。

详细学习了支撑语音处理的常用技术,如数字信号处理基础、各类声学特征参数的原理与作用,以及 HMM 等统计建模方法和 DNN、CNN、RNN、Transformer 等深度学习模型在语音任务中的应用。随后,分别聚焦于人工智能语言合成(TTS)和人工智能语言识别(ASR)两大核心技术,探讨了它们的技术演进、主流框架、关键技术点和评估指标。

此外,本单元还介绍了更高级的语音内容理解技术,如语音情感识别、说话人日志、关键词检索和语音意图识别。通过对典型案例"智能音箱"的剖析,整合理解了各项语音技术如何协同工作,为用户带来便捷的智能交互体验。最后,辨析了离线语音处理与在线语音处理的概念、优缺点及适用场景,为实际应用中的技术选型提供了参考。

学习本单元的知识,旨在帮助同学们建立对 AI 语音技术的系统认知,理解其核心原理,了解其应用现状,并为未来进一步学习和从事相关领域工作打下坚实基础。

【同步练习】

一、判断题

1. 题目:语音识别系统中的语言模型仅用于评估词序列的合理性,不参与声学建模。(　　)

答案:√

解析:语言模型独立于声学模型,主要评估词序列在语言中的概率(如 N-gram 或 RNN-LM),不直接参与声学特征到音素的建模过程。

2. 题目:在语音合成中,拼接合成技术不需要大量的语音数据库。(　　)

答案:×

解析:拼接合成依赖预先录制的高质量语音单元库(如音素、词语),数据库规模直接影响合成效果,因此需要大量数据。

3. 题目:梅尔频率倒谱系数(MFCC)在提取过程中模拟了人耳的听觉感知特性。(　　)

答案:√

解析:MFCC 通过梅尔滤波器组模拟人耳对低频敏感、高频不敏感的特性,并包含对数压缩和 DCT 变换,符合听觉感知规律。

4. 题目:语音信号处理中的波束形成技术主要用于增强目标声源并抑制噪声。(　　)

答案:√

解析:波束形成利用麦克风阵列聚焦目标方向,抑制其他方向的干扰,常用于远场语音交互场景。

5. 题目:声纹识别技术仅能用于识别说话人的身份,无法验证身份。(　　)

答案:×

解析:声纹识别包含身份识别(1∶N 匹配)和身份验证(1∶1 验证)两种功能,例如在银行系统中用于用户身份核验。

二、单选题

1. 题目:以下哪项不是语音识别(ASR)系统的核心模块?(　　)

A. 声学模型　　　　B. 语言模型

C. 波形合成器　　　　D. 解码器

答案:C

解析:波形合成器属于语音合成(TTS)系统,ASR 核心模块为前端处理、声学模型、语言模型和解码器。

2. 题目:在语音合成中,端到端模型的主要优势是什么?(　　)

A. 需要更少的计算资源　　　　B. 合成语音自然度更高

C. 完全消除拼接痕迹　　　　D. 无需训练数据

答案:B

解析:端到端模型(如 Tacotron)通过深度学习直接映射文本到声学特征,显著提升自然度,但仍需大量数据和计算资源。

3. 题目:以下哪种声学特征最常用于语音识别任务?(　　)

A. 共振峰　　　　B. 短时能量

C. MFCC　　　　D. 基频

答案:C

解析:MFCC 因模拟人耳特性且对噪声鲁棒,成为 ASR 和 TTS 中最常用的声学特征。

4. 题目:在语音处理中,CTC 准则主要用于解决什么问题?(　　)

A. 输入输出序列长度不一致　　　　B. 噪声抑制

C. 说话人分离　　　　D. 情感识别

答案:A

解析:CTC(Connectionist Temporal Classification)通过引入空白符号和动态规划,解决声学特征序列与文本序列长度不一致的对齐问题。

5. 题目评估语音合成系统自然度的主要主观指标是?(　　)

A. WER(词错误率)　　　　B. MCD(梅尔倒谱失真)

C. MOS(平均意见分)　　　　D. F0 RMSE(基频均方根误差)

答案:C

解析:MOS 由人类打分(1~5 分),直接反映合成语音的自然度;其他选项为客观声学指标,辅助评估但非主观标准。

单元5　自然语言处理与应用

【学习目标】

知识目标

（1）理解自然语言处理（NLP）的核心定义，清晰掌握其技术层次（从词法分析到句法分析再到语义分析）的具体内容，明确其在人工智能技术栈中的重要定位及与其他技术的关联。

（2）掌握NLP基本任务（分词、词性标注、命名实体识别、依存句法分析）的准确概念，能详细阐述各任务的典型应用场景及在实际应用中的作用。

（3）了解歧义问题的具体类型（词法歧义、结构歧义、指代歧义），深入理解每种歧义对NLP系统处理精度和效率带来的挑战及应对的基本思路。

技能目标

（1）能够使用Python工具独立完成中文文本的分词操作，准确生成词云图以直观展示文本关键词分布，并精准完成词性标注，且能对结果进行简单分析。

（2）能够独立实现简单的情感分析任务（如对商品评论进行正向/负向分类），熟练运用混淆矩阵从准确率、精确率、召回率等方面评估模型性能，并根据评估结果初步分析模型存在的问题。

素质目标

（1）通过学习数据隐私规范及实践脱敏处理用户评论，树立尊重数据隐私、恪守技术伦理的理念，培养严谨规范、负责任的技术应用精神。

（2）通过跟踪NLP前沿技术及参与相关技术研讨，树立持续学习、勇于探索的理念，培养主动提升解决跨领域问题的创新精神和实践能力。

【知识脉络】

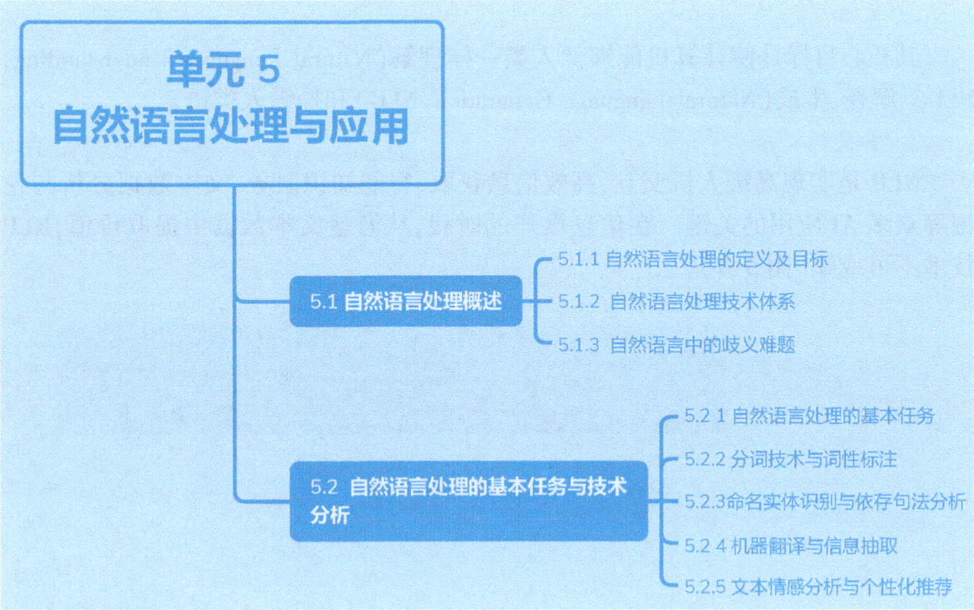

【案例导入】

NLP 如何重塑医疗与金融行业的智能化服务——
IBM Watson Health 的电子病历分析

纽约长老会医院,IBM Watson Health 的 NLP 系统每天处理数千份电子病历,帮助医生快速定位关键诊疗信息。例如,系统从非结构化的病历文本中识别出“患者主诉胸痛持续 2 小时,伴有左臂麻木”,自动提取症状、病史和用药记录,并与知识图谱中的心血管疾病指南匹配,为医生推荐优先检查项目(如心电图、心肌酶检测)。这一过程涉及词法分析(识别“胸痛”“麻木”等实体)、语义角色标注(确定症状与身体部位的关联),以及上下文推理(结合时间信息判断急性心梗风险)。通过 NLP 技术,诊疗决策时间缩短 40%,漏诊率降低 25%,展现了 NLP 在语义理解和知识融合上的突破。

5.1　自然语言处理概述

5.1.1　自然语言处理的定义及目标

1. 定义

自然语言处理(NLP)是人工智能(AI)和计算机语言学领域的分支学科,致力于研究能实现人与计算机之间使用自然语言(如汉语、英语等人类日常使用的语言)进行有效通信的各种理论和方法。

2. 目标

其核心目标是使计算机能够像人类一样理解(Natural Language Understanding,NLU)、解释、生成(Natural Language Generation,NLG)和操纵人类语言。

3. 重要性

NLP 是实现高级人机交互、高效信息获取、智能知识服务、文本数据分析与挖掘等众多 AI 应用的关键。在信息爆炸的时代,从海量文本数据中提取价值,NLP 技术不可或缺(图 5-1)。

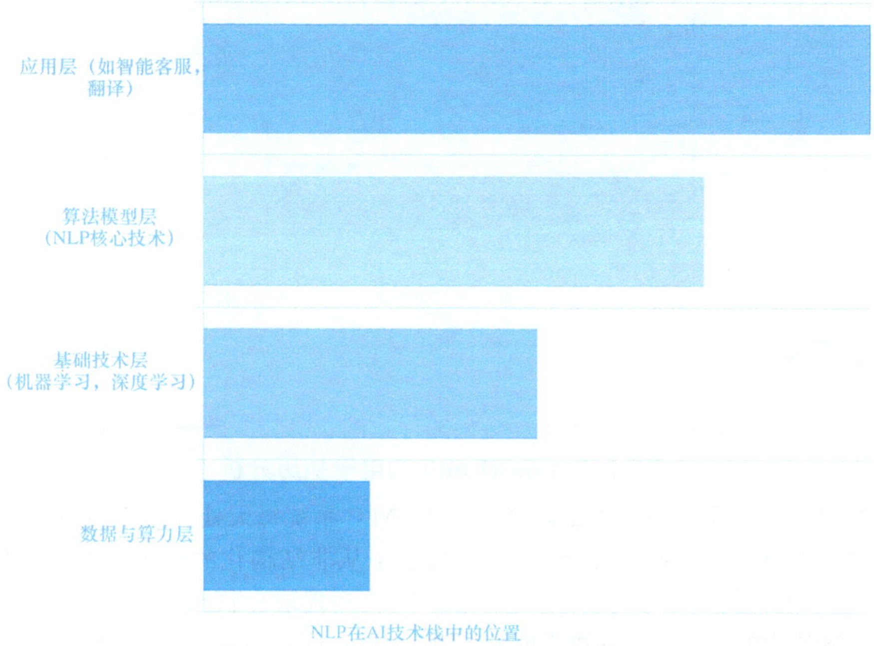

图 5-1 NLP 在 AI 技术栈中的位置示意图

4. 与 AI、机器学习、深度学习的关系

NLP 是 AI 的一个核心领域。机器学习,特别是深度学习,为 NLP 提供了强大的技术手段,例如神经网络模型在处理复杂语言现象方面取得了巨大成功。

5. 实践与案例指引

可以通过思考日常生活中哪些场景用到了 NLP 技术(如智能手机的语音助手、搜索引擎的查询理解、输入法的智能预测、社交媒体的情感分析、机器翻译软件等)来引入概念,增强直观感受。

图 5-1 示意性地展示了人工智能的技术栈层次,NLP 技术通常位于算法模型层,并向上支撑各种智能应用,向下依赖于机器学习、深度学习等基础技术以及数据和算力资源。

5.1.2 自然语言处理技术体系

1. 技术层次(从低到高)

(1) 词法分析(Lexical Analysis)。处理词汇层面,包括分词、词性标注、命名实体识别、词干提取、词形还原等。

(2) 句法分析(Syntactic Analysis/Parsing)。分析句子的语法结构,如短语结构分析、依存句法分析,确定词语之间的语法关系。

(3) 语义分析(Semantic Analysis)。理解词语、句子乃至篇章的含义,如词义消歧、语义角色标注、文本蕴含关系判断等。

(4) 语用分析(Pragmatic Analysis)。在特定语境下理解语言的真实意图,涉及上下文理解、指代消解、对话管理等。

2. 核心模块/组件

一个典型的 NLP 系统可能包含以下模块。

(1) 文本获取与预处理。数据清洗、格式转换、去除噪声等。

(2) 特征工程/表示学习。将文本转换为计算机可处理的数值表示(如词袋模型、TF-IDF、词嵌入、句嵌入等)。

(3) 模型构建与训练。选择或设计合适的算法模型(基于规则、统计或深度学习),并使用标注数据进行训练。

(4) 自然语言理解(NLU)。侧重于让机器“读懂”文本,包括意图识别、情感分析等。

(5) 自然语言生成(NLG)。侧重于让机器“写出”文本,包括文本摘要、机器翻译、对话生成等。

3. 主要技术方法分类

(1) 基于规则的方法。依赖人工编写的语言学规则和词典。

(2) 基于统计的方法。从大规模语料库中学习语言模式和概率分布,如隐马尔可夫模型(HMM)、条件随机场(CRF)、支持向量机(SVM)等。

(3) 基于深度学习的方法。利用神经网络模型(如 RNN、LSTM、CNN、Transformer)自动学习文本的深层特征表示,是当前 NLP 的主流方法。

5.1.3 自然语言中的歧义难题

1. 歧义的定义

当一个词语、短语、句子或篇章可以被赋予两种或多种不同的解释或含义时,就称之为歧义(Ambiguity)。歧义是人类语言固有的特性,也是计算机处理自然语言时面临的主要障碍之一。

2. 歧义的类型

(1) 词法歧义(Lexical Ambiguity)。一词多义,同一个词语有多个不同的词义。例如:“意思”可以指“含义”,也可以指“趣味”,还可以指“一点心意”。“bank”可以指金融机构,也可以指河的两岸。

(2) 词性歧义。同一个词语在不同上下文中可以充当不同的词性。例如:“研究”可以是动词(我们研究这个问题),也可以是名词(这项研究很有价值)。

(3) 结构歧义(Structural Ambiguity)/句法歧义(Syntactic Ambiguity)。句子的语法结构有多种可能的分析方式,导致不同的语义理解。

(4) 修饰关系歧义。如“咬死了猎人的狗”,是“狗咬死了猎人”还是“(某物)咬死了属于猎人的那条狗”?

(5) 并列成分连接歧义。如“他和他的朋友聊天”,是“他”和“他的朋友”一起聊天,还是“他”和“他的朋友”(另一个人)聊天?

(6) 语义歧义(Semantic Ambiguity)。即使句法结构明确,词语组合在一起时其整体语义仍可能不唯一。例如:“飞机已经订好了”可以指“机票已经订好了”,也可以指“飞机(模型)已经订购了”。

(7) 指代歧义(Referential Ambiguity/Anaphora Ambiguity)。句子中的代词(如他、她、它、他们、这、那)或省略成分所指代的对象不明确。例如:“小明告诉小华,他考了第一名。”这里的“他”指的是小明还是小华?

(8) 范围歧义(Scope Ambiguity)。逻辑算子(如“所有”“一些”“不”)或量词的作用范围不确定。例如:“所有学生都喜欢一位老师。”可以理解为存在一位老师,所有学生都喜欢他;也可以理解为每个学生都喜欢(可能不同的)某位老师。

3. 歧义对 NLP 的挑战

机器不像人类那样拥有丰富的背景知识、常识和强大的语境理解能力,因此在面对歧义时,很难准确判断说话人或作者的真实意图。这直接影响了机器翻译的准确性、问答系统的有效性、信息抽取的精度等。

5.2 自然语言处理的基本任务与技术分析

5.2.1 自然语言处理的基本任务

自然语言处理是一个宏大的目标,为了逐步实现让计算机“理解”和“生成”人类语言,研究者们将其分解为一系列相对独立又相互关联的基本任务。这些任务可以从不同层面进行划分,如按语言学处理的深度(词法、句法、语义、语用)或按任务的目标类型(分析、理解、生成)。以下是一些 NLP 领域常见的核心任务。

1. 词法分析(Lexical Analysis)层面

(1) 分词(Word Segmentation)。将连续的文本切分成有意义的词语单元。对于中文等没有明显词边界的语言尤为重要。

（2）词性标注（Part-of-Speech Tagging，POS Tagging）。确定文本中每个词的语法类别（如名词、动词、形容词等）。

（3）命名实体识别（Named Entity Recognition，NER）。识别文本中具有特定意义的实体，如人名、地名、组织机构名、日期等。

（4）词干提取（Stemming）与词形还原（Lemmatization）。将词语的不同屈折形式（如复数、时态）还原为其基本形式或词根。主要用于英文等形态丰富的语言。

2. 句法分析（Syntactic Analysis）层面

分析句子的语法结构，确定词语之间的语法关系。常见的有短语结构分析（Constituency Parsing）和依存句法分析（Dependency Parsing）。

3. 语义分析（Semantic Analysis）层面

（1）词义消歧（Word Sense Disambiguation，WSD）。确定多义词在特定上下文中的确切含义。

（2）语义角色标注（Semantic Role Labeling，SRL）。识别句子中谓词的论元结构，即找出“谁对谁做了什么，在何时何地如何做”等语义角色。

（3）文本蕴含（Textual Entailment）/自然语言推理（NLI）。判断一个句子（假设）是否能从另一个句子（前提）中合理地推断出来。

4. 信息抽取（Information Extraction，IE）

从非结构化或半结构化文本中自动抽取出用户关心的结构化信息，如实体、关系、事件等。

5. 文本分类与聚类（Text Classification and Clustering）

（1）文本分类。将文本自动分配到一个或多个预定义的类别中（如新闻主题分类、垃圾邮件过滤）。

（2）文本聚类。将相似的文本自动分组，无需预定义类别。

6. 情感分析（Sentiment Analysis）/观点挖掘（Opinion Mining）

分析文本中表达的情感色彩（积极、消极、中立）或具体情感类型。

7. 机器翻译（Machine Translation，MT）

将一种自然语言的文本自动翻译成另一种自然语言、从一篇或多篇文档中自动生成简短、准确的摘要。

8. 问答系统（Question Answering，QA）/聊天机器人（Chatbot）

理解用户提出的自然语言问题或指令，并给出相关的答案或执行相应的操作；根据给定的输入（如主题、关键词、结构化数据）自动生成符合语法和语义的自然语言文本，如新闻报道、故事、诗歌、代码等；从文本中抽取知识，构建结构化的知识图谱，并利用知识图谱支持各种 NLP 应用。

9. 个性化推荐中的文本处理（Text Processing in Personalization）

分析用户行为文本（如评论、搜索）和物品描述文本，以支持个性化推荐。

这些基本任务往往不是孤立存在的，许多复杂的NLP应用需要组合利用多个基本任务的技术来完成。

5.2.2 分词技术与词性标注

1. 分词技术

1）分词定义

分词(Word Segmentation 或 Tokenization)是将连续的自然语言文本(尤其指没有明显词边界的语言，如中文、日文、泰文等)切分成具有独立语义的、最小的词语单元(Token)的过程。例如，将中文句子“我爱北京天安门”切分为“我/爱/北京/天安门”。

2）中文分词的必要性与挑战

(1) 必要性。词是表达语义的基本单元，分词是后续许多NLP任务(如词性标注、句法分析、信息检索、机器翻译等)的基础和前提。

(2) 挑战。

无明显分隔符：与英文等词与词之间有空格分隔的语言不同，中文书写时词与词之间通常没有显式的分隔符。

组合型构词法：中文词语可以通过字、语素的灵活组合构成新词，词的边界不固定。

分词歧义：同一个汉字序列可能存在多种合法的切分方式，导致不同的语义理解。主要有：交集型歧义(Overlapping Ambiguity)，如“结合成/分子” vs “结合/成分/子”；组合型歧义(Combination Ambiguity)，如“大学生/活/动/中心” vs “大学/生/活/动/中心”。

未登录词(Out of Vocabulary，OOV)：词典中未收录的新词、网络用语、专有名词等，对基于词典的方法挑战较大。

3）主流分词方法

(1) 基于词典的方法(Dictionary-based Method)。

原理：将待分词文本与一个预先构建好的词典进行匹配，按照一定的匹配策略(如最大长度优先)进行切分。

常见算法有：正向最大匹配法(Forward Maximum Matching，FMM)，从左到右扫描文本，每次都试图匹配词典中最长的词；逆向最大匹配法(Backward Maximum Matching，BMM)，从右到左扫描文本，同样试图匹配词典中最长的词，通常认为BMM的错误率略低于FMM；双向最大匹配法(Bi-directional Maximum Matching)，同时进行FMM和BMM，当两者结果不同时，根据一些启发式规则(如单字词数量少的优先)选择更优结果。

优点：实现简单，速度较快，对于词典覆盖率高的文本效果较好。

缺点：严重依赖词典质量，对未登录词处理能力弱，难以解决歧义问题。

（2）基于统计的方法（Statistics-based Method）。

原理：将分词问题看作是一个序列标注问题或概率计算问题。利用大规模已分词语料库进行训练，学习词语出现的概率以及词语之间搭配的统计规律。

常见模型有：N-gram 语言模型，基于马尔可夫假设，认为一个词的出现仅与其前 $N-1$ 个词相关，计算不同分词路径的概率；隐马尔可夫模型（Hidden Markov Model，HMM），将词语看作隐含状态，汉字看作观察状态，通过 Viterbi 算法找到最可能的分词路径；条件随机场（Conditional Random Field，CRF），一种判别式概率无向图模型，能够利用更丰富的上下文特征，在分词任务中效果优于 HMM。

优点：能够较好地处理歧义和部分未登录词，性能通常优于纯基于词典的方法。

缺点：需要大量的标注语料进行训练，模型复杂度较高。

（3）基于深度学习的方法（Deep Learning-based Methods）。

原理：将分词任务建模为序列标注问题（通常使用 BIO 或 BMES 标注体系），利用神经网络模型（如 RNN、LSTM、BiLSTM、CNN、Transformer）自动提取文本特征并进行标注预测。

常见架构：BiLSTM-CRF 是一个非常经典且效果优异的架构，即双向长短期记忆网络结合条件随机场；预训练语言模型（如 BERT、ERNIE）通过在大规模无标注文本上预训练，再在分词任务上进行微调，也取得了 SOTA（State of the Art，当前最优水平）的效果。

优点：能够端到端地学习，自动提取特征，对上下文信息捕捉能力强，对未登录词和歧义处理效果好，是当前性能最佳的主流方法。

缺点：模型复杂，训练时间长，需要大量数据和计算资源。

4）分词标准与评估

常见标准：如《现代汉语语料库分词规范》（北大标准）、《信息处理用现代汉语分词规范》（国家标准）等。

评估指标：通常使用准确率（Precision）、召回率（Recall）和 F1 分数（F1-Score）来衡量分词效果。

5）常用中文分词工具介绍

（1）Jieba（结巴分词）。广受欢迎的 Python 中文分词组件，支持三种分词模式（精确模式、全模式、搜索引擎模式），支持自定义词典，使用简单方便。项目主页为 Jieba on GitHub。许多中国企业在原型开发或非核心业务中，可能采用其实现成果或参考其实现逻辑。

（2）LTP（Language Technology Platform，语言技术平台）。由哈尔滨工业大学社会计算与信息检索研究中心开发的中文自然语言处理工具包，提供包括分词在内的一系列 NLP 功能，准确度较高。

（3）SnowNLP。一个 Python 写的类库，可以方便地处理中文文本内容，是受到了 TextBlob 的启发而写的。

(4) THULAC(THU Lexical Analyzer for Chinese)。由清华大学自然语言处理与社会人文计算实验室研制推出的一套中文词法分析工具包。

(5) 各大云厂商提供的 API。如百度 AI 开放平台、阿里云智能语言技术、腾讯云 NLP 等都提供了商业级的中文分词服务,这些服务背后往往是企业自研的、经过大量数据训练和优化的模型。

6) 实践与案例指引

(1) 动手实践:使用 Jieba 进行中文分词。

(2) 任务:使用 Python 的 Jieba 库对一个中文句子进行分词,并尝试其不同的分词模式。

(3) 示例句子:“中华人民共和国国歌是《义勇军进行曲》。”

(4) 代码示例。

```
import jieba
sentence ="中华人民共和国国歌是《义勇军进行曲》。"
#精确模式(默认模式)
seg_list_default=jieba.lcut(sentence)
print("精确模式分词结果:","/".join(seg_list_default))
#全模式
seg_list_full=jieba.lcut(sentence,cut_all=True)
print("全模式分词结果:","/".join(seg_list_full))
#搜索引擎模式
seg_list_search=jieba.lcut_for_search(sentence)
print("搜索引擎模式分词结果:","/".join(seg_list_search))
#添加自定义词典
# jieba.load_userdict("user_dict.txt")#假设有一个自定义词典文件
# jieba.add_word("国歌是")# 动态添加词
# sentence_custom="国歌是重要的国家象征。"
# seg_list_custom=jieba.lcut(sentence_custom)
# print("添加自定义词后分词结果:","/".join(seg_list_custom))
```

2. 词性标注

1) 词性标注定义

词性标注(Part-of-Speech Tagging,POS Tagging)是在分词的基础上,为句子中的每一个词语确定其正确的词法属性(即词性,Part of Speech)。例如,为句子“他/r 快速/ad 跑/v 过/v 了/ul 马路/n 。/wj”中的每个词赋予代词(r)、副词(ad)、动词(v)、助词(ul)、名词(n)、标点(wj)等标记。

2) 词性标注的作用

(1) 消除词义歧义。很多词语的含义依赖于其词性(如"研究"作名词和动词时含义不同)。

(2) 句法分析的基础。词性信息是进行句法结构分析的重要依据。

(3) 信息提取的关键。识别特定词性的词语(如名词、动词)有助于提取关键信息。

(4) 改善其他 NLP 任务性能。如机器翻译、文本生成等。

3) 常见的词性标注集

不同的研究机构或标准可能会定义不同的词性标记集合。常见的有北大《人民日报》语料库词性标注集,如 n(名词)、v(动词)、a(形容词)、d(副词)、p(介词)、c(连词)、u(助词)、r(代词)、m(数词)、q(量词)、nt(机构团体)、ns(地名)、nz(其他专名)、t(时间词)等,这是国内较为常用的一个标准;宾州树库(Penn Treebank)词性标注集,国际上英文 NLP 常用的标准,如 NN(名词单数)、NNS(名词复数)、VB(动词原形)、VBD(动词过去式)、JJ(形容词)等。

4) 主流词性标注方法

(1) 基于规则的方法(Rule-based Tagging)。

原理:依赖人工编写的一系列消歧规则。例如,"名词后面通常跟动词或助词""数词后面通常跟量词"等。早期的词性标注器多采用此方法。

优点:准确率较高(如果规则设计得好),不需要大规模标注语料。

缺点:规则编写复杂且耗时,难以覆盖所有语言现象,可移植性差。

(2) 基于统计模型的方法(Statistics-based Tagging)。

原理:将词性标注看作一个序列标注问题,从大规模已标注语料库中学习词语与其词性之间的统计规律以及词性序列的转移概率。

常见模型有:隐马尔可夫模型(HMM),将词性序列看作隐含状态序列,词语序列看作观察序列,通过 Viterbi 算法找到最可能的词性序列;最大熵模型(Maximum Entropy Model),能够融合多种特征进行建模;条件随机场(CRF),一种判别式概率无向图模型,能够克服 HMM 的独立性假设缺陷,利用全局特征进行标注,通常效果优于 HMM。

优点:自动从数据中学习,规则获取成本低,性能较好。

缺点:依赖大规模高质量的标注语料,特征工程对性能影响大。

(3) 基于深度学习的方法(Deep Learning-based Tagging)。

原理:同样将词性标注视为序列标注任务,利用神经网络模型(如 RNN、LSTM、BiLSTM、Transformer)自动学习词语的上下文表示和词性转移规律。常与 CRF 层结合(如 BiLSTM-CRF)以优化输出序列的全局合法性。

优点:端到端学习,无需复杂特征工程,能够捕捉长距离依赖关系,是当前 SOTA 方法。预训练语言模型的引入进一步提升了性能。

缺点:模型复杂,训练成本高,对数据量要求大。

5）常用词性标注工具介绍

（1）Jieba。除了分词功能，Jieba 也提供了词性标注功能，使用的是基于 HMM 的模型，标注体系参考北大标准。

（2）LTP。提供高精度的词性标注服务。

（3）SnowNLP。同样提供词性标注功能。

（4）spaCy（英文为主，中文需社区支持或模型）。强大的 NLP 库，提供高效的词性标注。

（5）NLTK（Natural Language Toolkit，英文为主）。Python 中经典的 NLP 库，包含多种词性标注器。

6）实践与案例指引

（1）动手实践：使用 Jieba 进行词性标注。

（2）任务：使用 Python 的 Jieba 库对一个已经分好词的句子（或直接对句子进行分词和标注）进行词性标注，并尝试理解输出结果中各词性的含义。

（3）示例代码。观察每个词语被赋予的词性标记。对照北大词性标注集（或工具提供的说明），理解各标记的含义。思考词性标注信息对后续 NLP 任务（如句法分析、信息抽取）有何帮助。

```
import jieba.posseg as pseg #导入 jieba 的词性标注模块
sentence="我爱北京天安门,天安门上太阳升。"
words_with_pos=pseg.lcut(sentence)#进行分词和词性标注
print("词性标注结果:")
for word,flag in words_with_pos:
    print(f"{word}/{flag}",end=" ")
print("\\n")
#简单解释部分常见北大词性标记
# n:普通名词,nr:人名,ns:地名,nt:机构团体名,nz:其他专名
# v:动词,vd:副动词,vn:名动词
# a:形容词,ad:副形词
# d:副词
# p:介词
# c:连词
# u:助词(如的、了、着、过)
# r:代词
# m:数词
# q:量词
```

```
# t:时间词
# x:非语素字(标点符号等)
# wj:标点符号中的句号
```

5.2.3　命名实体识别与依存句法分析

1. 命名实体识别(NER)

1) NER 定义

命名实体识别(Named Entity Recognition,NER)是 NLP 中的一项核心基础任务,其目标是从非结构化文本中自动识别出具有特定意义的实体(Named Entities),并将这些实体归类到预定义的类别中。

常见实体类别有人名(PER/PERSON),如"姚明""马云";地名(LOC/LOCATION/GPE),如"北京""上海市""喜马拉雅山";组织机构名(ORG/ORGANIZATION),如"清华大学""阿里巴巴""联合国";时间(TIME),如"2025 年 5 月 22 日""上午 8 点";日期(DATE),与时间类似,更侧重日期;货币(MONEY),如"100 元人民币""50 美元";百分比(PERCENT),如"增长了 20%";产品名、作品名等专有名词。

2) NER 的重要性

NER 是许多高级 NLP 应用(如信息抽取、关系抽取、知识图谱构建、问答系统、机器翻译、情感分析等)的关键前置步骤。准确识别出文本中的核心实体,才能进一步分析它们之间的关系和属性。

3) NER 的常用方法

(1) 基于规则和词典的方法。

原理:依赖人工编写的模式匹配规则和预先构建的实体词典(Gazetteer)。例如,通过正则表达式匹配日期格式,或查找词典中是否存在已知的人名。

优点:对于特定领域和固定模式的实体,准确率较高,无需标注数据。

缺点:规则和词典构建耗时,泛化能力差,难以覆盖所有情况和新出现的实体。

(2) 基于统计机器学习的方法。

原理:将 NER 视为序列标注问题,利用已标注的语料库训练分类器。通常需要设计有效的特征(如词本身、词性、前后词、词形、词缀、上下文窗口内的词等)。

常见模型有:隐马尔可夫模型(HMM)、最大熵马尔可夫模型(MEMM)、条件随机场(CRF)。CRF 是传统机器学习方法中 NER 效果最好的模型之一。可通过 BIO/BMES 等标注方案进行训练。

优点:能够从数据中学习,泛化能力优于纯规则方法。

缺点:依赖大规模标注数据,特征工程复杂且关键。

(3) 基于深度学习的方法。

原理:同样视为序列标注任务,利用神经网络自动学习文本的深层特征表示,避免了复杂的人工特征工程。

常见架构有:BiLSTM-CRF,双向长短期记忆网络(BiLSTM)用于捕捉上下文信息,输出层接一个CRF层来考虑标签之间的依赖关系,是NER任务的经典且强大的模型;CNN-BiLSTM-CRF,在BiLSTM前加入卷积神经网络(CNN)层,用于提取字符级或词级的局部特征;Transformer-based Models(如BERT,ERNIE),通过预训练语言模型(PLM)进行微调,在NER任务上取得了SOTA性能。

优点:性能优越,自动特征学习,端到端训练。

缺点:模型复杂,计算资源需求高,对数据量通常也有较高要求。

4) 常用NER工具介绍

(1) spaCy。一个流行的Python NLP库,支持多种语言的NER(英文效果好,中文需要额外模型或社区支持)。

(2) Stanford NER。由斯坦福大学开发,基于CRF模型,提供Java版本和Python接口。

(3) NLTK。提供一些基础的NER功能。

(4) LTP。提供高质量的中文NER。

(5) Jieba。虽然主要用于分词和词性标注,但其词性标注结果中也包含了一些实体类别信息(如nr人名、ns地名、nt机构团体名),可以作为简易NER使用。

5) 实践与案例指引

(1) 动手实践。使用开源工具进行命名实体识别。

(2) 任务。选择一个支持中文的开源NLP工具(如LTP的Python封装,或者尝试Jieba的词性标注附带的实体信息),对一段包含多种命名实体的中文文本进行识别,并分析识别结果。

(3) 示例文本。“2025年5月22日,张三在北京的百度公司参加了一场关于人工智能的技术研讨会。”

(4) 预期识别出的实体(示例)。日期(DATE),2025年5月22日;人名(PERSON),张三;地名(LOCATION/GPE),北京;组织机构名(ORGANIZATION),百度公司。

(5) 操作步骤(概念性,具体代码视选择的工具而定)。安装并配置所选的NLP工具库;加载预训练模型(如果需要);将示例文本输入到NER函数或处理器;解析并打印输出结果,通常会返回实体文本、实体类别和实体在原文中的位置;分析结果的准确性,观察是否有漏识别或错识别的情况。

2. 依存句法分析

1) 依存句法理论基础

依存语法(Dependency Grammar)认为句子中的词语之间存在着直接的、非对称的依存关系(或称支配关系,Dominance Relation)。一个词语(从属词/依存词,Dependent)在句法上依赖于另一个词语(核心词/支配词,Head)。整个句子的结构可以看作是这些依存关系构成的树形结构,即依存句法树(Dependency Tree)。通常,动词是句子的核心。

2) 依存句法分析的目标

自动分析并确定句子中各个词语之间的依存关系,并标注出这些关系的类型(如主谓、动宾、定中、状中等),最终生成表示整个句子结构的依存句法树。

(1) 核心要素。一是依存弧(Dependency Arc),在依存树中,从核心词指向其依存词的有向边。二是依存关系标签(Dependency Relation Label),标注在依存弧上,说明依存词与核心词之间的具体语法关系,例如:nsubj(Nominal Subject),主语;dobj(Direct Object),直接宾语;prep(Prepositional Modifier),介词修饰语;amod(Adjectival Modifier),形容词修饰语(定语);advmod(Adverbial Modifier),副词修饰语(状语);ROOT,整个句子的核心(通常是主动词)。

(2) 依存句法树的特点。通常有一个虚拟的根节点(ROOT)指向句子的核心谓词;每个词(除 ROOT 外)都有且仅有一个核心词;依存关系是有向的;通常不允许依存弧交叉(平面性假设,Projectivity)。

3) 主流依存句法分析方法

(1) 基于规则的方法(Rule-based Parsing)。早期的研究方法,依赖人工编写的语法规则。

(2) 基于图的方法(Graph-based Parsing)。将依存句法分析看作是在一个完全图中寻找最大生成树(Maximum Spanning Tree,MST)的问题。对所有可能的依存弧进行打分,然后使用 MST 算法找出得分最高的依存树。代表算法如 Eisner 算法、Chu-Liu/Edmonds 算法。

(3) 基于转移的方法(Transition-based Parsing)。也称为基于动作的分析。模拟人类分析句子结构的过程,通过一系列预定义的动作(如 SHIFT:移进,REDUCE:规约,LEFT-ARC:左依存,RIGHT-ARC:右依存)来逐步构建依存树。通常使用一个栈(Stack)来存放已处理的词,一个缓冲区(Buffer)存放待处理的词。核心在于训练一个分类器来在每一步选择最优的动作。

(4) 基于深度学习的方法。近年来,深度学习模型也被广泛应用于依存句法分析,尤其是在特征表示和打分函数(对于基于图的方法)或动作选择分类器(对于基于转移的方法)方面。神经网络(如 BiLSTM)可以自动从词语序列中学习丰富的特征,提升了分析的准确率。Transformer 等模型也被成功应用。

4) 常用工具介绍

(1) spaCy。提供高效的依存句法分析功能,支持多种语言。

(2) Stanford CoreNLP。包含强大的依存句法分析器。

(3) LTP。提供高质量的中文依存句法分析。

(4) HanLP。由一系列模型与算法组成的 Java 工具包,目标是普及自然语言处理在生产环境中的应用。

(5) DDParser(Baidu)。百度开源的领先的依存句法分析工具。

5) 实践与案例指引

(1) 任务。观察依存句法树,选择一个提供在线依存句法分析演示的工具网站(如部分高校 NLP 实验室网站或一些开源项目的在线 demo),输入一个简单的中文句子,观察其生成的依存句法树,并尝试理解图中依存弧和标签的含义。

(2) 示例句子。“小明用电脑写了一封信。”

(3) 可能的依存关系(示例,具体标签依工具而定)。写(ROOT);小明(nsubj,主语)→ 写;用(case,标记,依附于“电脑”)→ 电脑;电脑(obl,间接宾语/工具)→ 写;了(aux,助词)→ 写;一封(nummod,数量修饰)→ 信;信(dobj,直接宾语)→ 写。

5.2.4 机器翻译与信息抽取

1. 机器翻译

1) 机器翻译定义

机器翻译(Machine Translation,MT)是利用计算机将一种自然语言(源语言,Source Language)的文本自动转换成另一种自然语言(目标语言,Target Language)的文本的过程。

2) 发展历程

(1) 基于规则的机器翻译(Rule-based Machine Translation,RBMT)。20 世纪 50 年代—90 年代初。

原理:依赖人工编写大量的双语词典、语法规则和转换规则。主要包括直接翻译法、基于中间语言法和基于转换法。

优缺点:对于规则覆盖的简单句子翻译尚可,但规则难以覆盖所有复杂的语言现象,耗时耗力,且译文往往生硬。

(2) 基于统计的机器翻译(Statistical Machine Translation,SMT)。20 世纪 90 年代—21 世纪 10 年代。

原理:从大规模平行语料库(源语言和目标语言的对齐句子对)中自动学习翻译模型和语言模型。核心思想是找到一个概率最大的目标语言句子作为翻译结果。主要模型有基于词的翻译模型、基于短语的翻译模型和基于句法的翻译模型。

优缺点:相比 RBMT,翻译质量有显著提升,能够处理更复杂的语言现象,但仍存在长距离依赖问题、语序调整不够自然等问题。

(3) 基于神经网络的机器翻译(Neural Machine Translation,NMT)。21 世纪 10 年代至今。

原理:采用端到端(End-to-End)的神经网络模型,直接将源语言句子映射到目标语言句子。模型通常由一个编码器(Encoder)和一个解码器(Decoder)组成。编码器将源语言句子编码成一个固定长度或可变长度的向量(上下文向量),早期的NMT多使用循环神经网络(RNN)或长短期记忆网络(LSTM)作为编码器;解码器根据编码器产生的上下文向量,逐步生成目标语言的词语序列。解码器也常使用RNN或LSTM。

注意力机制(Attention Mechanism)是NMT的一个重要突破,它允许解码器在生成每个目标词时,动态地关注源语言句子中不同部分的信息,解决了传统Encoder-Decoder模型在处理长句子时信息丢失的问题。

Transformer模型是目前NMT领域的主流架构,完全基于自注意力机制(Self-Attention)和多头注意力(Multi-Head Attention),并行计算能力强,能够更好地捕捉长距离依赖关系,显著提升了翻译质量。

优缺点:翻译流畅度和准确度大幅超越SMT,生成的译文更自然、更符合人类语言习惯。但NMT模型通常较大,训练需要大量数据和计算资源,且可能存在过译、漏译、以及对低资源语言处理不佳等问题。

3) 机器翻译的评估指标

(1) BLEU(Bilingual Evaluation Understudy)。最常用的自动评估指标之一,通过比较机器翻译结果与人工参考翻译之间的N-gram(连续词序列)匹配程度来打分。

(2) 人工评估。由专业译员对翻译的准确性、流畅性和忠实度进行主观打分。

4) 主流机器翻译引擎/服务

(1) 国际。Google Translate、DeepL Translator、Microsoft Translator。

(2) 中国。百度翻译、有道翻译(网易)、腾讯翻译君、搜狗翻译、讯飞翻译、火山翻译(字节跳动)、阿里翻译等。这些中国企业提供的翻译服务在处理中英文及其他主流语言方面表现优异,并针对中文的特点进行了优化。

5) 机器翻译的优势与局限性

(1) 优势。速度快、成本低、可处理海量文本、支持多语种。

(2) 局限性。对于复杂句式、文化背景、特定领域术语、文学作品等的翻译质量仍有待提高,有时会出现不通顺、不准确甚至错误的翻译,目前尚不能完全替代人工翻译,尤其是在高质量要求的场景。

6) 实践与案例指引

(1) 任务。体验与对比不同的在线翻译工具。选择几段不同类型(如新闻、科技说明、日常对话、诗歌)的中文文本,分别使用至少三个不同的在线翻译工具(如百度翻译、Google翻译、DeepL)将其翻译成英文(或其他语言),对比不同工具对同一段文本的翻译结果。

（2）分析点。翻译的准确性（是否歪曲原意）；翻译的流畅性（是否符合目标语言的表达习惯）；对于不同类型文本，哪个工具的表现相对更好？

2. 信息抽取

1）信息抽取定义

信息抽取（Information Extraction，IE）是指从各种来源的文本数据（通常是非结构化或半结构化的）中，自动识别并抽取出用户感兴趣的、预定义类型的结构化信息的过程。其目标是将文本中的隐式知识显性化、结构化，以便计算机更好地处理和利用。

2）信息抽取的主要子任务

（1）命名实体识别（NER）。识别文本中的人名、地名、组织机构名、时间、日期等命名实体。

（2）关系抽取（Relation Extraction，RE）。识别并判断文本中不同实体之间存在的特定语义关系。例如，从句子"马云是阿里巴巴的创始人"中抽取出关系三元组（马云、创始人、阿里巴巴）。

（3）事件抽取（Event Extraction，EE）。识别文本中描述的特定类型的事件，并抽取出事件的触发词（Trigger Word）、事件类型、事件参与者（Arguments）及其扮演的角色。例如，从"百度公司昨日在北京发布了新款 AI 芯片"中抽取出"商业发布"事件，触发词"发布"，参与者包括"百度公司"（发布方）、"新款 AI 芯片"（发布产品）、"昨日"（时间）、"北京"（地点）。

（4）属性抽取（Attribute Extraction）。识别并抽取出实体的具体属性信息。例如，从"iPhone 15 Pro Max 配备了 A17 Pro 芯片"中抽取出实体"iPhone 15 Pro Max"的属性"芯片型号"为"A17 Pro"。

3）信息抽取的基本流程

（1）文本预处理。包括分句、分词、词性标注、去除停用词等。

（2）候选信息识别。根据任务类型，识别出可能的实体、关系触发词、事件触发词等。例如，NER 是这一步的重要组成。

（3）信息分类/关系判断/角色标注。对候选信息进行分类（如确定关系类型、事件类型），或判断实体间是否存在预定义关系，或确定事件参与者的角色。

（4）信息融合与后处理。将抽取的零散信息进行整合，消除冗余和冲突，形成结构化的输出（如关系三元组、事件记录）。

4）信息抽取的基本方法

（1）基于规则的方法（包括模板匹配）。依赖人工编写的词汇模式、语法规则或语义模板。例如，通过"X 是 Y 的创始人"这样的模板来抽取创始人关系。准确率较高，但召回率有限，规则维护成本高。

（2）基于机器学习的方法（传统统计模型）。将 IE 任务转化为分类问题或序列标注问题。例如，使用 SVM、CRF 等模型进行关系分类或事件角色标注，需要大量标注数据和特征工程。

(3) 基于深度学习的方法。利用神经网络(如 CNN、RNN、LSTM、Transformer)自动学习文本特征,端到端地完成信息抽取任务。例如,使用 BiLSTM-CRF 进行关系抽取或事件抽取中的序列标注。预训练语言模型(BERT 等)的引入显著提升了 IE 的性能。

5) 实践与案例指引

(1) 概念理解。从新闻报道中抽取“公司收购”事件信息。

(2) 任务。给定一条模拟的新闻句子,引导学生思考如何从中抽取出结构化的“公司收购”事件信息。

(3) 示例句子。“2024 年 10 月,科技巨头 A 公司宣布以 5 亿美元成功收购了初创企业 B 公司,旨在扩展其在人工智能领域的布局。”

(4) 引导学生思考需要抽取哪些信息(事件要素)。事件类型,公司收购;收购方(Acquirer),A 公司;被收购方(Acquired),B 公司;收购金额(Price),5 亿美元;收购时间(Time),2024 年 10 月;收购目的(Purpose),扩展其在人工智能领域的布局;事件触发词(Trigger),收购/宣布。

(5) 讨论。① 识别这些信息分别属于 NER、关系抽取还是事件抽取的范畴?(例如,A 公司、B 公司是 NER;A 公司收购 B 公司是关系;整个句子描述了一个收购事件)② 如果让你设计规则来抽取这些信息,可能会有哪些规则?(例如,“X 公司收购 Y 公司”)③ 如果使用机器学习方法,需要哪些标注数据?

5.2.5　文本情感分析与个性化推荐

1. 文本情感分析

1) 情感分析定义

文本情感分析(Sentiment Analysis),也称为观点挖掘(Opinion Mining),是指利用自然语言处理、文本分析和计算语言学等技术,自动识别、提取、量化和研究文本数据中表达的主观信息,特别是说话人或作者的情感色彩、观点、评价或态度。

情感分类在基本情感极性分类,最常见的分类是积极(Positive)、消极(Negative)、中立(Neutral),细粒度情感分类,可以进一步划分为更具体的情感类别,如喜、怒、哀、乐、惊、恐等;情感强度方面,除了情感类别,还可以分析情感的强度(如非常积极、稍微积极)。

情感分析的粒度有篇章级(Document-level),分析整篇文档(如一篇影评、一篇新闻报道)的总体情感倾向;句子级(Sentence-level),分析单个句子的情感倾向,一个篇章可能包含不同情感的句子;属性级/方面级(Aspect-based Sentiment Analysis,ABSA),分析文本中针对特定属性或方面的情感,例如,对于一篇手机评论“这款手机的屏幕很棒,但电池续航不行”,ABSA 会识别出对“屏幕”是积极情感，对“电池续航”是消极情感，这是更细致和实用的分析粒度。

2）主要情感分析方法

(1) 基于情感词典的方法(Lexicon-based)。

原理：依赖一个预先构建好的情感词典，词典中包含大量词语及其对应的情感极性(如积极词、消极词)和情感强度得分。通过统计文本中出现的情感词及其得分，综合判断文本的整体情感倾向。

优点：简单直观，无需标注训练数据，可解释性好。

缺点：词典构建耗时，难以覆盖所有领域和新词，对上下文、否定词、转折词、讽刺等复杂语言现象处理能力弱。

常见情感词典有 HowNet、SentiWordNet(英文)、NTUSD(中文情感词典)等。

(2) 基于传统机器学习的方法。

原理：将情感分析视为一个文本分类问题。首先从文本中提取特征(如词袋模型、TF-IDF、N-grams、词性特征等)，然后使用已标注情感类别的语料库训练分类器(如朴素贝叶斯 Naive Bayes、支持向量机 SVM、逻辑回归 Logistic Regression)。

优点：通常比基于词典的方法性能更好，能学习到更复杂的模式。

缺点：依赖大量高质量的标注数据，特征工程对结果影响大。

(3) 基于深度学习的方法。

原理：利用神经网络模型(如 CNN、RNN、LSTM、Transformer)自动从文本中学习深层特征表示，并进行情感分类。通常与词嵌入(Word Embeddings，如 Word2Vec、GloVe)或预训练语言模型(如 BERT、ERNIE)结合使用。

优点：能够更好地捕捉上下文信息和语义关系，自动学习特征，在许多情感分析任务上取得了 SOTA 性能。

缺点：模型复杂，训练成本高，需要大量数据，有时可解释性较差。

3）实践与案例指引

(1) 任务。简单情感词典匹配体验。构建一个非常简单的积极情感词词典和消极情感词词典，然后对给定的句子进行情感判断。

(2) 示例词典。① 积极词，如{“喜欢”“开心”“满意”“优秀”“棒”}。② 消极词，如{“讨厌”“难过”“失望”“糟糕”“差”}。

(3) 示例句子。①“这款手机的拍照效果非常棒，我很喜欢！”②“我对这次的服务感到非常失望，体验太糟糕了。”③“这家餐厅的食物味道一般。”

(4) 操作步骤。① 对句子进行分词。② 统计句子中出现的积极词数量和消极词数量。③ 根据积极词和消极词的数量对比，简单判断情感倾向(如积极词多则为积极，消极词多则为消极，数量相近或无明显情感词则为中立)。

(5) 引导学生思考。① 这种简单方法的局限性是什么？(如无法处理否定词“不满意”、转折词“虽然……但是……”、反讽等)② 如何改进？(引入更复杂的规

则、更大的情感词典、机器学习模型等)

2. 个性化推荐

1) 个性化推荐的目标

个性化推荐系统旨在根据用户的历史行为、偏好以及当前情境,从海量物品(如商品、新闻、视频、音乐等)中筛选出用户最可能感兴趣的子集,并呈现给用户,以提升用户体验、增加用户黏性和转化率。

2) NLP 在个性化推荐中的核心作用

弥补传统协同过滤等方法在处理冷启动(新用户、新物品)和数据稀疏性问题上的不足,通过深入理解文本内容来增强推荐的准确性和可解释性。

3) NLP 技术的具体应用环节

(1) 用户理解(User Understanding/Profiling)。

用户评论分析:利用情感分析技术判断用户对已购商品或已消费内容的喜好程度;利用 NER 和主题模型从用户评论中提取其关注的属性、话题和兴趣点。

用户搜索查询分析:分析用户的搜索历史,通过分词、意图识别等技术理解用户的即时需求和长期兴趣。

用户社交媒体文本分析:(在获得用户授权情况下)分析用户在社交媒体上发布的文本内容,挖掘其兴趣爱好、生活方式等。

(2) 物品/内容理解(Item/Content Understanding)。

文本特征提取:从物品的描述文本(如商品详情、新闻正文、视频标题和简介)中提取关键词、主题、实体、类别等信息。常用技术包括 TF-IDF、词嵌入(Word2Vec、GloVe、BERT embeddings)、主题模型(LDA)等。

构建物品画像/内容标签:将提取的特征和信息结构化,形成物品或内容的画像标签。

语义相似度计算:利用文本的向量表示计算不同物品/内容之间的语义相似度,用于"相似物品推荐"或内容聚类。

(3) 用户-物品匹配(User-Item Matching)。

基于内容的推荐:将用户的兴趣画像与物品/内容的画像进行匹配,推荐内容特征与用户兴趣高度相关的物品。NLP 在构建这两类画像时起关键作用。

可解释性推荐:NLP 可以帮助生成推荐理由。例如,"因为你喜欢科幻电影《流浪地球》,所以为你推荐《三体》",或者"根据你的评论,你更关注手机的拍照功能,这款手机的摄像头评分很高"。

(4) 混合推荐模型。

将 NLP 提取的文本特征作为辅助信息输入到协同过滤、深度学习推荐模型(如 Wide & Deep、DeepFM、DIN)中,以增强模型的表达能力和推荐效果。

4) 具体 NLP 技术在推荐中的应用示例

(1) 分词、NER。用于从商品标题、描述中准确提取品牌、型号、关键属性等信息。

(2) 文本分类。将新闻、文章自动分类到不同频道,便于用户订阅和推荐。

(3) 情感分析。分析用户评论的情感,用于评估物品质量和用户满意度,影响物品的推荐权重。

(4) 词嵌入/句嵌入。将用户查询、物品描述转换为向量,计算相似度进行匹配。

(5) 主题模型。从大量用户评论或文章中发现隐含的主题,用于用户兴趣建模或内容聚类。

5) 实践与案例指引

(1) 任务。分析电商平台的推荐逻辑(基于文本信息)。选择一个常用的电商平台 App(如淘宝、京东),观察其首页推荐、商品详情页的“猜你喜欢”或“相似商品”等模块。

(2) 思考与分析。一是你的近期搜索/浏览记录,回想你最近在该平台搜索或浏览过的商品关键词。二是推荐结果与你的行为的关联。推荐的商品是否与你搜索/浏览的商品在名称、类别、品牌、功能描述等文本信息上相似?平台可能如何通过 NLP 技术分析这些文本信息来判断你的兴趣,查看一些商品的评论区,思考平台可能如何利用 NLP 分析这些评论(如情感分析判断好评差评、关键词提取用户关注点)来影响推荐?

通过这个观察和分析过程,可以帮助学生更具体地理解 NLP 技术是如何应用于真实世界的个性化推荐系统中的,特别是如何从文本中挖掘信息来驱动推荐决策。

什么是自然语言处理:
让机器“读懂”人类的语言

【单元总结】

本单元系统地介绍了自然语言处理(NLP)的基础概念、核心技术和广泛应用。我们从 NLP 的定义、重要性及其在 AI 技术体系中的位置开始,逐步深入到词法分析、句法分析、以及语义理解层面。我们探讨了自然语言固有的歧义性问题,并了解了机器翻译、信息抽取、文本情感分析、个性化推荐等重要 NLP 应用的原理、方法和实践案例,通过本单元的学习,同学们应掌握的核心知识点与技能包括:

(1) 理解 NLP 的基本框架,能够说出 NLP 的主要研究层次和核心任务。

(2) 了解主流 NLP 应用,对机器翻译、情感分析等应用的工作方式有基本认识。

自然语言处理是一个充满活力且发展迅速的领域。近年来,以 Transformer 为代表的深度学习模型,特别是大型语言模型的崛起,为 NLP 带来了革命性的突破,使得机器在语言理解和生成能力上达到了前所未有的高度。

希望同学们能以本单元所学为起点，保持对 NLP 技术的好奇心和学习热情，积极关注行业动态，勇于动手实践。无论是未来继续深造，还是投身于人工智能相关产业，扎实的 NLP 基础都将是各位宝贵的财富。自然语言是人类智慧的结晶，而 NLP 技术则是开启机器认知智能大门的关键钥匙。

【同步练习】

一、判断题

1. 自然语言处理（NLP）是人工智能（AI）的核心领域之一，其目标包括自然语言理解和生成。（　　）

答案：√

解析：NLP 属于 AI 的核心分支，其核心目标包括自然语言理解（NLU）和生成（NLG）。

2. 基于词典的中文分词方法（如最大匹配法）不需要依赖任何标注数据即可实现。（　　）

答案：√

解析：基于词典的方法通过预构建词典进行匹配，无需训练数据，但依赖词典质量。

3. 依存句法分析的目标是确定句子中词语的语法类别（如名词、动词）。（　　）

答案：×

解析：依存句法分析关注词语间的语法关系（如主谓、动宾），词性标注才是确定语法类别。

4. 词云图生成的关键步骤包括去除停用词和统计词频。（　　）

答案：√

解析：词云生成需清洗文本、分词、去停用词及统计词频。

5. 语义歧义是指句子结构存在多种解释方式，如“咬死了猎人的狗”。（　　）

答案：×

解析：该例句属于结构歧义，语义歧义指词语组合后整体含义不唯一。

二、单选题

1. 以下哪项属于 NLP 技术体系中的“句法分析”任务？（　　）

A. 分词　　B. 依存关系分析

C. 词义消歧　　D. 情感分类

答案：B

解析：句法分析包括依存句法分析，其他选项属于词法或语义分析。

2. 中文分词的哪种方法最适合处理未登录词(如网络新词)?(　　)

A. 正向最大匹配法　　B. 隐马尔可夫模型(HMM)

C. BiLSTM-CRF 模型　　D. 逆向最大匹配法

答案:C

解析:深度学习方法(如 BiLSTM-CRF)能通过上下文自动学习未登录词特征。

3. “小明告诉小华,他考了第一名”中的歧义类型是?(　　)

A. 词法歧义　　B. 指代歧义

C. 结构歧义　　D. 语义歧义

答案:B

解析:“他”指代不明确属于指代歧义。

4. 词性标注的主要作用不包括以下哪项?(　　)

A. 消除词义歧义　　B. 辅助句法分析

C. 生成文本摘要　　D. 改善机器翻译性能

答案:C

解析:文本摘要属于自然语言生成(NLG),与词性标注无直接关联。

5. 以下哪种技术属于“基于深度学习的 NLP 方法”?(　　)

A. 条件随机场(CRF)　　B. Transformer 模型

C. 隐马尔可夫模型(HMM)　　D. 最大熵模型

答案:B

解析:Transformer 是深度学习模型,其他选项为传统统计方法。

单元6　智能机器人与智能问答原理与应用

【学习目标】

知识目标

（1）清晰理解智能机器人的基本概念，明确其核心要素包括感知、决策、执行等，系统掌握其发展历程中的重要节点及技术框架的构成。

（2）熟练掌握智能机器人的主要分类方法，能准确阐述不同类型机器人在结构、功能等方面的特征。

（3）全面熟悉工业机器人在制造业的焊接、装配等场景，服务机器人在家庭、医疗等场景，以及特种机器人在抢险、勘探等场景的典型应用。

技能目标

（1）能对复杂智能机器人的关键技术特点，如自主导航、环境感知等进行深入分析，并清晰阐述其工作原理。

（2）能准确描述无人驾驶汽车的概念，理解其核心技术如环境感知、路径规划等，且能依据 SAE 自动驾驶分级标准对不同级别自动驾驶功能进行说明。

素质目标

（1）通过学习智能问答技术在智能机器人中的应用，树立技术服务于人机交互效率提升的理念，培养对智能技术应用价值的认知精神。

（2）通过关注智能机器人技术发展趋势并进行应用场景思考，树立以技术创新推动社会进步的理念，培养探索未知、勇于实践的创新精神。

【知识脉络】

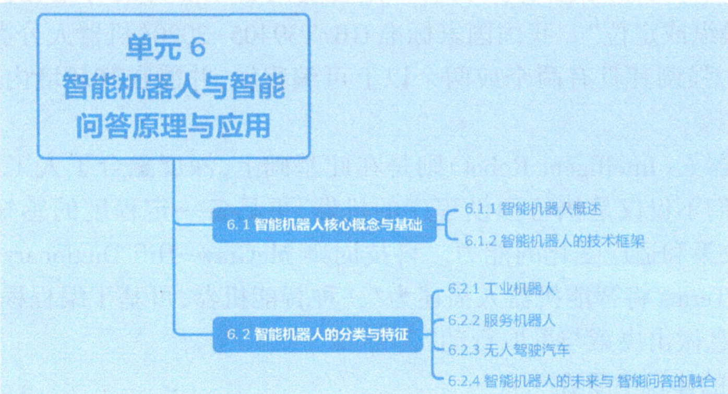

【案例导入】

人形机器人步入生活——智能交互触手可及

近年来，人形机器人以前所未有的速度从科幻走向现实。2023 年，特斯拉展示了其第二代人形机器人 Optimus Gen 2，能够进行深蹲、双手协作处理鸡蛋等更复杂的操作，展现了其在灵活性和精细操作方面的巨大进步。无独有偶，中国企业如优必选科技(UBTECH)的 Walker 系列人形机器人，已在科研、教育、商业服务等领域进行探索性应用，例如在博物馆担任导览员，与参观者进行语音问答互动，甚至在特定场景下提供迎宾等服务。这些机器人不仅拥有类人的外观和运动能力，更重要的是集成了先进的感知系统(如视觉和语音识别)、智能决策算法(如路径规划和任务执行)以及自然语言交互能力，预示着智能机器人正加速融入人类生产和生活。

这些进展背后，是人工智能技术的飞速发展，视觉感知、自然语言处理(为智能问答奠定基础)、运动控制和机器学习等领域的突破。本单元将带领同学们深入探索这些赋予机器人“智能”的核心技术，理解它们如何协同工作，并展望智能机器人与人类共融的美好未来。

6.1 智能机器人核心概念与基础

6.1.1 智能机器人概述

随着人工智能技术的飞速发展，机器人正从传统的自动化设备向具备更高智能水平的“智能机器人”演进。理解智能机器人的基本概念、发展历程和核心构成要素，是学习和应用相关技术的前提。

1. 核心定义：从机器人到智能机器人

机器人(Robot)的概念历史悠久，通常指能够自动执行工作的机器装置。国际标准化组织将机器人定义为“具有一定程度的自主能力的可编程执行机构，能进行运动、操纵或定位”。我国国家标准 GB/T39405-2020《机器人分类》也给出了类似的定义，强调其具有两个或两个以上可编程轴，并能在其环境内运动以执行预定任务。

智能机器人(Intelligent Robot)则是在此基础上，深度融合了人工智能技术的机器人。它们不仅仅是执行预设程序的机器，更具备一定程度的感知环境、学习经验、自主决策和适应变化的能力。科技词典 McGraw-Hill Dictionary of Scientific & Technical Terms 将智能机器人描述为“一种智能机器，可基于编程程序根据传感器的输入信息做出决策与采取行动”。

“智能”的体现主要在于：

(1) 环境感知与理解能力。能够通过各种传感器(如视觉、听觉、触觉)获取环境信息,并对信息进行处理和理解,形成对周围环境的认知。

(2) 学习与适应能力。能够从经验中学习,不断优化自身行为策略,适应不确定或动态变化的环境。

(3) 自主决策与规划能力。能够根据任务目标和当前环境状态,自主进行行为决策和路径规划,而不仅仅是执行固定的指令序列。

(4) 人机交互能力。能够以更自然、更智能的方式与人类进行交互,例如通过自然语言对话、手势识别等。可以说,智能机器人是人工智能技术的重要载体和体现形式,它将AI的“大脑”赋予了物理世界的“身体”和“行动能力”。

2. 智能机器人的核心要素

智能机器人的核心要素体现了其区别于传统自动化设备的本质特征。根据技术架构与功能实现的内在逻辑,学界普遍认为智能机器人由以下四大核心要素构成。

1) 感知系统(Perception System)

作为机器人与环境交互的基础,感知系统通过多模态传感器融合技术获取物理世界信息。典型配置包括视觉传感器(RGB相机、深度相机、激光雷达)、力觉传感器(六维力/力矩传感器)、触觉传感器(压敏阵列)、声学传感器(麦克风阵列)及环境传感器(温湿度、气体检测)等。先进系统通过SLAM(自主导航与避障)技术实现动态环境建模,结合多传感器标定与数据融合算法,为决策层提供高精度时空信息。例如,仓储机器人通过激光雷达点云数据与视觉语义分割实现自主导航,手术机器人通过力反馈系统感知组织弹性。

2) 决策系统(Decision-Making System)

以人工智能算法为核心的决策层构成机器人的“大脑”,其技术演进经历了从预编程逻辑到自主学习的跨越。现代系统通常采用分层架构:底层基于经典控制理论(如PID控制、模糊控制)实现运动规划;中层运用路径规划算法(A、RRT)与环境预测模型;高层依托深度学习(CNN、Transformer)、强化学习(PPO、DQN)等技术实现复杂任务推理。工业场景中的协作机器人通过数字孪生技术实现虚实协同决策,而服务机器人则通过NLP(自然语言处理)技术理解用户意图。

3) 执行系统(Actuation System)

作为物理行为的输出终端,执行系统将决策指令转化为机械运动。其核心组件包括驱动装置(伺服电机、压电陶瓷)、传动机构(行星齿轮组)、末端执行器(多指灵巧手、真空吸盘、手术器械)及能量管理模块。技术发展呈现两大趋势:一方面,新型材料(形状记忆合金、介电弹性体)推动柔性执行器发展;另一方面,高精度直驱电机与磁悬浮技术的应用显著提升运动控制性能。如仿人机器人通过串联弹性驱动器(SEA)实现安全的人机交互,Delta机器人凭借轻量化执行机构达到

10g 加速度的极速运动。

4) 交互系统(Interaction System)

作为人机协同的关键接口,交互系统涵盖物理交互与信息交互双重维度。物理层面通过力/位混合控制、可变刚度机构实现安全接触;信息层面则整合语音交互(语音识别、情感计算)、视觉交互(手势识别、眼动追踪)及脑机接口(EEG 信号解析)等技术。医疗康复机器人通过肌电信号捕捉患者运动意图,教育机器人则采用 AR/VR 技术构建沉浸式交互场景。当前研究热点集中在多模态交互融合与情感化交互设计领域,如社交机器人通过微表情生成技术提升沟通自然度。

四大要素通过信息流与能量流的闭环传递形成有机整体:感知系统采集环境状态→决策系统生成行为策略→执行系统实施物理动作→交互系统优化协同效能。随着边缘计算、神经形态芯片等技术的发展,各要素间的协同效率持续提升,推动机器人从单一功能设备向自主智能体进化。在智能制造、智慧医疗等典型场景中,四要素的技术突破直接决定了机器人的环境适应性、任务完成度与协同智能化水平。

3. 发展简史与当前趋势

智能机器人的发展历程可以大致分为 3 个阶段。

(1) 程序控制阶段。早期的工业机器人主要依赖预设的程序指令执行固定任务,缺乏对环境的感知和自主决策能力。

(2) 感知智能阶段。随着传感器技术和计算机视觉、语音识别等技术的发展,机器人开始具备一定的环境感知能力,能够根据传感器信息调整自身行为,如避障、跟踪等。

(3) 认知智能阶段。当前及未来的发展方向。机器人不仅能感知环境,更能理解环境、学习经验、进行推理规划,并与人类进行更自然的交互。这是人工智能技术,特别是机器学习、深度学习和自然语言处理深度赋能的结果。

当前智能机器人的技术发展呈现以下重要趋势。

(1) AI 大模型的融合应用。大型预训练模型(如语言大模型、视觉大模型)正在被积极探索应用于机器人领域,以提升机器人的自然语言理解、多模态感知、复杂任务规划和泛化能力。

(2) 具身智能的兴起。强调智能体通过与物理世界进行真实的感知和交互来学习和获得智能。这推动了机器人更加注重在真实环境中进行学习和适应,而非仅仅依赖仿真或离线数据。

(3) 人机协作的深化。协作机器人的发展使得机器人能够更安全、更灵活地与人类在共享空间中协同工作,拓展了机器人的应用场景。

(4) 自主学习与适应能力的增强。通过强化学习、模仿学习等技术,机器人能够在与环境的交互中不断学习和改进其技能,适应更加复杂和动态的环境。

(5) 云计算与边缘计算的协同。云端提供强大的计算能力进行模型训练和复杂决策,边缘端则负责实时感知和快速响应,两者结合为机器人提供更高效的智能支持。

(6) 模块化与标准化。机器人硬件和软件的模块化设计以及相关标准的制定,降低了开发门槛,促进了技术创新和生态发展。

这些趋势共同推动着智能机器人向更自主、更通用、更智能化的方向发展。

4. 智能级别划分

为了衡量智能机器人的自主能力和智能化水平,业界通常会对其进行分级。虽然标准不完全统一,但《智能机器人技术产业发展白皮书(2023)》中提及了一种常见的五级划分方法,这与自动驾驶的分级思路有相似之处。

(1) L0—无智能。机器人完全依赖预设程序和人工指令执行任务,没有自主学习和适应能力。

(2) L1—基础智能。机器人具备一定的自主学习能力,能接受预编程控制,识别简单环境和任务,但决策能力有限。

(3) L2—中等智能。机器人具有较高的自主学习能力,能适应较复杂环境和任务,可自主按程序运行,但在关键时刻仍需人工干预。

(4) L3—高度智能。机器人具有很强的自主学习和决策能力,能在复杂环境中执行任务,特定条件下具备自适应能力,但可能无法持续自学习优化,某些情况下仍需人工辅助。

(5) L4—超级智能。理论上的最高级别,机器人具有极高的自主学习和决策能力,能在极端复杂的环境中执行任务,完全替代人类。

目前,市面上绝大多数智能机器人产品处于 L1 到 L3 级别之间。整个行业正处于从 L3 向更高级别,特别是接近或达到某些特定场景下的 L4 级别(如特定路线的无人驾驶)努力的关键阶段。实现真正的 L4 级别的通用智能机器人仍然面临巨大挑战。

5. 与人工智能其他领域的关系

智能机器人是人工智能技术的高度集成和综合体现,它与人工智能的多个子领域紧密相关,并相互促进发展。

(1) 机器学习(Machine Learning)。是智能机器人实现学习、预测和决策的核心技术。机器人通过机器学习算法从数据中学习环境模型、任务技能、行为策略等。

(2) 计算机视觉(Computer Vision)。为机器人提供了“眼睛”,使其能够感知和理解视觉环境,实现物体识别、场景分割、导航定位等功能。

(3) 自然语言处理(Natural Language Processing)。赋予了机器人“听说读写”的能力,使其能够理解人类的自然语言指令,进行语音对话(结合智能问答),并生成自然语言反馈。

(4) 强化学习(Reinforcement Learning)。使机器人能够通过与环境的试错交互来学习最优行为策略，尤其适用于运动控制、路径规划等任务。

（5）知识表示与推理（Knowledge Representation and Reasoning）。帮助机器人构建和利用知识库（如知识图谱），进行逻辑推理和规划，从而做出更智能的决策。

智能机器人的发展离不开这些AI基础技术的支撑，同时，机器人作为这些技术的物理实践平台，也反过来推动了这些AI技术的进步和应用落地。

6.1.2 智能机器人的技术框架

智能机器人的能力源于其复杂而精密的内部技术框架。这个框架如同人类的大脑和神经网络，协同工作，使机器人能够感知世界、思考决策、执行任务并与外界交互。理解这一框架有助于我们把握智能机器人的核心工作原理。

1. 感知系统（Perception System）

1）传感器技术

（1）视觉传感器。包括单目/双目摄像头（获取2D图像）、深度相机（获取深度信息，如RGB-D相机、ToF相机）、激光雷达。它们为机器人提供关于物体形状、大小、颜色、纹理、距离和空间布局的信息，是环境理解和导航避障的关键。

（2）听觉传感器。主要是麦克风及麦克风阵列。麦克风阵列通过多个麦克风协同工作，可以实现声源定位（判断声音来源方向）、语音增强（抑制噪声和混响）、远场语音识别等功能，是语音交互的基础。

（3）触觉传感器。模拟人类的皮肤触觉，能够感知接触力、压力、纹理、温度等。常用于机器人的末端执行器（如夹爪），以实现更精细的物体抓取和操作，避免对物体造成损伤或滑落。

（4）力觉/力矩传感器。安装在机器人关节或末端，用于测量机器人部件受到的力或力矩。这对于实现力控操作（如柔顺装配、打磨抛光）、安全碰撞检测和人机协作至关重要。

（5）定位与姿态传感器。如GPS（全球定位系统，主要用于室外）、IMU（惯性测量单元，包含加速度计和陀螺仪，测量机器人的加速度和角速度，推算姿态和位置变化）、轮式里程计（通过车轮转动圈数推算位移）等，这些传感器为机器人的自主导航和定位提供基础数据。

2）多传感器信息融合（Multi-Sensor Fusion）

实际应用中，单一传感器往往难以提供全面准确的信息。例如，摄像头在光照不足或有遮挡时效果会下降，LiDAR难以识别透明物体。多传感器信息融合技术通过结合来自不同类型、不同位置传感器的数据，利用它们各自的优势，弥补单一传感器的不足，从而获得对环境更鲁棒、更精确的感知结果。

2. 决策系统（Decision-Making System）

决策系统是智能机器人的“大脑”，负责处理感知信息，进行分析、推理、规划，并最终生成行动指令。其核心算法如下。

(1) 机器学习(Machine Learning)。如监督学习算法(如支持向量机 SVM、决策树)可用于物体分类、场景识别;无监督学习算法(如聚类)可用于环境建模;强化学习(如 Q-learning,DDPG)则常用于训练机器人学习复杂的运动控制策略和行为决策,通过与环境交互并获取奖励或惩罚来优化其行为。

(2) 深度学习(Deep Learning)。卷积神经网络(CNN)在视觉感知(图像识别、目标检测)中占据主导地位;循环神经网络(RNN)及其变种(如 LSTM,GRU)则擅长处理序列数据,如语音识别、自然语言理解和运动轨迹预测;Transformer 架构由于其强大的并行处理能力和对长距离依赖的捕捉能力,在自然语言处理和越来越多的机器人任务(如视觉 Transformer,决策 Transformer)中展现出巨大潜力。

(3) 路径规划算法。如 A 算法、D 算法、RRT(快速扩展随机树)等,用于在已知或部分已知的环境中规划从起点到目标点的最优或可行路径,同时避开障碍物。

(4) 任务规划与调度算法。对于需要执行一系列子任务的复杂任务,机器人需要进行任务分解、子任务排序和资源分配,常用的方法包括行为树、有限状态机、以及基于 AI 规划的技术。

(5) 认知与推理。机器人需要构建对环境的内部表示或模型(如自主导航与避障 Simultaneous Localization and Mapping,SLAM),并基于这个模型、任务目标以及自身的知识库(可能包含常识、领域知识、学习到的经验)进行逻辑推理和规划。

(6) 指令理解与泛化。大模型强大的自然语言理解能力使机器人能够理解更复杂、更口语化的人类指令,并将其映射到具体的操作序列,提升了机器人的任务泛化能力。例如,用户可以说“帮我把桌子上的苹果拿到冰箱里”,机器人需要理解物体(苹果)、位置(桌子、冰箱)和动作(拿到)。

(7) 多模态信息处理。视觉-语言大模型能够同时处理图像和文本信息,使得机器人可以基于视觉观察回答问题,或者根据自然语言描述在复杂场景中定位物体。NVIDIA 的 GR00T 项目旨在为人形机器人构建通用基础模型,赋能机器人学习技能。

(8) 复杂任务规划。大模型在逻辑推理和规划方面的潜力,被用于帮助机器人进行更长时序、更复杂的任务规划和问题解决。

(9) 代码生成与技能学习。机器人可以直接利用大模型生成部分控制代码,或者通过学习人类演示(模仿学习)与大模型提供的先验知识相结合,更快地学习新技能。

3. 执行系统(Actuation System)

执行系统是智能机器人的”肢体”,负责将决策系统的指令转化为实际的物理动作。

(1) 驱动器(Actuator)。是机器人的动力来源,常见的有电动机(如直流电机、步进电机、伺服电机,具有控制精度高、响应快等优点,广泛应用于机器人关节)、液压驱动(提供大输出力,适用于重载机器人)、气压驱动(结构简单、成本低,适用于快速开关型动作)。

(2) 控制器(Controller)。是接收来自决策系统的指令,结合传感器反馈,精确控制驱动器的运动,实现机器人关节的角度、速度、力矩等的控制。

4. 机械结构(Mechanical Structure)

(1) 机械臂(Manipulator)。是工业机器人和服务机器人中常见的操作部件,由多个连杆通过关节连接而成,具有一定的自由度(Degrees of Freedom, DoF),能够在空间中实现灵活的运动和定位。常见的机械臂结构有关节型(类似人手臂)、SCARA 型(选择顺应性装配机械臂)等。

(2) 移动底盘(Mobile Platform)。赋予机器人移动能力,常见的有轮式(差速驱动、全向轮)、履带式(适应不平坦地面)、足式(模仿动物或人腿,具有良好的越障能力,如波士顿动力公司的机器人)。

(3) 末端执行器(End Effector)。安装在机械臂末端,直接与工作对象进行交互的部件。种类繁多,根据任务需求设计,如夹爪(两指、三指、柔性夹爪)、吸盘、焊枪、喷枪、传感器探头等。

5. 交互系统(Interaction System)

交互系统负责机器人与人类或其他外部实体进行信息交换和协作。

人机交互(Human-Robot Interaction, HRI),旨在实现人与机器人之间自然、高效、安全的交互。常见的交互方式包括:

(1) 语音交互。用户通过自然语言向机器人发出指令或进行询问,机器人通过语音识别理解指令,并通过语音合成进行回复。这是最自然、最便捷的交互方式之一,广泛应用于服务机器人、智能家居等。

(2) 视觉交互。机器人通过摄像头等视觉传感器识别人类的手势、表情、姿态等,理解用户的非语言意图。例如,通过挥手让机器人停止,通过点头表示确认。

(3) 物理交互/触觉交互。人类通过直接接触(如拖拽示教、安全碰撞)或通过控制设备(如遥控器、操纵杆)与机器人进行交互。协作机器人尤其强调物理交互的安全性。

(4) 图形用户界面。通过触摸屏、显示器等提供图形化的操作界面,方便用户设置参数、监控状态、发布指令。

6. 智能问答与对话管理(核心)

对于许多需要与人类进行信息交流的智能机器人(特别是服务机器人),智能问答系统是其交互能力的核心。它依赖于强大的自然语言处理(NLP)技术来实现。

(1) 自动语音识别(ASR)。将用户的语音输入准确转换为文本。

(2) 自然语言理解(NLU)。分析用户输入的文本,理解用户的意图、提取关键信息(如实体、槽位)。

(3) 对话管理(DM)。跟踪对话状态,维护对话上下文,根据用户意图和当前状态选择合适的对话策略,决定系统下一步的行动。

(4) 知识库/信息检索。当需要回答用户问题时,系统可能需要查询内部知识库(如FAQ、知识图谱)或外部信息源。

(5) 答案生成/自然语言生成(NLG)。将系统内部的回复内容(可能来自知识库、推理结果或预设模板)转换成自然、流畅、易于理解的文本。

(6) 语音合成(TTS)。将生成的文本回复通过语音播放给用户。

通过这些技术的整合,智能机器人能够进行多轮对话,理解复杂查询,提供个性化信息,甚至进行一定程度的情感交流,极大地提升了用户体验和机器人的实用性。智能音箱可以看作是一种专门形态的智能问答机器人。

7. 支撑技术

上述核心系统的高效运行离不开底层硬件和软件平台的支撑。

1) 硬件平台

包括中央处理器(CPU)、图形处理器(GPU,用于加速AI计算)、专用AI芯片(如TPU、NPU)、内存、存储、电源管理系统以及机器人的物理本体结构和材料。

2) 机器人操作系统(Robot Operating System,ROS)

该系统是一个开源的、为机器人软件开发提供框架和工具集的元操作系统。ROS提供了类似操作系统的功能,包括硬件抽象、底层设备控制、常用功能实现(如传感器数据处理、导航、操作)、进程间消息传递以及包管理等。它极大地简化了机器人应用的开发,促进了算法和代码的复用,并拥有庞大的全球开发者社区。

3) 通信技术

包括Wi-Fi、蓝牙、Zigbee等近距离无线通信技术,以及5G等远距离、低延迟、高带宽的移动通信技术。这些技术对于机器人的远程控制、数据传输、云端协作以及多机器人协同至关重要。

4) 计算平台

(1) 板载计算(Onboard Computing)。机器人自身携带计算单元,进行部分或全部的数据处理和决策。对于实时性要求高的任务(如避障、运动控制)至关重要。

(2) 边缘计算(Edge Computing)。将计算资源部署在靠近机器人的网络边缘,分担机器人的计算负载,减少数据传输到云端的延迟,同时保护数据隐私。

(3) 云计算(Cloud Computing)。提供海量的计算资源和存储空间,用于机器人的模型训练、大规模数据分析、复杂任务规划以及知识库的存储和更新。通过云端赋能,可以大大增强机器人的智能水平。

6.2 智能机器人的分类与特征

智能机器人的科学分类体系构建是其技术研究与应用开发的重要基础。鉴于机器人技术的高度交叉性和应用场景的多样性,学界与产业界形成了多维度分类标准,其中以应用领域划分法最为普遍且具有实践指导价值。国际机器人联合会(IFR)作为权威行业组织,在其技术报告中构建了具有全球共识的分类框架。

在应用领域维度,机器人系统主要划分为工业机器人与服务机器人两大体系。工业机器人遵循 ISO 8373 国际标准,被定义为"具有自动控制、可重复编程、多自由度特征的执行机构,能够通过三个及以上轴系的协调运动完成工业自动化任务"。其机械构型分类具有显著的技术特征:关节型机器人凭借其仿生臂结构与多旋转关节设计(通常≥3 个自由度),在焊接、喷涂等复杂轨迹作业中占据主导地位;SCARA 机器人则通过独特的平面选择性柔顺机构,在精密装配领域展现独特优势;笛卡尔坐标机器人采用正交线性运动系统,特别适用于高精度定位的搬运与码垛作业;而并联结构的 Delta 机器人凭借其轻量化设计与高速运动特性,成为食品、药品包装领域的首选方案。

服务机器人作为新兴技术领域,其分类体系呈现更强的场景导向性。根据 IFR 的细化标准,个人服务机器人聚焦于生活场景赋能,涵盖环境清洁、个人护理、教育娱乐等民生领域;专业服务机器人则深度融入产业价值链,在物流仓储、精准医疗、现代农业、基建维护等场景形成技术突破。值得关注的是,医疗手术机器人、自主导航 AGV 等细分品类已形成标准化技术规范,推动行业向专业化方向发展。

在技术特征维度,智能水平分级体系(L0-L4)为机器人自主性评估提供量化标准,其中 L4 级代表具备完全自主决策能力的先进系统。运动能力分类则凸显机器人对作业环境的适应特性:轮式与履带式机构侧重结构化场景的移动效率,足式仿生机构突破复杂地形限制,飞行器与水下载具则拓展了三维作业空间。这种多维度分类方法不仅反映技术发展现状,更为未来机器人技术创新提供系统化研究框架。

为了更清晰地理解主要机器人类型的差异,表 6-1 从多个维度对工业机器人、服务机器人和特种机器人进行了对比。

表 6-1 机器人类型差异的对比

特征维度	工业机器人	服务机器人	特种机器人
主要功能	自动化、高精度、大批量重复生产作业,如焊接、搬运、装配、喷涂	辅助人类生活、提供专业服务、进行信息交互,如清洁、配送、导览、医疗照护、教育娱乐	在特定恶劣、危险或人类难以到达的环境中执行特殊任务,如搜救、排爆、深海探测、行星探测、军事侦察

续表

特征维度	工业机器人	服务机器人	特种机器人
工作环境	通常在结构化、可预测的工业环境中，如工厂车间、自动化生产线。对环境要求较高	通常在非结构化或半结构化的环境中，如家庭、医院、商场、户外。需要与人共存和交互	极端环境，如高温、高压、辐射、水下、太空、灾害现场、战场等。对环境适应性要求极高
技术侧重点	高精度运动控制、高速作业能力、高可靠性和稳定性、刚性结构、力控技术、离线编程与仿真	人机交互能力（语音、视觉、触摸）、自主导航与避障（SLAM）、环境感知与理解、AI算法应用（物体识别、人脸识别、路径规划）	环境适应性与生存能力（坚固耐用、防水防尘、抗干扰）、远程操控或高度自主决策、特殊传感器应用、能源持久性
自主性水平	多为可编程自动化，部分任务可自主执行（如视觉引导），但整体流程和决策仍依赖预设程序或人工干预	通常具有较高的自主性，能够根据环境和用户指令进行一定程度的自主决策和行为调整，需要与人类进行协作和交互	根据任务需求，可以是远程遥控操作，也可以是具备高度自主决策和执行能力的系统
成本与价格	从数万到数百万人民币不等，取决于负载、精度、品牌等。协作机器人成本相对较低	价格差异大，从几千元的家用扫地机器人到数十万乃至上百万的专业服务机器人	通常较高，因为需要应对极端环境和满足特殊功能，研发和制造成本高
典型	ABBIRB系列、KUKAKR	科沃斯扫地机器人、小米CyberDog	波士顿动力Spot（巡检/侦察）

了解智能机器人的不同分类方法和各自的特征，有助于我们更全面地认识这一快速发展的技术领域，并为其在不同行业的应用提供清晰的视角（图6-1）。

6.2.1 工业机器人

工业机器人是智能机器人在制造业中应用最广泛、技术最成熟的代表，它们是实现工业自动化、提升生产效率、保证产品质量和改善工作环境的关键装备，被誉为“制造业皇冠顶端的明珠”。本节将深入探讨工业机器人的核心价值、关键技术及其在各大工业领域的应用案例。

1. 工业机器人的核心价值

工业机器人在现代制造业中扮演着不可或缺的角色，其核心价值主要体现在以下几个方面：

（1）提高生产效率。工业机器人可以24小时不间断工作，其运行速度和重复定位精度远超人工，能够大幅度提高生产线的生产效率。

（2）保证产品质量与一致性。机器人能够精确、稳定地执行预设的工艺参数

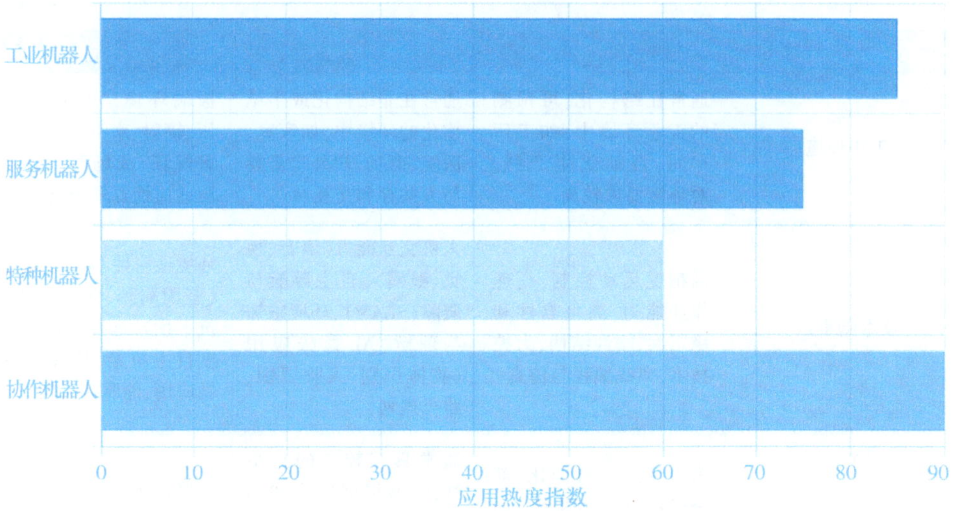

图 6-1　智能机器人类型与应用热度指数(示意图)

和操作流程,消除了人为因素造成的误差和不一致性,从而保证了产品质量的稳定性和高度一致性。

(3) 降低人力成本。尤其是在劳动力成本持续上升和部分岗位招工难的背景下,工业机器人可以替代人工完成繁重、重复或危险的工作,长期来看能够显著降低企业的人力成本。

(4) 改善工作环境与安全性。机器人可以胜任在高温、高噪音、高粉尘、有毒有害等恶劣环境下的人工作业,将工人从危险和不健康的工作环境中解放出来,降低工伤事故风险。

(5) 提升生产柔性与适应性。可编程的工业机器人可以通过更换程序和末端执行器来适应不同产品的生产,提高了生产线的柔性和对市场变化的快速响应能力。

(6) 优化资源利用。精确的机器人操作可以减少原材料的浪费(如喷涂、焊接),并提高能源利用效率。

2. 关键技术在工业机器人中的体现

工业机器人的高性能表现依赖于一系列关键技术的支撑:

1) 高精度运动控制

这是工业机器人的核心技术之一,涉及机器人运动学和动力学建模、轨迹规划算法、伺服驱动系统(高精度电机、驱动器、编码器)以及先进的控制算法(如 PID 控制、自适应控制、力/位混合控制)。确保机器人在高速运动下仍能保持高精度定位和轨迹跟踪。

2) 机器人视觉引导与定位

通过在机器人上集成 2D 或 3D 视觉系统(摄像头、结构光扫描仪、激光雷达),使机器人能够识别工件的形状、位置和姿态,引导机器人进行精确的抓取、放置、装配或检测操作。这增强了机器人对工件位置偏差的适应能力。

3) 力/力矩传感与控制

在机器人关节或末端执行器上安装力/力矩传感器,使机器人能够感知与外界环境或工件之间的接触力。通过力控算法,机器人可以实现柔顺装配、精密打磨、安全的物理人机交互等高级功能。

4) 离线编程与仿真(OLP-Offline Programming)

在虚拟环境中对机器人进行编程、路径规划和作业仿真,而无需中断实际生产。这大大提高了编程效率,减少了调试时间,并可以在设计阶段就发现潜在的碰撞和干涉问题。

5) 多机器人协同作业

在复杂的生产线上,多台机器人需要协同工作,完成流水线作业。这需要先进的多机器人任务分配、路径规划和同步控制技术。

6) AI技术融合的智能化升级

(1) AI视觉质检。利用深度学习算法对产品外观缺陷(如划痕、污点、缺件)进行自动检测,比传统机器视觉方法具有更高的准确性和泛化能力。

(2) 预测性维护。通过分析机器人运行数据和传感器信息,利用AI算法预测潜在故障,实现主动维护,减少意外停机时间。

(3) 智能路径规划与避障。AI算法可以帮助机器人在动态和复杂的环境中规划更优的运动路径并实时避开障碍物。

(4) 自主学习与技能优化。通过强化学习或模仿学习,机器人可以自主学习和优化操作技能,适应新的任务和工件。

3. 主要类型及其应用场景

根据国际机器人联合会(IFR)按机械结构进行的分类,常见的工业机器人及其典型应用场景如下:

1) 多关节机器人(Articulated Robots)

这是应用最广泛的一类工业机器人,通常具有6个或更多旋转关节,结构类似人类手臂,具有高度的灵活性和较大的工作范围。

应用场景:汽车及零部件的焊接、喷涂、涂胶、搬运、装配;金属加工中的上下料、去毛刺;电子产品的组装等。

2) SCARA机器人(Selective Compliance Assembly Robot Arm)

属于平面关节型机器人,通常有4个自由度,其中3个是平行旋转关节,1个是垂直移动关节。其特点是在XY平面内具有高刚性和高精度,而在Z轴方向具有一定的柔顺性。

应用场景:电子行业(如电路板插件、元器件装配)、塑料制品、食品包装等行业的快速拾取、放置和装配任务。

3) Delta 机器人(Delta Parallel Robot)

并联结构机器人,具有多个平行的运动臂连接到一个共同的末端执行器平台。其特点是结构轻巧、惯性小、运动速度极快、加速度高。

应用场景:主要用于轻小物品的高速拾取、分拣和包装,如食品、药品、日化品、电子元器件的生产线。

4) 笛卡尔/龙门机器人(Cartesian/Gantry Robot)

沿 *XYZ* 三个线性轴运动,通常具有较高的负载能力和较大的工作空间(特别是龙门式)。

应用场景:码垛、搬运、点胶、切割及大型工件的装卸和加工等。

5) 协作机器人(Collaborative Robot, Cobot)

该类型机器人是专为与人类在共享工作空间中直接交互而设计的机器人。它们通常具有力感知、碰撞检测、速度限制等安全特性,以及易于编程(如图形化界面、拖拽示教)的特点。

应用场景:适用于小批量、多品种的柔性生产,以及需要人机协作完成的任务,如轻量级装配、螺丝拧紧、上下料、质检辅助、实验室自动化等。

4. 实训案例思考与建议

1) 工业机器人结构与原理认知

参观校内工业机器人实训室或企业生产线(若条件允许),观察不同类型工业机器人的机械结构、运动方式和典型应用。

2) 机器人示教与编程基础

学习工业机器人的示教器操作,进行简单的点位示教和轨迹编程。了解常用的机器人编程语言或图形化编程环境。

3) 离线编程与仿真软件入门

学习使用一款主流的工业机器人离线编程与仿真软件(如 RoboDK、RobotStudio、KUKA. Sim 等),完成虚拟机器人工作站的搭建、简单搬运或码垛任务的路径规划和程序生成,并进行仿真运行。

4) 机器人工作站安全规范学习

了解工业机器人工作站的安全防护措施(如光幕、急停按钮)和安全操作规程。

5) 小型集成应用项目设计

分组合作,针对一个简化的工业应用场景(如小型零件自动上下料、简单装配),设计一个包含机器人、传感器、夹具等元素的工作单元方案,绘制布局图并描述工作流程。

通过这些实训,学生可以更好地理解工业机器人的实际操作和应用,培养工程实践能力。

6.2.2 服务机器人

服务机器人是机器人家族中发展迅速、应用场景日益广泛的一大分支。它们主要在非制造业环境中为人类提供各种有益的服务，旨在提升生活品质、辅助专业工作、提供个性化体验，并在一定程度上弥补劳动力短缺。本节将探讨服务机器人的核心价值、关键技术及其在不同场景下的应用案例，特别是中国企业的创新实践。

1. 服务机器人的核心价值

服务机器人的核心价值在于其能够直接服务于人，满足多样化的社会和个人需求。

(1) 提升生活品质与便利性。家用服务机器人能够分担家务劳动，提供信息娱乐服务，让生活更轻松便捷。

(2) 辅助专业领域工作。专业服务机器人能够在特定行业辅助专业人士完成任务，提高工作效率和质量。

(3) 提供个性化与情感化服务。随着AI技术的发展，部分服务机器人具备一定的情感识别和交互能力，能够提供更具个性化和人文关怀的服务，如陪伴机器人、教育机器人。

(4) 解决劳动力短缺与人口老龄化问题。在餐饮、酒店、养老、医疗等服务行业，服务机器人可以承担部分重复性或体力消耗大的工作，缓解劳动力不足的压力，特别是在人口老龄化趋势下，养老陪护机器人的需求日益增长。

(5) 拓展服务边界与创新服务模式。服务机器人能够进入一些传统人力难以覆盖或成本过高的服务领域，创造新的服务模式和商业机会，如无人配送、特种环境下的巡检服务等。

2. 关键技术在服务机器人中的体现

服务机器人需要在复杂、动态且通常与人共存的非结构化环境中工作，因此对以下关键技术有较高要求。

1) 自主导航与避障

服务机器人需要在未知或部分未知的环境中实时构建地图并同时进行自身定位，规划路径并有效避开静态和动态障碍物（如行人、家具）。激光雷达SLAM、视觉SLAM以及多传感器融合是主流技术。

2) 人机自然交互

(1) 语音交互。通过麦克风阵列进行远场语音识别（ASR），理解用户指令和问题（NLU），并进行自然流畅的语音回复（TTS，NLG）。智能问答是核心能力。

(2) 视觉交互。通过摄像头进行人脸识别、手势识别、表情识别、人体姿态跟踪等，理解用户的非语言信息。

(3) 触摸屏/物理按键交互。提供直观的操作界面。

3. 主要类型及其应用场景

服务机器人种类繁多,应用场景不断拓展。结合 IFR 和我国 GB/T39405-2020 的分类,主要有以下几类。

(1) 个人/家用服务机器人。这类机器人主要面向个人和家庭环境,提供日常生活辅助,例如扫地机器人/吸尘机器人,像中国品牌科沃斯的地宝系列、石头科技的产品,它们利用 SLAM 技术进行自主导航和路径规划,结合多种传感器进行障碍物识别和高效清洁。

(2) 陪伴与娱乐机器人。教育机器人:如优必选的 Alpha 系列人形教育机器人、科大讯飞的阿尔法蛋等,提供编程学习、互动教学、故事讲述等功能。

(3) 专业/公共服务机器人。这类机器人应用于商业、公共机构等专业场所,辅助特定行业的专业工作。如手术辅助机器人、康复机器人、导诊与配送机器人、仓储机器人(AGV/AMR)。

4. 中国服务机器人应用案例

中国在服务机器人领域发展迅速,涌现出一批具有国际竞争力的企业和创新应用。

1) 餐饮配送领域

(1) 擎朗智能(Keenon Robotics)。总部位于上海,是全球领先的商用服务机器人企业,其送餐机器人、酒店机器人、消毒机器人等产品广泛应用于国内外餐饮、酒店、医疗等场景。其产品以稳定可靠的自主导航和多机协作能力著称。

(2) 普渡科技(Pudu Robotics)。总部位于深圳,也是全球商用服务机器人的主要供应商之一,产品包括送餐机器人、配送机器人、清洁机器人等,服务于餐饮、零售、酒店、医疗、工业、教育等多个行业。普渡机器人强调构建开放性的全栈式智能服务机器人生态。

2) 家用清洁领域

(1) 科沃斯(Ecovacs Robotics)。总部位于苏州,是全球知名的家庭服务机器人制造商,其扫地机器人"地宝"系列和擦窗机器人"窗宝"系列在全球市场占据领先地位。科沃斯在 SLAM 导航、AI 视觉避障、智能路径规划等技术上有深厚积累。

(2) 石头科技(Roborock)。总部位于北京,专注于智能清洁机器人的研发和生产,其扫地机器人以 LDS 激光导航和高效清洁算法著称,产品销往全球多个国家和地区。

3) 物流配送领域

(1) 极智嘉(Geek+)。总部位于北京,是全球领先的 AMR(自主移动机器人)企业,为仓储和制造场景提供智能物流解决方案,其货到人拣选机器人、智能分拣机器人在国内外电商、零售、制造等行业有大量应用。

(2) 快仓(Quicktron)。总部位于上海,同样是智能仓储机器人领域的头部企业,提供潜伏式 AGV、料箱机器人等产品和解决方案。

(3) 美团、京东、阿里巴巴(菜鸟)。这些互联网巨头也在积极布局无人配送领域,研发和部署用于末端物流的无人配送车和配送机器人,在北京、上海等城市的部分区域进行试点运营。

4) 医疗服务领域

钛米机器人(Taimi Robotics)。总部位于上海,专注于医疗服务机器人的研发,产品包括智能消毒机器人、物资配送机器人、导引机器人等,已在国内多家医院得到应用,特别是在疫情期间发挥了重要作用。

5) 人形与教育机器人领域

(1) 优必选科技(UBTECH)。总部位于深圳,是全球领先的人工智能和人形机器人企业,其 Walker 系列人形机器人具备先进的运动控制和人机交互能力,应用于科研、教育、商用服务等领域。Alpha 系列教育机器人广受欢迎。

(2) 科大讯飞(iFLYTEK)。除了在语音技术领域的领先地位,科大讯飞也推出了多款面向教育和儿童的智能机器人产品,如阿尔法蛋系列,结合其语音交互和 AI 教育内容。

6) 云端智能机器人

达闼科技(CloudMinds)。致力于云端智能机器人的研发和运营,通过云端大脑控制机器人本体,降低机器人硬件成本,提升智能化水平。其机器人在养老、导览、安保等场景有应用。

这些案例充分展示了中国服务机器人产业的活力和在不同细分场景的应用潜力。中国企业在机器人本体制造、核心算法研发、场景化解决方案以及全球市场拓展方面都取得了显著成就。

5. 实训案例思考与建议

(1) 服务机器人应用场景分析。选择一个具体服务场景(如餐厅、医院、图书馆、养老院),分析该场景下机器人可以解决的痛点、需要具备的功能以及可能面临的挑战。

(2) SLAM 与导航基础认知。观看 SLAM 技术演示视频,了解其基本原理。如果条件允许,可以接触基于 ROS 的机器人仿真环境(如 Gazebo),观察机器人在虚拟环境中如何构建地图和进行路径规划。

(3) 语音交互模块体验与分析。使用智能音箱或手机语音助手,分析其在不同指令下的识别准确率、语义理解能力和回复自然度。尝试设计一些复杂的指令,观察其处理情况。

(4) 服务机器人市场调研。分组调研国内外知名的服务机器人产品及其企业,分析其技术特点、市场定位和商业模式,进行课堂展示和讨论。

通过这些理论学习和实践思考,学生可以对服务机器人的技术和应用形成更全面的认识,并为未来从事相关领域工作打下基础。

6.2.3 无人驾驶汽车

无人驾驶汽车,又称自动驾驶汽车或自主式智能汽车,是智能机器人在交通领域的一种特殊且极具影响力的形态。它们集成了先进的传感器、人工智能算法和控制系统,旨在实现车辆在无需或部分需要人工干预的情况下自主行驶。本节将介绍无人驾驶汽车的基本概念、核心技术、SAE 自动驾驶分级标准,并探讨其实践应用和商业化进展。

1. 无人驾驶汽车定义与核心技术

1) 定义

无人驾驶汽车是指通过搭载先进的传感器系统(如摄像头、激光雷达、毫米波雷达、GPS、IMU 等)、控制器、执行器等装置,并综合运用计算机视觉、人工智能、高精度地图、V2X 通信等技术,使车辆具备复杂环境感知、智能决策规划和自主控制行驶能力,从而能够代替人类驾驶员完成部分或全部驾驶任务的汽车。其目标在于提高道路安全、减少交通拥堵、降低能源消耗,并为乘客提供更舒适、更便捷的出行体验。

2) 核心技术模块

无人驾驶汽车的技术体系通常包含以下几个关键部分。

(1) 环境感知(Environment Perception)。这是无人驾驶汽车的“眼睛”和“耳朵”,负责实时感知车辆周围的动态和静态环境。

(2) 传感器。主要包括摄像头(获取视觉图像)、激光雷达(LiDAR,通过发射和接收激光束探测周围物体距离和形状,生成三维点云)、毫米波雷达(探测距离远,受天气影响小,用于测速和测距)、超声波雷达(近距离障碍物探测,如泊车辅助)、GPS/IMU(全球定位系统和惯性测量单元,用于车辆定位和姿态感知)。

(3) 数据融合。将来自不同传感器的数据进行融合处理,以获得更全面、更可靠的环境信息,克服单一传感器的局限性。

(4) 目标检测与识别。识别道路上的其他车辆、行人、非机动车、交通标志、交通信号灯、车道线、障碍物等。

(5) 场景理解。分析道路结构、交通状况、天气条件等,理解复杂的交通场景。

(6) 高精度地图。包含远超传统导航地图的详细道路信息,如精确的车道线位置、曲率、坡度、交通标志标牌、路灯、护栏等三维几何信息和语义信息。

(7) 精确定位。将车辆实时位置精确地匹配到高精度地图上,通常需要厘米级的定位精度。这通常结合 GPS RTK、IMU、轮速传感器以及与高精度地图的匹配(如点云匹配、视觉特征匹配)来实现。

(8) 决策规划(Decision Making and Planning)。这是无人驾驶汽车的“大脑”,负责根据感知到的环境信息、高精度地图、交通规则以及预设的导航目标,进行驾驶行为决策和运动轨迹规划。

(9) 行为决策。决定车辆应该采取何种驾驶行为,如保持车道、变道、超车、跟车、汇入、避障、交叉路口通行等。

(10) 路径规划/轨迹规划。在行为决策的基础上,规划出一条安全、舒适、高效的行驶路径和具体的运动轨迹(速度、加速度、方向盘转角等)。

2. SAEJ3016 自动驾驶分级标准详解(L0–L5)

为了规范和统一对自动驾驶技术发展水平的描述,国际汽车工程师学会(SAE International)制定了 J3016 标准,将道路机动车辆的驾驶自动化系统分为六个级别(表 6–2),从 L0(无自动化)到 L5(完全自动化)。该标准已被美国交通运输部采纳,并成为全球广泛引用的事实标准。

表 6–2 驾驶自动化系统六个级别

级别	SAE 官方名称(及常用中文译名)	系统执行的动态驾驶任务(DDT)	环境监控(OEDR)	动态驾驶任务后备(Fallback)	驾驶员职责	典型实例
L0	No Driving Automation(无自动化)	无(人类驾驶员执行所有 DDT)	人类驾驶员	人类驾驶员	全程驾驶,对所有动态驾驶任务负责	绝大多数传统汽车可能配备预警系统,但系统不参与车辆控制
L1	Driver Assistance(驾驶员辅助)	系统可持续执行 DDT 的横向或纵向车辆运动控制子任务中的一项,但非全部	人类驾驶员	人类驾驶员	执行 DDT 的剩余部分,并监控驾驶环境,随时准备接管	自适应巡航控制(ACC)、车道保持辅助(LKA)或车道居中控制(LCC)单独工作时,各系统独立执行单一驾驶辅助功能
L2	Partial Driving Automation(部分驾驶自动化)	系统可持续执行 DDT 的横向和纵向车辆运动控制子任务	人类驾驶员	人类驾驶员	执行所有 DDT 的其余部分,并监控驾驶环境,随时准备接管	特斯拉 、奔驰 小鹏 NGP、蔚来 NOP 等,在特定条件下可同时控制方向和速度,驾驶员必须保持注意力
L3	Conditional Driving Automation(有条件驾驶自动化)	系统可持续执行 DDT 的全部子任务,并且能够在限定的 ODD	自动化驾驶系统(ADS)	人类驾驶员(系统在无法处理时会发出接管请求)	在 ADS 激活时,驾驶员无需监控环境,但必须在系统发出请求时及时接管车辆控制	奔驰 DRIVE PILOTL3 级别是责任划分的关键点,当 ADS 激活时,系统对驾驶负责

续表

级别	SAE 官方名称（及常用中文译名）	系统执行的动态驾驶任务（DDT）	环境监控（OEDR）	动态驾驶任务后备（Fallback）	驾驶员职责	典型实例
L4	High Driving Automation（高度驾驶自动化）	系统可持续执行 DDT 的全部子任务，并且能够在限定的 ODD 内执行 OEDR，即使人类驾驶员对接管请求没有正确响应，系统也能达到最小风险状态	自动化驾驶系统（ADS）	自动化驾驶系统（ADS）	在 ADS 激活且在 ODD 内行驶时，驾驶员无需操作，甚至可以不坐在驾驶位。车辆可以自行处理各种情况，包括系统故障	Waymo 的自动驾驶出租车服务、百度 Apollo Robotaxi，这些车辆通常在地理围栏区域内运行
L5	Full Driving Automation（完全驾驶自动化）	系统可持续执行 DDT 的全部子任务，并且能够在任何人类驾驶员可以操作的条件下执行 OEDR	自动化驾驶系统（ADS）	自动化驾驶系统（ADS）	驾驶员可选车辆在所有道路和环境条件下都能完全自主驾驶，可能没有方向盘、油门和刹车踏板	目前尚无真正意义上的 L5 级别量产汽车，属于自动驾驶的最终目标

3. 中国无人驾驶技术应用与实践案例

中国在无人驾驶技术领域发展迅速，已在多个场景开展了测试、示范运营和商业化探索。

（1）Robotaxi 出行服务。百度 Apollo（“萝卜快跑”）、小马智行等作为代表企业，百度 Apollo 已在北京、上海、广州、深圳、武汉、重庆等多个城市开放自动驾驶出行服务，部分区域已实现全无人驾驶商业化运营，用户可通过 App 呼叫全无人驾驶车辆；小马智行在广州、深圳、北京等城市开展 Robotaxi 常态化运营，成为首个在一线城市核心区广州黄埔开展全无人驾驶商业化服务的企业。

（2）城市公共交通补充场景。应用形式为无人驾驶公交、微循环小巴的落地案例显示，广州、深圳、上海、珠海（横琴）、无锡、杭州等城市已在景区、园区、郊区通勤线等固定线路投放相关车辆，通常在限定区域内运行，作为城市公共交通的补充。

（3）物流运输领域。①港口智慧物流：厦门远海码头、天津港、宁波舟山港等应用无人驾驶集装箱卡车进行码头内的水平运输，提高了作业效率和安全性；东风商用车、中国重汽等参与其中。②末端物流配送：美团、京东、阿里巴巴（菜鸟）、新石器等企业研发和运营用于末端物流配送的无人小车，在北京、雄安新区等地的园区、社区、校园内提供“最后一公里”的配送服务。

(4) 智慧城市与车路协同。中国多地正在建设智能网联汽车示范区,推进车路协同(V2X)基础设施建设,为高级别自动驾驶的规模化应用创造条件。

4. 技术挑战与商业化进展

1) 技术挑战

尽管无人驾驶技术发展迅速,但其大规模商业化落地仍面临诸多挑战:

(1) 技术瓶颈。在复杂和极端天气条件下的感知鲁棒性;长尾效应(处理罕见但危险的边缘场景);高精度地图的覆盖范围和更新频率;网络安全和数据安全等。

(2) 法律法规与伦理。交通事故责任认定、数据隐私保护、伦理困境(如“电车难题”)等问题尚需完善的法律法规和行业标准。

(3) 成本高昂。激光雷达等核心传感器的成本仍然较高,L4/L5 级别自动驾驶系统的整体成本是商业化推广的重要阻碍。

(4) 基础设施依赖。高级别自动驾驶的普及需要智慧交通基础设施(如 5G 通信、路侧感知单元、高精度地图服务)的配套建设。

(5) 社会接受度与信任。公众对于自动驾驶技术的安全性、可靠性的信任度仍有待提高。

2) 商业化进展

目前,L1-L2 级别的驾驶辅助系统已广泛应用于量产车型。L3 级别的商业化落地在法规和技术层面仍有挑战,但部分车企已推出具备 L3 功能的车型。L4 级别的自动驾驶主要在封闭/半封闭场景(如港口、矿区、园区物流)和特定区域的 Robotaxi、Robobus 服务中率先实现商业化运营。完全的 L5 级别自动驾驶仍处于研发和测试阶段。

6.2.4 智能机器人的未来与智能问答的融合

智能机器人技术正以前所未有的速度发展,不断拓展其能力边界和应用领域。未来,随着人工智能、新材料、先进传感和驱动等技术的持续突破,智能机器人将更加深度地融入人类社会,并在其中扮演越来越重要的角色。智能问答作为人机交互的核心方式之一,其与机器人的深度融合将是推动机器人智能化水平和用户体验提升的关键驱动力。

1. 智能机器人发展新趋势

当前及未来几年,智能机器人的发展呈现以下几个关键趋势。

1) 具身智能的深化发展

(1) 核心理念。具身智能强调智能体(机器人)需要通过与物理世界进行真实的、多模态的感知和交互来学习和获得智能,而非仅仅依赖静态数据集进行离线学习。智能或智能行为源于智能体身体与周围环境的交互,不仅仅是大脑的功能。

(2) 发展方向。研究重点在于如何让机器人通过主动探索、试错学习、模仿学习等方式,从与环境的互动中习得通用技能、理解物理规律、适应动态变化,并最终实现更高级别的认知能力。

(3) 人形机器人作为重要载体。人形机器人因其通用性和与人类环境的兼容性,被认为是实现高级具身智能的理想平台之一。

2) 通用机器人与基础模型的驱动

(1) 机器人基础模型(Robotics Foundation Model)。类似于自然语言处理领域的语言大模型(LLM),研究者们正致力于构建针对机器人的大规模预训练基础模型。这些模型通过在海量的机器人操作数据、仿真环境数据,甚至互联网文本和图像数据上进行训练,旨在赋予机器人更强的通用性、任务泛化能力和快速学习新技能的能力。

(2) 代表性进展。NVIDIA 发布的 Project GR00T,目标是为人形机器人创建通用的基础模型,使其能够理解自然语言、观察人类行为并模仿学习,快速掌握协调、灵巧和其他技能。中国也有公司如星动纪元等提出"原生机器人大模型"的理念,旨在打造软硬一体的通用具身智能体。

3) AI 与机器人技术的更深度融合

(1) AI 芯片的专用化。针对机器人应用场景的专用 AI 芯片将持续发展,为机器人提供更强大的端侧计算能力。

(2) 机器人操作系统(ROS 等)的演进。ROS 等开源平台将更加注重实时性、安全性、多机器人协同以及与 AI 框架的集成。

(3) 多模态感知与决策的进步。机器人将能够更有效地融合来自视觉、听觉、触觉、力觉等多种传感器的信息,并结合大模型的推理能力,做出更精准、更鲁棒的决策。

(4) 更自然的人机交互。除了语音和视觉,触觉反馈、脑机接口等新型交互方式也可能在特定机器人应用中得到发展。

4) 群体智能与协同作业的增强

(1) 多机器人系统(Multi-Robot Systems,MRS)。多个机器人通过通信和协作,共同完成单个机器人难以完成的复杂任务,如大规模仓储分拣、协同搜索救援、编队飞行表演等。

(2) 技术挑战。任务分配、路径规划、队形控制、信息共享、冲突解决等。

(3) 趋势。基于去中心化控制、强化学习的自组织协同策略。

5) 仿生机器人与新材料、新驱动技术的突破

(1) 仿生学启发。从自然界生物的结构、运动方式和感知机制中汲取灵感,设计出更高效、更灵活、更能适应复杂环境的机器人,如仿鱼水下机器人、仿鸟飞行机器人、仿蛇管道机器人等。

(2) 新材料应用。柔性材料、智能材料的应用,使得机器人能够具备更好的

形变能力、环境适应性和安全性(如软体机器人)。

(3) 新型驱动技术。如人工肌肉、微型驱动器等,有望为机器人带来更接近生物的运动性能。

2. 智能问答系统在机器人中的应用深化

未来,随着 NLP 技术和大语言模型的进步,智能问答与机器人的融合将更加深入和广泛,极大地提升机器人的智能化水平和用户体验。

1) 作为核心交互与任务执行的入口

(1) 自然语言指令。用户可以通过自然的口语与机器人进行交流,下达复杂的操作指令,而不仅仅是预设的简单命令。机器人需要通过智能问答系统理解其中的物体、属性、位置和动作序列。

(2) 信息查询与知识获取。机器人可以像一个移动的智能助手,通过问答方式为用户提供所需信息,解答疑问。

2) 技术依赖的深化

(1) 强大的知识整合与推理。机器人智能问答系统不仅依赖预设的 FAQ 或文档,更需要与外部知识库甚至互联网信息进行连接,并利用大模型的知识和推理能力进行答案的综合与生成。

(2) 个性化与情感化对话。结合用户画像和情感分析,机器人可以提供更具个性化和情感温度的问答交互,提升用户满意度和信任感。例如,陪伴机器人能够根据老年人的情绪状态调整对话策略。

(3) 多轮对话管理。维持更长、更复杂的对话流程,准确跟踪对话历史和用户目标,进行主动引导和澄清。

3) 应用场景举例的拓展

(1) 智能导览机器人。不仅能按预设路线讲解,还能流利回答游客的各种即时提问,甚至进行多语种交流。

(2) 高级客服机器人。处理更复杂的客户咨询和投诉,具备更强的业务理解和问题解决能力。

(3) AI 助教/辅导机器人。针对学生的学习情况进行个性化答疑,解释知识点,引导思考。

(4) 心理陪伴机器人。进行更深层次的情感对话和心理疏导。

(5) 智能运维助手。工人可以通过语音问答快速获取设备的操作手册、故障排查步骤、备件信息等。

(6) 编程与调试辅助。通过自然语言描述任务需求,机器人辅助生成部分代码或调试程序。

(7) 远程操作辅助。在救援、勘探等场景,操作员可以通过问答方式向远程机器人下达指令,获取更详细的现场环境信息反馈。

(8) 无人驾驶汽车。车载智能助手通过智能问答为驾乘人员提供导航、娱乐、车辆信息查询、周边服务推荐等功能,实现更自然的座舱交互。

4) 挑战与未来展望

(1) 环境噪声与鲁棒性。机器人在真实物理环境中工作,语音交互常受到噪声干扰,对 ASR 和 NLU 的鲁棒性要求极高。

(2) 多模态信息的结合。未来的机器人问答将不仅仅基于文本或语音,而是需要结合视觉、触觉等多种感知信息进行综合理解和应答,例如“帮我拿桌上那个红色的杯子”,机器人需要结合视觉信息定位“红色杯子”。

(3) 实时性与效率。尤其对于需要快速响应的机器人应用,智能问答系统的处理速度至关重要。

(4) 知识的实时更新与学习。如何让机器人能够持续学习新知识,并将其有效地应用到问答系统中,是一个关键问题。

(5) 可解释性与可信赖。用户需要理解机器人为什么会给出某个答案或执行某个动作,尤其是在关键决策场景。

(6) 大语言模型的“幻觉”问题。LLM 有时会生成不准确或虚构的信息,在机器人问答中需要有机制进行校验和纠正,避免机器人执行错误指令或提供错误信息。

未来,随着大语言模型与机器人控制、感知技术的更紧密集成,以及具身智能研究的深入,机器人的智能问答能力将趋向于更像人类的自然交流,能够真正理解物理世界、执行复杂任务并与人类进行有意义的深度互动。

3. 伦理与社会影响的考量

随着智能机器人和智能问答技术的日益强大和普及,其带来的伦理和社会影响也需要得到高度重视。

(1) 数据隐私与安全。机器人(尤其是服务机器人和智能问答系统)在运行过程中会收集大量的用户数据(语音、图像、行为习惯等)。如何确保这些数据的安全存储、合规使用,保护用户隐私,是首要的伦理问题。

(2) 就业结构的影响。智能机器人在替代人工完成重复性、危险性工作的同时,也可能对某些行业的就业结构产生冲击。社会需要思考如何进行劳动力转型和技能再培训。

(3) 安全责任与事故归属。当智能机器人(特别是无人驾驶汽车、医疗机器人)发生意外或造成损害时,如何界定设计者、制造者、使用者和机器人本身的责任,是复杂的法律和伦理问题。

因此,在推动智能机器人和智能问答技术发展的同时,必须同步加强相关的伦理规范研究、法律法规建设以及社会引导,确保技术的发展服务于人类福祉,并朝着负责任、可信赖的方向前进。

4. 案例实训

为了更好地巩固本单元所学知识,并培养动手实践能力,开展以下实训项目。

智能机器人技术调研与应用分析报告

目标：深入了解某一特定类型或特定应用场景的智能机器人。

内容：学生以个人或小组形式，选择一个感兴趣的智能机器人领域（如物流机器人、医疗康复机器人、农业机器人、人形机器人等）或一款具体的机器人产品（国内外均可，鼓励关注中国自主品牌）。通过查阅文献、浏览企业官网、观看技术视频等方式，完成以下维度调研。

(1) 核心功能与技术参数。

(2) 采用的关键技术（传感器、AI 算法、驱动控制、交互方式等）。

(3) 主要应用场景和解决的行业痛点。

(4) 市场现状、主要竞争对手及未来发展趋势。

(5) 存在的局限性或技术挑战。

成果：撰写一份详细的调研分析报告，并进行课堂演示和交流。

科普话强国制造强国系列
《精益智造》

【单元总结】

本单元系统地介绍了智能机器人与智能问答的相关知识。我们从智能机器人的基本定义、核心要素（深度感知、智能决策、泛化交互、灵巧执行）和技术框架（感知、决策、执行、交互及支撑层）入手，了解了机器人如何实现智能化。接着，我们探讨了智能机器人的多样性，学习了主要的分类标准（如按应用领域的工业、服务、特种机器人）及其特征对比。通过对工业机器人和服务机器人在汽车制造、电子、物流、餐饮、医疗等领域的应用案例的分析，我们认识到它们在现代社会中的重要作用。此外，我们还学习了无人驾驶汽车的概念、核心技术及其 SAE J3016 自动驾驶分级标准。最后，我们展望了智能机器人的未来发展趋势，并强调了智能问答技术作为核心交互方式与机器人的深度融合及其在提升机器人智能化和用户体验中的关键角色。

通过本单元的学习，我们不仅掌握了智能机器人的理论知识，更重要的是理解了其背后的技术原理和实际应用，为未来进一步探索和实践人工智能在机器人领域的应用奠定了坚实的基础。

【同步练习】

一、判断题

1. 智能机器人必须同时具备环境感知、学习适应、自主决策和人机交互四大能力。（　　）

答案：√

解析:“智能”的体现包括环境感知、学习适应、自主决策和人机交互四大核心能力。

2. 工业机器人主要用于非结构化环境中的服务任务,如家庭清洁和医疗护理。( )

答案:×

解析:工业机器人应用于结构化工业环境(如工厂车间),服务机器人则负责非结构化环境中的任务。

3. L3 级智能机器人可在复杂环境中完全自主运行,无需人工干预。( )

答案:×

解析:L3 级机器人仅在特定条件下自主运行,仍需人工在系统请求时接管。

4. Delta 机器人因其并联结构,适用于高速拾取和包装作业。( )

答案:√

解析:Delta 机器人凭借轻量化、高速特性,广泛应用于食品、药品包装场景。

5. ROS(机器人操作系统)是专为工业机器人设计的闭源软件平台。( )

答案:×

解析:ROS 是开源框架,支持多种机器人开发,涵盖工业、服务等类型。

二、单选题

1. 以下哪项是服务机器人的典型应用场景?( )

A. 汽车焊接　　B. 电路板插件装配

C. 医院消毒作业　　D. 重载码垛

答案:C

解析:钛米消毒机器人属于专业服务机器人,A、B、D 均为工业机器人任务。

2. 根据 SAE 标准,L4 级自动驾驶的核心特征是?( )

A. 需人类全程监控　　B. 仅控制车辆纵向运动

C. 在限定区域内完全自主,无需人类接管　　D. 依赖预设固定路线

答案:C

解析:L4 级可在限定 ODD(设计运行域)内完全自主运行,无需人工干预。

3. 智能机器人的“感知系统”不包括以下哪项技术?( )

A. 激光雷达　　B. 六维力传感器

C. 伺服电机　　D. RGB-D 相机

答案:C

解析:伺服电机属于执行系统,感知系统涵盖传感器如激光雷达、力觉传感器等。

4. 协作机器人的核心设计目标是?( )

A. 替代所有工业机器人　　B. 实现高速高精度作业

C. 安全的人机物理协作　　D. 降低硬件成本

答案:C

解析:协作机器人专为与人类共享空间设计,注重力控、碰撞检测等安全特性。

5. 以下哪项技术属于智能机器人“交互系统”的功能?(　　)

A. 路径规划　　B. 语音识别与合成

C. SLAM 建图　　D. 伺服驱动控制

答案:B

解析:交互系统包含语音交互,A 属决策系统,C 属感知系统,D 属执行系统。

单元7 人工智能应用与行业创新:技术赋能传统产业的实践探索

【学习目标】

知识目标

(1) 清晰理解智能制造中机器学习、计算机视觉、数字孪生等核心 AI 概念的定义,明确各概念的核心内涵与技术特征。

(2) 熟练掌握 AI 在生产流程优化中如何提升效率、在质量控制中如何实现精准检测、在供应链协同中如何促进信息共享等方面的基本原理。

技能目标

(1) 能结合具体案例,详细分析人工智能在重塑传统产业生产方式、商业模式和服务体验方面的具体表现。

(2) 能针对不同行业(如制造业、服务业),准确阐述 AI 应用的核心技术逻辑,包括技术架构、数据流转等内容。

素质目标

(1) 通过学习应用 AI 思维分析和解决实际问题的方法,树立以技术创新驱动实践突破的理念,培养运用先进思维解决复杂问题的钻研精神。

(2) 通过了解智能制造领域应用 AI 技术面临的技术挑战与伦理考量,树立技术发展与伦理规范相统一的理念,培养在技术应用中坚守道德底线的责任精神。

【知识脉络】

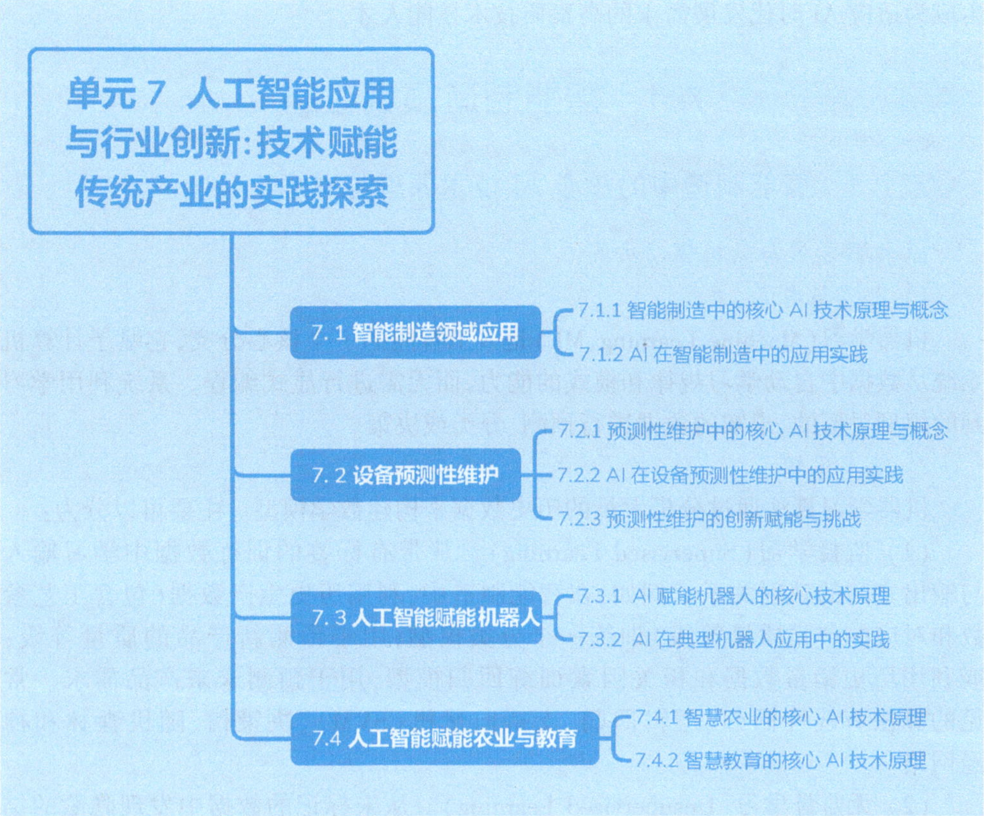

【案例导入】

农业智能化:筛选劣质幼苗的准确率达到 98%

山东兰剑智能植物工厂通过 AI 技术实现水培蔬菜全流程自动化管理:高精度播种机将芝麻粒大小的种子精准植入育苗块,AI 图像识别系统以 98%的准确率筛选劣质幼苗,机械手自动剔除不合格植株。LED 补光灯结合大数据分析,实现精准光照调控,生产效率提升 30%,资源利用率优化 25%,年供应生菜、奶白菜等蔬菜超 180 吨,覆盖北京、广东等市场。潍坊“AI+5G”西红柿种植系统则通过环境参数实时监控与智能水肥药投放,使产量提升 20%,品质提高 15%,技术已推广至全国多个农业基地。

本单元核心内容与学习目标:本单元将系统探讨人工智能在智能制造、设备预测性维护、机器人技术、现代农业、智慧教育、金融科技、智能营销等关键领域的应用原理、创新实践与未来挑战。通过学习,学生将能够理解人工智能如何重塑传统产业的生产方式、商业模式和服务体验,掌握 AI 在不同行业应用的核心技术逻辑,并初步具备运用 AI 思维分析和解决实际问题的能力。最终目标是培养学生成为适应 AI 时代发展需求的高素质技术技能人才。

7.1 智能制造领域应用

7.1.1 智能制造中的核心 AI 技术原理与概念

1. 机器学习与数据驱动决策

1) 定义与内涵

机器学习(Machine Learning,ML)是人工智能的一个核心分支,它赋予计算机系统从数据中自动学习规律和模式的能力,而无需进行显式编程。系统利用学习到的模型对新的、未知的数据进行预测、分类或决策。

2) 基本原理

机器学习算法通过分析大量的历史数据来构建数学模型。主要可以分为:

(1) 监督学习(Supervised Learning)。从带有标签的训练数据中学习输入与输出之间的映射关系。例如,在智能制造中,利用历史生产数据(包含工艺参数和对应的产品质量等级)训练一个分类模型,用于预测新产品的质量等级;或利用历史销量数据和相关因素训练回归模型,用于预测未来产品需求。常见的算法有线性回归、逻辑回归、支持向量机(SVM)、决策树、随机森林和神经网络。

(2) 无监督学习(Unsupervised Learning)。从未标记的数据中发现隐藏的结构或模式。例如,在生产过程中,利用聚类算法(如 K-Means)对设备运行状态数据进行分析,自动识别异常工况或设备故障的早期信号。主成分分析(PCA)可用于数据降维,提取关键特征。

(3) 强化学习(Reinforcement Learning)。智能体(Agent)通过与环境的交互来学习,根据环境反馈的奖励或惩罚来调整其行为策略,以最大化累积奖励。在智能制造中,可用于优化机器人路径规划、复杂的生产调度和资源分配问题。

3) 关键参数/指标评估机器学习模型性能的常用指标

(1) 分类模型。准确率(Accuracy)、精确率(Precision)、召回率(Recall)、F1 分数(F1-Score)、AUC(ROC 曲线下面积)。

(2) 回归模型。均方误差(MSE)、均方根误差(RMSE)、平均绝对误差(MAE)、R^2 分数。

4) 与智能制造结合点

机器学习是实现智能制造数据驱动决策的关键。通过对生产过程中产生的海量数据(如设备状态参数、工艺参数、物料信息、环境数据、质量监测数据等)进行深度分析和建模，可以实现：

(1) 智能排产与调度。预测订单交付时间，优化生产计划，动态调整调度策略，最大化设备利用率，减少等待时间。

(2) 工艺参数优化。分析工艺参数与产品质量、能耗之间的关系，找到最优工艺参数组合。

(3) 质量预测与控制。根据实时生产数据预测产品质量，及时发现潜在质量问题并进行干预。

(4) 能耗管理与优化。识别能耗异常点，优化设备运行模式，降低生产能耗。

2. 计算机视觉与智能检测

1) 定义与内涵

计算机视觉(Computer Vision，CV)是一门研究如何使机器"看"的科学，即用摄影机和计算机代替人眼对目标进行识别、跟踪和测量等，并进一步做图像处理，使其更适合人眼观察或传送给仪器检测。在智能制造中，它赋予机器理解和分析图像及视频内容的能力。

2) 计算机视觉系统的工作流程

(1) 图像获取。使用工业相机、摄像头等设备捕获图像或视频流。

(2) 图像预处理。对原始图像进行去噪、增强、灰度化、二值化等操作，以提高后续处理的质量。

(3) 特征提取。从图像中提取有代表性的信息，如边缘、角点、纹理、颜色、形状等。传统方法有 SIFT、SURF、HOG 等，深度学习方法(主要是卷积神经网络 CNN)能够自动学习更抽象和鲁棒的特征。

(4) 目标检测与识别。在图像中定位并识别出感兴趣的目标对象。基于深度学习的算法如 YOLO(You Only Look Once)、Faster R-CNN、SSD(Single Shot MultiBox Detector)等在此领域表现出色。

(5) 图像分割。将图像划分为若干具有特定语义的区域，如实例分割、语义分割。

3) 关键参数/指标

(1) 检测精度。如 mAP(mean Average Precision)衡量目标检测模型的准确性。

(2) 识别准确率。正确识别目标的比例。

(3) 检测/识别速度。如 FPS(Frames Per Second)。

3. 数字孪生与生产过程仿真优化

1) 定义与内涵

数字孪生(Digital Twin)是指物理实体或过程在数字空间中的动态虚拟映射。它不仅仅是一个静态的三维模型，而是能够集成物理实体的实时运行数据、历史数据以及 AI 算法，实现对物理实体状态的全面监控、精确诊断、趋势预测和优化控制，形成一个虚实融合、闭环反馈的系统。

2）数字孪生的构建和运行依赖于多种技术的集成

（1）数据采集与感知。通过工业物联网（IIoT）技术，从物理设备、生产线或整个工厂采集实时运行数据（如温度、压力、振动、转速、位置等）。

（2）模型构建。建立高保真度的物理模型（基于物理定律、几何结构）和行为模型（基于历史数据、AI 算法）。

（3）数据交互与同步。实现物理世界与数字模型之间数据的双向、实时或准实时同步。

（4）分析与仿真。在数字模型中运用 AI 算法（如机器学习预测模型、运筹优化算法）进行状态评估、故障诊断、性能预测、工艺优化、生产仿真等。

（5）可视化与交互。通过虚拟现实（VR）、增强现实（AR）、混合现实（MR）技术，以直观的方式呈现数字孪生的状态和分析结果，并支持人机交互操作。

3）关键参数/指标

（1）模型保真度。数字模型与物理实体在几何、物理属性、行为特性等方面的相似程度。

（2）数据同步实时性。物理世界数据变化能在多长时间内反映到数字模型中。

（3）预测准确性。基于数字孪生进行的性能预测或故障预测的准确度。

（4）仿真效率。进行一次完整仿真所需的时间。

4）与智能制造结合点

数字孪生为智能制造提供了强大的虚拟测试、分析和优化平台。

（1）产品设计与验证。在虚拟环境中对新产品进行设计、仿真和性能测试，缩短研发周期，降低试错成本。

（2）生产线规划与调试。模拟生产线布局、物料流转、设备协作，优化产线效率，并在虚拟环境中完成大部分调试工作，减少实际停机时间。

（3）生产过程监控与优化。实时监控生产状态，识别瓶颈工序，动态优化生产参数，提高生产效率和产品质量。

（4）设备预测性维护。结合设备运行数据和 AI 预测模型，在数字孪生中模拟设备老化和故障过程，提前预警并制定维护计划。

（5）远程运维与操作培训。通过 AR/VR 技术，操作人员可以远程查看设备数字孪生，进行故障诊断和指导维修；新员工可以在虚拟环境中进行安全高效的操作培训。

4. 工业物联网（IIoT）与边缘计算

1）定义与内涵

工业物联网（Industrial Internet of Things，IIoT）是将具有感知、监控能力的各类采集或控制传感器、智能装备、工业机器人、以及人通过网络技术连接起来，构建覆盖工厂内外的人、机、物的全面互联,实现工业数据的全面感知、动态传输、实时分析。边缘计算(Edge Computing)则是一种分布式计算架构,它将计算和数据存储更靠近数据产生的源头(如设备端、生产线旁),以减少网络延迟、降低带宽需求、提高数据处理的实时性和安全性。

2) IIoT 与边缘计算协同工作的原理

(1) 数据采集。大量传感器(温度、湿度、压力、振动、视觉等)和智能设备(PLC、CNC、机器人等)持续产生海量的工业数据。

(2) 数据传输。通过有线(如工业以太网、TSN)或无线(如 5G、Wi-Fi、LoRa、NB-IoT)网络将数据传输到边缘计算节点或云平台。

(3) 边缘处理。边缘计算节点(如边缘服务器、工业网关)对采集到的数据进行初步处理、分析和存储。对于需要快速响应的应用(如实时故障预警、机器人控制),AI 算法可以直接部署在边缘端执行。

(4) 云端协同。对于需要更强计算能力和全局数据分析的任务(如复杂的模型训练、跨工厂的生产协同优化),数据可以上传到云计算平台进行处理。云端也可以对边缘节点进行管理和算法更新。

(5) AI 算法部署。AI 模型可以根据应用需求灵活部署在边缘侧(实现低延迟、本地化决策)或云端(利用强大算力进行复杂分析和模型训练),形成云边协同的智能体系。

3) 与智能制造结合点

IIoT 和边缘计算为 AI 在智能制造中的应用提供了坚实的数据基础和高效的计算支撑。

(1) 实时设备状态监测。通过 IIoT 连接的传感器,实时获取设备运行参数,为预测性维护、能耗优化等 AI 应用提供数据输入。

(2) 本地化智能决策。在边缘端部署 AI 模型,实现对生产异常的快速响应、本地化的质量控制和设备故障的即时预警。

(3) 数据驱动的生产优化。IIoT 采集的全流程数据,结合云端 AI 分析,可以赋能生产计划优化、供应链协同、能源管理等。

(4) 远程控制与操作。基于 IIoT 和边缘计算,可以实现对设备的远程监控、诊断和控制,提升运维效率。

7.1.2 AI 在智能制造中的应用实践

应用案例:AI 驱动的智能质检系统

1. 背景描述

在诸多制造行业,如电子、汽车、纺织、医药包装等,产品质量检测是保证产品合格率和品牌声誉的关键环节。传统的质量检测主要依赖人工目检或抽检,存在以下问题。

(1) 效率低下。人工检测速度慢,难以适应大规模、高节拍的生产线。

(2) 主观性强。检测结果易受检测人员的经验、疲劳度、情绪等主观因素影响,导致标准不一、结果波动。

(3) 漏检错检。对于微小缺陷或复杂缺陷,人工检测容易出现漏检或错检。

(4) 成本较高。需要投入大量人力进行质检工作,且人工成本持续上升。

(5) 数据难以追溯。人工检测数据记录不便,难以进行系统性的质量分析和过程改进。

2. AI解决方案

核心技术是基于深度学习的计算机视觉(Computer Vision)。具体而言,通常采用卷积神经网络(Convolutional Neural Networks,CNN)及其衍生模型,如YOLO(You Only Look Once)、Faster R-CNN、等,进行图像中缺陷的检测、分类和定位。

一个典型的AI智能质检系统通常包括:

(1) 图像采集单元。由工业相机、镜头、光源系统(如环形光、条形光、同轴光,确保缺陷特征清晰可见)、图像采集卡组成,负责获取高质量的产品图像。

(2) 传输与处理单元。将采集到的图像数据传输到边缘计算设备(如带有GPU的工控机)或服务器。

(3) AI分析软件/引擎。部署了预训练好的深度学习模型,对传入的图像进行实时分析,识别缺陷。

(4) 结果输出与执行单元。将检测结果(如合格、不合格、缺陷类型、位置)输出到显示界面、MES系统,或控制剔除装置自动分离不合格品。

3. 数据处理流程

(1) 数据收集。收集大量包含合格品和各类缺陷品的高清图像样本。

(2) 数据标注。由专业人员对缺陷图像进行标注,明确缺陷的类别(如划痕、污点、气泡、变形)和位置(如使用标注工具绘制边界框或分割掩码)。

(3) 数据增强。通过旋转、翻转、调整亮度对比度、加噪等方法扩充训练数据集,提高模型的泛化能力。

(4) 数据集划分。将标注好的数据集划分为训练集(用于模型学习)、验证集(用于调整模型超参数)和测试集(用于评估模型最终性能)。

4. 应用成效

(1) 幅提高检测效率和精度。检测速度远超人工,可实现100%全检,显著降低漏检率和误检率。例如,京东方利用AI质检技术,检测LCD面板缺陷的准确率可达90%以上,效率提升数倍。

(2) 降低人力成本。替代大量重复性的人工质检岗位,节约人力成本。

(3) 提升产品质量稳定性。检测标准客观一致,不受人为因素干扰。

(4) 实现质量数据化管理。自动记录检测数据,便于进行质量追溯、统计分析和工艺改进。

7.2 设备预测性维护

7.2.1 预测性维护中的核心 AI 技术原理与概念

1. 状态监测与数据采集技术

1) 定义与内涵

状态监测(Condition Monitoring,CM)是预测性维护的基础,指通过安装在工业设备上或近旁的各类传感器,实时或定期地采集能够反映设备运行状态和健康状况的物理量或化学量数据。数据采集系统(Data Acquisition System,DAS)负责将传感器信号转换为数字信号并进行初步处理和存储。

2) 关键技术

(1) 振动传感器(Vibration Sensors)。如加速度计、速度传感器、位移传感器,用于监测旋转机械(电机、泵、齿轮箱、轴承等)的振动情况,是预测性维护中最常用的传感器类型。

(2) 温度传感器(Temperature Sensors)。如热电偶、红外热像仪,用于监测设备表面温度、轴承温度、电机绕组温度等,异常温升往往是故障的征兆。

(3) 声学传感器(Acoustic Sensors)。如麦克风、声发射传感器,用于捕捉设备运行时产生的声音或超声波信号,分析异常噪声或材料裂纹信号。

(4) 油液分析传感器(Oil Analysis Sensors)。在线或离线监测润滑油的理化指标(如黏度、水分、金属磨屑含量、光谱特征),判断设备磨损状态。

(5) 电流/电压传感器。监测电机等电气设备的电流、电压信号,分析其电气故障。

(6) 其他传感器。压力传感器、流量传感器、转速传感器、位移传感器等,根据具体设备类型和监测需求选用。

3) 系统组成

(1) 数据采集系统(DAS)。包括信号调理模块(放大、滤波)、模数转换器(ADC)、数据存储和通信接口。

(2) 工业物联网(IIoT)平台。提供传感器数据的无线/有线传输、远程管理、大规模数据存储和初步处理能力。

4) 数据类型

采集到的数据可以是时间序列信号(如振动波形、温度曲线)、标量值(如平均转速、总磨屑浓度)或图像(如红外热像图、油液颗粒图像)。这些数据是后续 AI 分析的“原材料”。

2. 信号处理与特征提取

1) 定义与内涵

从传感器采集到的原始信号往往包含大量噪声、冗余信息,或者其故障特征不明显。信号处理的目的是对原始信号进行降噪、变换和分析,以增强故障信息。特征提取则是从处理后的信号中提取出能够有效、稳定地表征设备健康状态或特定故障模式的量化指标(特征)。

2) 基本原理

(1) 时域分析(Time-Domain Analysis)。直接在时间轴上分析信号波形。常用的时域特征包括统计量具体有:均值、方差、标准差、峰值、峰峰值、有效值(RMS)、峭度(Kurtosis,反映冲击性)、裕度(Clearance Factor)、脉冲因子(Impulse Factor)、波形因子(Form Factor)等。这些统计量能够从整体上反映信号的能量、幅值分布和冲击特性。

(2) 频域分析(Frequency-Domain Analysis)。将信号从时域转换到频域,分析信号在不同频率上的能量分布。

(3) 傅里叶变换(Fourier Transform,FT)。特别是快速傅里叶变换(Fast Fourier Transform,FFT),将时域信号分解为一系列不同频率的正弦波的叠加。通过分析频谱图,可以识别出与设备特定故障(如齿轮断齿、轴承内外圈损伤、转子不平衡)相关的特征频率及其谐波、边频。

(4) 功率谱密度(Power Spectral Density,PSD)。描述信号功率在频域的分布。

(5) 倒频谱分析(Cepstrum Analysis)。用于识别频谱中的周期性成分,对检测齿轮箱和轴承等多重谐波故障有效。

3) 关键参数/指标

提取的特征应具有良好的敏感性(对故障敏感)、鲁棒性(抗噪声和工况变化能力强)、单调性(随故障程度加剧而单向变化,利于趋势预测)和区分度(不同故障模式下的特征值差异明显)。

3. 机器学习在故障诊断与预测中的应用

1) 定义与内涵

利用机器学习算法,基于从状态监测数据中提取的特征,构建数学模型,以实现对设备当前故障模式的自动识别(故障诊断),或预测设备未来发生故障的可能性、时间,或计算其剩余使用寿命(RUL)(故障预测)。

2) 基本原理

(1) 基于监督学习的诊断。需要有标记的历史数据,即已知设备在不同运行状态(正常、各种故障类型)下对应的特征数据。

(2) 训练分类器。利用这些标记数据训练一个分类模型,如支持向量机(SVM)、K-近邻(KNN)、决策树、随机森林、朴素贝叶斯、人工神经网络(ANN)、深度神经网络(DNN)等。

(3) 在线诊断。当新的设备运行数据传入时,提取其特征,输入到训练好的分类器中,模型输出该设备当前最有可能的健康状态或故障类别。

(4) 基于无监督学习的诊断(异常检测)。当缺乏充足的故障标签数据,或关注于识别未知异常时进行。

(5) 基于模型的方法。建立设备退化的物理模型或经验模型,根据当前状态参数推算 RUL。

3) 关键参数/指标

(1) 故障诊断模型。准确率、精确率、召回率、F1 分数、混淆矩阵。

(2) RUL 预测模型。均方根误差(RMSE)、平均绝对误差(MAE)、评分函数(如 NASA Prognostics Data Challenge 中定义的)。

(3) 模型泛化能力。模型在未见过的数据上的表现。

7.2.2　AI 在设备预测性维护中的应用实践

应用案例:风力发电机组关键部件的预测性维护

1. 背景描述

风力发电机组通常安装在偏远地区或海上,工作环境恶劣(高空、强风、温差大、盐雾腐蚀等)。其关键部件如齿轮箱、发电机、主轴承、叶片等价值高昂,一旦发生故障,不仅维修成本高(需要大型吊装设备、专业人员),而且会导致长时间的发电损失。传统的定期巡检和维护难以有效预防所有突发性故障,且可能造成不必要的维护开销。

2. 采用技术

(1) 数据采集。通过安装在风机各关键部位的 IIoT 传感器网络(如振动传感器、温度传感器、油液传感器、声学传感器、应变片等)采集实时数据。同时,整合风机自身的 SCADA(Supervisory Control and Data Acquisition)系统数据(如风速、功率、转速、偏航角度、环境温度等)。

(2) AI 算法。针对不同部件和故障模式,采用多种机器学习和深度学习算法。例如在齿轮箱/轴承故障诊断中,采用基于振动信号的频谱分析、包络谱分析,结合 CNN、LSTM 等深度学习模型识别早期裂纹、磨损、不平衡等故障。

3. 系统架构

(1) 感知层。风机上的各类传感器和 SCADA 系统。

(2) 边缘计算层(可选)。在风机塔筒或场站部署边缘计算单元,对高频振动等数据进行初步处理和特征提取,实现快速的本地预警。

(3) 网络传输层。通过光纤、无线网络(如 5G)将数据传输到云平台。

(4) 云平台层。进行大规模数据存储、模型训练与更新、深度分析、故障诊断与预测、可视化展示。

(5) 应用服务层。向运维人员提供设备健康报告、故障预警通知、维护建议、备件管理等,并可与 CMMS(计算机化维护管理系统)集成,自动生成运维工单。

4. 数据处理流程

多源异构数据融合(传感器数据、SCADA 数据、气象数据、维护记录),数据清洗(去除异常值、填补缺失值),信号处理(降噪、时频域变换),特征工程(提取与故障相关的敏感特征),数据标准化/归一化,故障数据样本不平衡处理(如过采样、欠采样)。

5. 实现原理解析(以齿轮箱故障诊断为例)

系统持续采集齿轮箱的振动信号。当齿轮出现早期裂纹或点蚀时,振动信号的频谱中会产生特定的故障特征频率及其谐波和边频。AI模型(如一个预训练的CNN)能够自动从振动信号的时频谱图或原始波形中学习这些微弱的故障特征。通过与正常状态下的振动模式进行对比,或直接分类到已知的故障模式,系统可以提前数周甚至数月发出预警。对于RUL预测,例如LSTM模型可以学习部件在不同工况下的退化轨迹,结合当前状态数据,预测其何时会达到预设的故障阈值。

6. 应用成效

(1) 提高故障预警准确率。显著减少非计划停机时间,增加发电量。

(2) 优化维护策略。从定期维护转向状态修复,避免不必要的维护,降低运维成本。

(3) 精准备件管理。根据RUL预测,提前准备所需备件,减少库存积压和紧急采购成本。

(4) 提升风场运营效率和经济效益。

7.2.3 预测性维护的创新赋能与挑战

1. AI驱动的创新模式

人工智能不仅提升了传统预测性维护的效率和精度,更催生了设备维护领域的新模式和新业态:

1) 模式一:从预测性维护到规范性维护

规范性维护是预测性维护的进一步发展。它不仅回答“设备将会发生什么故障?”(预测),还进一步回答“我们应该做什么?”(规范)。规范性维护系统不仅预测故障,还会基于对故障后果的评估(如生产损失、维修成本、安全风险)以及可用资源(如备件库存、维修人员技能与排班、生产计划),利用优化算法和决策支持系统,智能推荐最优的维护措施、最佳的维护时机以及具体的执行方案。例如,系统可能会建议“在未来3天内更换A部件,因为当前备件充足且生产负荷较低,可将总成本降至最低”。这需要更深层次的AI能力,包括情景模拟、多目标优化和风险评估。

2) 模式二:基于数字孪生的预测性维护

将预测性维护与数字孪生技术相结合,可以构建设备的动态虚拟模型,该模型能够实时反映物理设备的运行状态、历史数据和性能退化过程。

(1) 更精准的预测。数字孪生可以融合基于物理机理的模型和基于数据的AI模型,从而更准确地模拟设备在不同工况下的行为和故障演变路径。

(2) 增强的可解释性。通过在数字孪生中可视化故障模拟和预测结果,可以帮助运维人员更好地理解 AI 模型的决策过程。

(3) 虚拟验证与优化。可以在数字孪生中测试不同的维护策略,评估其效果和成本,选择最优方案后应用于物理设备。

2. 面临挑战

尽管 AI 驱动的预测性维护前景广阔,但在实际推广和应用中仍面临诸多挑战:

1) 数据挑战

(1) 高质量故障数据稀缺。设备在整个生命周期中发生故障的次数相对较少,特别是严重故障和早期微弱故障的数据样本非常稀缺,这给依赖大量数据训练的 AI 模型(尤其是深度学习模型)带来了困难(小样本学习问题)。

(2) 数据标注成本高。为监督学习模型准备标签数据(如标注传感器数据对应的具体故障类型和发生时间)需要专业的领域知识和大量人工投入。

(3) 多源异构数据融合难。来自不同传感器、不同系统的数据格式、采样频率、时间戳可能不一致,如何有效融合这些数据以提取更全面的信息是一个技术难题。

(4) 数据不平衡问题。正常运行状态的数据远多于故障状态数据,容易导致模型偏向于预测正常状态。

2) 实施挑战

(1) 成本与投资回报(ROI)。传感器部署、数据采集系统建设、软件平台开发、专业人才引进等初期投入较大,企业(尤其是中小企业)对 ROI 的评估和长期投入的意愿是关键。系统集成难度:将新的预测性维护系统与企业现有的 IT/OT 系统(如 MES、ERP、CMMS)进行有效集成,实现数据共享和流程协同,技术上存在挑战。

(2) 组织与文化变革。成功实施预测性维护需要企业从管理层到一线运维人员在理念、流程和技能上的转变。

3. 未来展望

1) 深度学习与物理模型的融合(混合建模)

结合数据驱动的深度学习模型和基于物理机理的设备退化模型,取长补短,提高预测的准确性和可解释性。

2) 边缘智能在预测性维护中的深化应用

将更多的 AI 计算任务部署到靠近设备的边缘端,实现更快的响应速度、更低的数据传输成本和更好的数据隐私保护。

3) 行业标准与数据共享平台的建立

推动预测性维护相关数据格式、接口协议的标准化,鼓励在安全合规的前提下进行行业数据共享,以加速 AI 模型的研发和应用。

7.3 人工智能赋能机器人

7.3.1 AI 赋能机器人的核心技术原理

机器人感知技术:让机器人“看懂”与“感知”世界

感知是机器人智能行为的基础,AI 技术极大地增强了机器人的环境感知和理解能力。

1. 计算机视觉(Robot Vision)

1) 定义与内涵

机器人视觉是指利用一个或多个摄像头作为“眼睛”,结合计算机视觉算法,使机器人能够从图像或视频中提取、处理、分析和理解有用的视觉信息,从而识别物体、理解场景、自主导航和与环境交互。

2) 基本原理

(1) 图像获取与预处理。通过工业相机、深度相机(如 RGB-D 相机)、立体相机等获取环境的二维或三维视觉信息。预处理包括去噪、增强、校正等。

(2) 特征提取。从图像中提取对后续任务(如识别、定位)有用的特征。传统方法有 SIFT(Scale-Invariant Feature Transform)、SURF(Speeded Up Robust Features)、ORB(Oriented FAST and Rotated BRIEF)等。而深度学习方法,特别是卷积神经网络(CNN),能够自动从大量数据中学习到层级化、鲁棒性强的视觉特征。

(3) 目标检测与识别。在图像中定位并识别出特定的物体或类别。基于深度学习的算法如 YOLO(You Only Look Once)、SSD(Single Shot MultiBox Detector)、Faster R-CNN 等,能够实现高精度、实时的目标检测。

2. 多传感器融合(Multi-Sensor Fusion)

1) 定义与内涵

为了获得更全面、更准确、更鲁棒的环境感知信息,机器人通常会配备多种不同类型的传感器(如视觉摄像头、激光雷达 LiDAR、红外传感器、超声波传感器、触觉传感器、惯性测量单元 IMU 等)。多传感器融合技术是指将来自这些不同传感器的信息进行有机组合和处理,以弥补单一传感器的不足,提高整体感知性能。

2) 基本原理(融合可以在不同层面进行)

(1) 数据级融合。直接对原始传感器数据进行融合,计算成本高,但信息损失少。

(2) 特征级融合。从各传感器数据中提取特征,然后在特征层进行融合。

(3) 决策级融合。每个传感器独立进行决策,然后对这些决策结果进行融合。

机器人决策与规划技术:让机器人“思考”行动

在感知环境的基础上,机器人需要利用 AI 技术进行自主决策和行动规划。

1. 路径规划与运动控制

1) 定义与内涵

路径规划是指根据机器人的任务目标(如到达指定位置)和已感知的环境信息(如地图、障碍物位置),为其规划出一条从当前位置到目标位置的最优或可行的路径。运动控制则是指根据规划好的路径,精确控制机器人的执行机构(如轮子、关节)运动,使其稳定、平滑地沿路径移动。

2) 基本原理

(1) 路径规划算法。

图搜索算法。如 Dijkstra 算法、A(A-star)算法、DLite 算法,适用于在离散状态空间(如栅格地图)中搜索路径。

采样算法。如概率路图法(PRM)、快速扩展随机树(RRT)及其变种(RRT *),适用于在高维连续空间中进行路径规划,尤其适合处理复杂约束和动态环境。

势场法。通过构建虚拟的引力场(指向目标点)和斥力场(源于障碍物)来引导机器人运动。

(2) 运动控制算法。

PID(Proportional-Integral-Derivative)控制是经典的反馈控制算法,广泛应用于机器人关节控制和轨迹跟踪。

2. 任务规划与行为决策(AI Agent)

1) 定义与内涵

指机器人不仅仅是执行预设的动作序列,而是能够根据高级的任务指令(如“去厨房把水杯拿过来”)或感知到的环境状态,自主地将复杂任务分解为一系列子任务,规划出完成这些子任务的行动序列,并在执行过程中根据实际情况做出决策和调整。这种具备感知、思考、决策和行动能力的智能实体,常被称为 AI Agent(人工智能代理)。

2) 基于学习的决策

特别是强化学习(RL)方法,如 Q-learning、Deep Q-Networks(DQN)、Actor-Critic 方法等。机器人通过与环境的交互,学习在各种状态下采取何种行动可以获得最大的累积奖励,从而形成最优的行为策略。大型语言模型(LLM)的出现,也为机器人理解复杂指令、进行常识推理和多步任务规划提供了新的途径。

3) 与机器人结合点

使机器人能够执行更复杂、更抽象的任务,提高其自主性和适应性,从简单的工具演变为能够独立完成任务的智能伙伴。例如,服务机器人根据用户模糊指令自主完成家务,救援机器人自主探索灾区并规划救援路径。

机器人交互与学习技术:让机器人“交流”与“成长”

使机器人能够与人类自然交互并不断学习进化,是 AI 赋能的又一重要体现。

1. 自然语言处理(NLP)与语音交互

1) 定义与内涵

自然语言处理是人工智能和语言学领域的分支,旨在让计算机能够理解、解释、生成和响应人类自然语言(如中文、英文)。在机器人领域,NLP 和语音技术使机器人能够通过语音或文本与人类进行自然的交流。

2) 核心技术——大型语言模型(Large Language Model,LLM)

如 GPT 系列,具有强大的文本理解、生成、翻译和推理能力,极大地提升了机器人对话系统的智能水平和交互自然度。

3) 与机器人结合点

实现语音控制机器人执行任务、机器人通过自然对话提供信息咨询(如导览机器人)、机器人进行情感陪伴与交流(如陪伴机器人)、智能客服机器人等。

2. 机器学习与强化学习在技能获取中的应用

1) 定义与内涵

机器人不仅能够执行预设的程序,更重要的是能够通过与环境的交互或从人类演示中学习新的技能和行为策略,从而不断优化自身性能并适应新的任务和环境。

2) 关键技术路径

(1) 强化学习(Reinforcement Learning,RL)。机器人通过在环境中进行“试错”来学习。当机器人执行一个动作后,环境会给予一个奖励或惩罚信号,机器人根据这个反馈调整其策略,目标是最大化长期累积奖励。RL 特别适合学习复杂的控制策略和决策行为,如机器人行走、抓取、游戏等。

(2) 迁移学习(Transfer Learning)。将在一个任务或环境中学习到的知识和技能,迁移应用到另一个相关但不同的任务或环境中,以加速学习过程。

(3) 元学习(Meta-Learning)/学会学习(Learning to Learn)。使机器人能够快速学习新任务,即从少量样本或经验中快速适应。

7.3.2 AI 在典型机器人应用中的实践

应用案例:物流仓储中的 AI 分拣与搬运机器人(AGV/AMR)

1. 背景描述

随着电子商务的迅猛发展和供应链效率要求的不断提高,现代物流仓储中心面临着海量订单处理、高频次出入库、劳动力成本上升以及对分拣搬运准确性和速度的极致追求。传统依赖人工进行货物分拣、搬运和上架的方式,效率低下、容易出错,且难以适应“双十一”等高峰期的作业压力。

2. 采用技术

(1) 导航与定位。自主移动机器人(Autonomous Mobile Robot,AMR)通常采用SLAM(如LiDAR SLAM、视觉SLAM)技术进行自主导航和环境建图,而自动导引车(Automated Guided Vehicle,AGV)则多依赖磁条、二维码、激光反射板等导引方式。AI算法在SLAM中用于地图匹配、位姿估计和路径优化。

(2) 计算机视觉。用于识别货架上的货物条码/二维码、识别包裹上的标签信息、识别库位、检测障碍物、辅助机器人进行精准对接和抓取。

(3) 路径规划与多机器人调度。AI算法(如A、D、RRT*,以及基于多智能体强化学习的调度算法)为单个或多个机器人在动态复杂的仓库环境中规划最优(或次优)的无碰撞路径,并高效分配任务。

(4) 机器学习。用于优化仓库布局、预测订单高峰期、优化拣货策略((如根据商品关联性、拣货频率调整存储位置)、预测设备故障等。

3. 系统架构

物流机器人系统通常包括机器人本体(AGV/AMR车体、分拣机器人臂)、传感器阵列(LiDAR、摄像头、IMU、超声波等)、机器人控制系统、仓库控制系统(WCS)或机器人管理系统(RMS),并与上层仓库管理系统(WMS)和订单管理系统(OMS)进行数据交互。

4. 实现原理解析

AMR通过SLAM技术在首次进入仓库时自主构建环境地图,并在后续运行中不断更新地图和自身定位。当WMS下发拣货或搬运任务时,RMS/WCS会根据任务优先级、货物位置、机器人当前位置和负载情况,利用AI调度算法将任务分配给最合适的机器人,并为其规划最优路径。机器人在执行任务时,会利用视觉和其他传感器实时感知周边环境,规避动态障碍物(如其他机器人、行人、临时堆放的货物)。分拣机器人则利用视觉系统识别传送带上的包裹,并快速准确地将其拨入对应的格口或料箱。

5. 应用成效(图7-1)

(1) 大幅提升分拣和搬运效率。机器人可以实现24/7不间断作业,速度和准确性远超人工。

(2) 降低人力成本和错误率。显著减少对人工的依赖,降低因人工操作失误导致的损失。

(3) 优化库存管理和空间利用率。通过智能调度和路径规划,提高仓库布局的紧凑性和货物流转效率。

(4) 增强仓库运营的柔性和可扩展性。可以根据业务量变化灵活增减机器人数量。

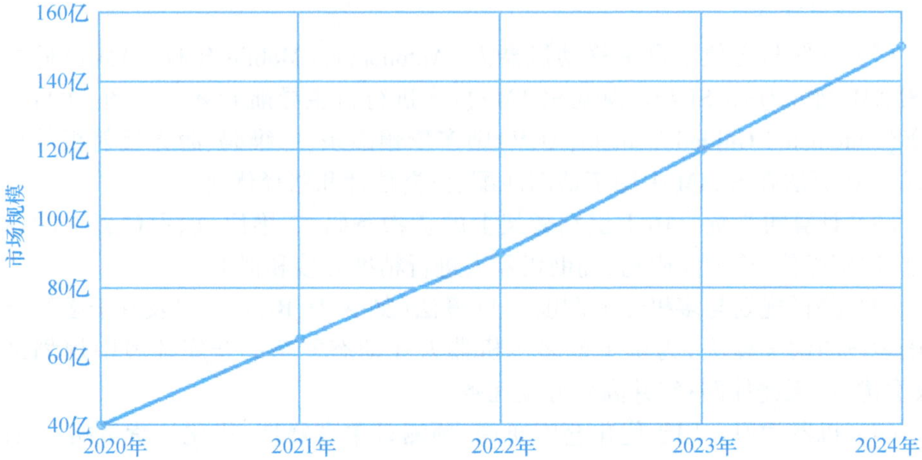

图 7-1　中国物流机器人市场规模增长趋势

7.4　人工智能赋能农业与教育

7.4.1　智慧农业的核心 AI 技术原理

1. 农业物联网与数据采集

1) 定义与内涵

农业物联网(Agricultural Internet of Things, Agri-IoT)是将物联网技术应用于农业生产、经营、管理和服务各个环节的产物。它通过在农田、温室、大棚、养殖场、水产养殖区等农业生产环境中部署各种传感器节点,实时采集土壤(如温湿度、pH 值、电导率、氮磷钾含量)、气象(如空气温湿度、光照强度、CO_2 浓度、风速风向、降雨量)、作物生长(如植株高度、叶面积指数、冠层温度、果实大小颜色)、牲畜体征(如体温、活动量、采食量、心率)、水质(如溶解氧、氨氮含量)等环境和本体参数,并通过无线(如 LoRa, NB-IoT, Zigbee, 5G)或有线网络将数据传输到云平台或本地服务器进行存储、处理和分析。

2) 基本原理

(1) 传感器技术。是数据采集的源头,种类繁多,需根据监测对象和应用需求选择合适的传感器。例如,土壤传感器用于监测土壤墒情和肥力,气象传感器用于监测小气候环境,植被传感器用于评估作物长势,动物可穿戴设备或植入式传感器用于监测牲畜健康。

(2) 无线通信技术。由于农业环境通常地域广阔、布线困难,无线通信技术在 Agri-IoT 中应用广泛,需要考虑传输距离、功耗、成本和数据速率等因素。

(3) 数据平台与网关。负责汇聚来自大量传感器节点的数据,进行初步的数据格式转换、过滤和压缩,并通过互联网将数据上传到云端数据中心。

3) 与智慧农业结合点

农业物联网为AI在农业中的应用提供了海量、实时、多维度的数据基础。没有全面、准确的数据采集,AI算法就如同“无米之炊”。这些数据是进行作物生长模拟、病虫害预测、环境调控决策、精准作业指导等AI应用的前提和输入。

2. 计算机视觉在农业中的应用原理

1) 定义与内涵

农业计算机视觉是指利用摄像头(如普通RGB相机、多光谱/高光谱相机、热红外相机等)配合图像处理和人工智能算法,对农作物、牲畜、农产品、病虫害、杂草、土壤等农业对象进行非接触式的、自动化的监测、识别、计数、测量和状态评估。

2) 基本原理

(1) 图像获取。图像可以来自多种平台,如固定在田间的摄像头、手持设备、农机上搭载的相机、无人机(UAV)遥感、卫星遥感以及显微成像设备(用于种子检测、病理分析等)。

(2) 图像预处理。包括图像去噪、增强(对比度、清晰度)、几何校正、辐射校正(针对遥感图像)等。

3) 特征提取与分析

(1) 传统方法。分析图像的颜色特征(如作物叶片发黄可能预示缺氮)、纹理特征(如病斑的纹理)、形状特征(如杂草与作物的形态差异)、光谱特征(多光谱/高光谱图像可以反映作物的生理状态、病害胁迫等)。

(2) 基于深度学习的方法。卷积神经网络(CNN)及其变种(如YOLO,Faster R-CNN,Mask R-CNN,U-Net)能够从大量标注图像数据中自动学习复杂的、具有判别力的特征,用于实现目标检测:识别并定位图像中的特定对象,如识别田间的果实数量、害虫、杂草。

(3) 图像分类。判断图像所属的类别,如作物病害类型识别、农产品等级划分。

(4) 图像分割。对图像进行像素级分类,精确勾勒出目标(如作物冠层、病斑区域)白的轮廓,用于计算叶面积指数、病斑面积占比等。

4) 与智慧农业结合点

计算机视觉为智慧农业提供了强大的“眼睛”,广泛应用于

(1) 作物长势监测与表型分析。远程、无损地评估作物生长状况、覆盖度、叶面积指数、植株密度等。

(2) 病虫害及杂草智能诊断与识别。早期发现病斑、害虫或杂草,并识别其种类。

(3) 果蔬自动分级与品质检测。根据果蔬的大小、形状、颜色、表面瑕疵等进

行自动化分级。

(4) 牲畜行为识别与健康监测。识别牲畜的异常行为(如攻击性、食欲不振、跛行),监测其采食量、活动量,辅助健康评估。

(5) 智能农机视觉导航与精准作业。引导农机在田间自主作业,如识别作物进行变量施药、识别杂草进行点对点清除。

3. AI 驱动的创新模式

人工智能不仅优化了农业生产的各个环节,更催生了农业领域的新型服务模式和产业生态。

农业生产全周期智能化闭环管理:从智能育种(AI 分析基因数据辅助选育优良品种)、智能耕作(智能农机进行整地、播种)、精准田间管理(AI 驱动的水肥一体化、病虫害智能监测与防治)、智能收获(如采摘机器人、智能收割机),到产后处理(如 AI 视觉进行农产品分级筛选)、智能仓储(温湿度智能调控、库存管理),再到精准营销和农产品溯源(AI 分析市场需求、区块链结合 AI 进行全程追溯),AI 技术正在将农业生产的各个环节串联起来,形成一个数据驱动、智能决策、闭环优化的全周期管理体系。

尽管"AI+农业"展现出巨大的应用潜力,但在其推广和深化应用过程中,仍面临诸多现实挑战:

(1) 数据获取成本高、难度大。农业生产环境复杂多变,地域分散,部署和维护传感器网络成本高;小农户的数据采集意愿和能力普遍不足。

(2) 数据标准化程度低、质量参差不齐。来自不同来源、不同设备的数据格式不统一,存在大量噪声、缺失值和异常值,给数据融合和 AI 模型训练带来困难。

(3) 农业专用 AI 算法和模型研发不足。目前许多农业 AI 应用仍直接套用通用领域的 AI 模型,缺乏针对农业特定问题(如小样本学习、多因素耦合作用、长周期预测)的专用算法和深度优化的模型。

(4) 技术推广与农民接受度。许多农民(尤其是中老年和小规模经营者)对新技术的了解和接受程度不高,缺乏使用 AI 工具的技能,需要有效的培训和技术服务支持。

7.4.2 智慧教育的核心 AI 技术原理

1. 自然语言处理(NLP)与智能交互

1) 定义与内涵

自然语言处理(Natural Language Processing,NLP)是人工智能和语言学领域的一个重要分支,它研究能实现人与计算机之间用自然语言进行有效通信的各种理论和方法。NLP 旨在赋予计算机理解、解释、生成和响应人类口语或书面语言的能力。在教育领域,NLP 是实现智能问答、自动作文批改、智能对话式辅导、语言学习辅助等应用的关键基础技术。

2) NLP 涉及多个层面的技术

(1) 词法分析(Lexical Analysis)。如分词(将连续文本切分为词语序列)、词性标注(判断每个词的词性,如名词、动词)。

(2) 句法分析(Syntactic Analysis)。分析句子中词语之间的语法结构关系,形成句法树。

(3) 语义理解(Semantic Understanding)。理解词语、句子、段落乃至整个篇章的真实含义,包括词义消歧、语义角色标注、指代消解、篇章结构分析等。

(4) 情感分析/观点挖掘(Sentiment Analysis/Opinion Mining)。识别文本中所表达的情感倾向(如喜怒哀乐、褒贬)和观点。

(5) 文本生成(Text Generation)。根据给定的输入或目标,自动生成符合语法和语义要求的文本,如机器翻译、摘要生成、对话回复生成。

(6) 对话系统(Dialogue Systems)。通常包括自然语言理解(NLU)模块(理解用户输入)、对话管理(DM)模块(跟踪对话状态、决定系统策略)和自然语言生成(NLG)模块(生成系统回复)。大型语言模型(LLM)的出现,极大地提升了对话系统的流畅性、知识覆盖面和多轮交互能力。

(7) 机器翻译(Machine Translation)。如统计机器翻译(SMT)、神经机器翻译(NMT),实现不同语言之间的自动转换。

3) 与智慧教育结合点

(1) 智能辅导机器人/AI 助教。通过 NLP 理解学生提出的问题(文本或语音输入),从知识库或通过 LLM 检索/生成答案和解释,进行多轮对话辅导。例如,教育部公布的首批“人工智能+高等教育”应用场景典型案例中,就有许多利用 NLP 技术构建智能助教的应用。

(2) 智能写作助手与自动作文评分。分析学生作文的结构、逻辑、词汇、语法、主题相关性等,提供修改建议或进行自动评分。

2. 知识图谱(Knowledge Graph)与个性化推荐

1) 定义与内涵

知识图谱是一种用图(Graph)的结构来建模知识,并以结构化的形式描述客观世界中概念、实体及其之间各种语义关系的网络。它将知识组织成“实体-关系-实体”或“实体-属性-值”的三元组形式,为机器理解和推理提供了丰富的背景知识。在教育领域,构建学科知识图谱是实现个性化学习路径规划、智能推荐学习资源、学习诊断与知识点追溯等功能的重要基础。

2) 构建和应用知识图谱常用步骤及基本原理

(1) 知识建模(Schema Construction)。定义知识图谱中包含的实体类型(如知识点、概念、题目、课程、学生)、属性(如知识点的难度、重要性)以及实体间的关系类型(如前驱关系、依赖关系、相似关系、属于关系)。

(2) 知识抽取(Knowledge Extraction)。从多种数据源(如教材、课件、习题库、在线课程视频、学术论文、百科)中自动或半自动地抽取实体、属性和关系。常用技术有命名实体识别(NER)、关系抽取(RE)、属性抽取等。

(3) 知识融合(Knowledge Fusion)。对从不同来源抽取的知识进行对齐、去重、合并,解决实体指代不一、信息冲突等问题,形成统一的知识表示。

(4) 知识存储(Knowledge Storage)。通常采用图数据库(如 Neo4j,JanusGraph)或 RDF 三元组库来存储知识图谱,以便高效地进行查询和推理。

(5) 知识推理(Knowledge Reasoning)。基于已有的知识,通过逻辑规则、图算法(如路径搜索、社区发现)或嵌入方法(如 TransE,TransR)发现新的、隐含的知识或关系。

3) 与智慧教育结合点

(1) 构建学科知识图谱。将某一学科(如数学、物理、编程)的知识点、概念、定理、公式及其相互关系结构化表示,形成知识网络。例如,郑博芳等人的研究中提到,智能系统通过知识图谱构建与动态学习路径规划,为学习者提供个性化认知脚手架。

(2) 个性化学习路径规划。根据学生的学习目标、当前知识掌握情况(通过测评或学习者模型获得)以及知识图谱中知识点的前驱后续关系,为学生规划出最优的学习顺序和路径。

3. 学习者建模(Learner Modeling)与自适应学习(Adaptive Learning)

1) 定义与内涵

学习者建模是指通过收集和分析学习者在学习过程中的各种数据(如学习行为日志、练习和测试结果、交互记录、生理数据等),以及学习者的个人属性(如认知风格、先前知识、学习目标、兴趣偏好等),来构建一个能够动态反映学习者当前知识状态、认知水平、学习能力、情感状态、学习风格等个体特征的计算机模型。这个模型是实现自适应学习的核心依据。

2) 学习者建模

(1) 数据采集。通过在线学习平台、智能教学工具、可穿戴设备等途径,全面、持续地收集学习者的多维度数据。

(2) 特征提取与选择。从原始数据中提取能够有效表征学习者状态的关键特征,如知识点掌握程度(如通过贝叶斯知识追踪 BKT 模型估计)、学习进度、答题反应时间、学习积极性、注意力水平、遗忘速率等。

常用的建模技术包括专家系统规则、贝叶斯网络、隐马尔可夫模型(HMM)、模糊逻辑、以及各种机器学习算法(如分类、回归、聚类)。学习者模型需要根据学习者的持续行为和表现进行动态更新,以保持其准确性。

3) 自适应学习系统(Adaptive Learning System,ALS)

在学习者模型的基础上,ALS 能够根据每个学习者的独特性,动态地调整教学内容、呈现方式、学习节奏、练习难度、反馈策略和辅导支持,从而提供高度个性化的学习体验。例如,对于掌握较快的学生,系统可以提供更具挑战性的内容或跳过已掌握的部分;对于遇到困难的学生,系统可以提供额外的解释、示例或基础知识回顾。打造定制化学习方案的关键在于全面细致地收集学生的多元数据。

4. 计算机视觉与多模态学习分析

1) 定义与内涵

在教育场景中,计算机视觉技术主要用于分析课堂教学视频、学生的学习行为(如面部表情、身体姿态、眼动轨迹)等视觉信息。多模态学习分析(Multimodal Learning Analytics,MMLA)则是指结合视觉信息以及来自其他模态的数据如语音(教师和学生的发言)、文本(聊天记录、笔记)、生理信号(如心率、皮电)等,对学习过程进行更全面、更深入的分析和理解。

2) 基本原理

(1) 人脸识别与身份确认。用于课堂签到、远程考试监考。

(2) 面部表情识别。分析学生在学习过程中的情绪状态(如专注、困惑、高兴、厌倦),作为评估学习投入度和理解程度的参考。

(3) 动作姿态估计与行为识别。分析学生在课堂上是否抬头听讲、举手发言、做小动作等;在实验操作或体育课中,评估动作规范性。

(4) 眼动追踪。分析学生在阅读材料或观看教学视频时的注视点、注视时长、扫视路径等,了解其注意力分布和认知过程。

(5) 多模态数据融合。将来自不同传感器和数据源的异构数据进行时间对齐、特征提取和融合,以获得比单一模态更丰富、更可靠的学习状态表征。例如,结合学生的表情、语音语调和发言内容,可以更准确地判断其对知识点的理解程度和学习情感。常用的融合策略有早期融合(特征层融合)、晚期融合(决策层融合)和混合融合。

3) 与智慧教育结合点

第一,智能课堂行为分析与教学反馈。自动分析课堂录像,量化评估学生的专注度、参与度、师生互动情况,为教师改进教学提供数据参考。第二,学习者情感状态监测与干预。实时识别学生的负面情绪(如焦虑、沮丧),并提供适当的安抚或调整教学策略。第三,实验操作与技能评估。在虚拟仿真实验或实际操作考核中,通过视觉和传感器数据智能评估学生的操作流程和技能掌握情况。

智能化的机器人

【单元总结】

本章深入探讨了人工智能(AI)技术在多个关键领域的广泛应用与深远影响,展现了 AI 如何推动产业智能化转型与升级。在智能制造领域,AI 通过机器学习、计算机视觉、数字孪生及工业物联网等技术的深度融合,实现了生产过程的智能化重构。机器学习算法挖掘生产数据价值,优化排产、工艺及能耗管理;计算机视觉与深度学习提升质检效率与精度；数字孪生技术则通过虚实融合，助力生产线仿真调试与设备预测性维护。在设备预测性维护方面，AI 利用状态监测、信号处理及机器学习技术，实现了从“定期维护”到“预测性维护”的跨越，显著提升了设备运行的可靠性与维护效率。此外，AI 还赋能机器人领域，通过感知、决策与交互技术的突破，使机器人具备自主导航、任务规划及自然语言交互能力，广泛应用于物流、服务等场景。在农业领域，AI 结合物联网与计算机视觉，构建了精准农业体系，实现了作物监测、病虫害识别及智能灌溉等应用，提升了农业生产效率与可持续性。最后，在教育领域，AI 通过自然语言处理、知识图谱及学习者建模等技术，推动了个性化学习与智能辅导的发展，为教育现代化提供了有力支持。综上所述，AI 技术正深刻改变着传统产业模式，为各行业带来了前所未有的发展机遇与挑战。

【同步练习】

一、判断题

1. 智能制造中，机器学习仅包含监督学习和无监督学习两种类型。(　　)

答案：×

解析：机器学习包括监督学习、无监督学习和强化学习三种类型。材料中明确提到强化学习用于优化机器人路径规划和生产调度。

2. 计算机视觉系统在智能制造中仅能通过传统图像处理算法(如 SIFT，SURF)实现目标检测。(　　)

答案：×

解析：材料指出，基于深度学习的算法(如 YOLO，Faster R-CNN)在目标检测中表现更优，是当前主流技术。

3. 数字孪生的核心价值在于构建物理实体的静态三维模型。(　　)

答案：×

解析：数字孪生是动态虚拟映射，需集成实时数据、历史数据及 AI 算法，实现虚实融合与闭环反馈，而非仅静态模型。

4. 在设备预测性维护中，振动传感器是监测旋转机械健康状态的最常用传感器类型。(　　)

答案：√

解析：材料明确提到振动传感器(如加速度计)是预测性维护中最常用的传感器，用于监测旋转机械振动情况。

5. 农业物联网(Agri-IoT)的数据采集仅依赖有线网络传输。(　　)

答案：×

解析：材料指出，农业环境通常采用无线通信技术(如 LoRa，NB-IoT)进行数据传输，因有线网络部署困难。

二、单选题

1. 以下哪项技术是智能制造中实现“智能排产与调度”的核心?( )

A. 计算机视觉 B. 强化学习

C. 自然语言处理 D. 知识图谱

答案:B

解析:强化学习通过与环境的交互优化决策,材料中明确提到其用于“优化机器人路径规划、复杂的生产调度和资源分配问题”。

2. 在AI驱动的智能质检系统中,以下哪项技术用于提升模型泛化能力?( )

A. 数据标注 B. 数据增强

C. 特征提取 D. 模型剪枝

答案:B

解析:材料提到“数据增强(如旋转、翻转、调整亮度)可扩充训练集,提高模型泛化能力”。

3. 风力发电机组预测性维护中,AI模型通过分析以下哪类数据预测齿轮箱故障?( )

A. SCADA系统风速数据 B. 振动信号的频谱特征

C. 温度传感器历史数据 D. 油液分析化学指标

答案:B

解析:材料指出,齿轮箱故障诊断依赖振动信号的频谱分析,AI模型通过特征频率识别裂纹等故障。

4. 以下哪项是AI+农业中实现“果蔬自动分级”的关键技术?( )

A. 农业物联网传感器 B. 多光谱图像分割

C. 语音交互系统 D. 机器人路径规划

答案:B

解析:材料提到计算机视觉通过“图像分割精确勾勒目标轮廓”,用于果蔬大小、颜色及瑕疵的自动化分级。

5. 在智慧教育中,知识图谱的主要作用是?( )

A. 实现课堂表情识别 B. 构建学科知识点关联网络

C. 优化农机作业路径 D. 预测设备剩余使用寿命(RUL)

答案:B

解析:材料指出知识图谱通过“实体-关系-实体”结构描述学科知识,支持个性化学习路径规划。

单元 8　机器学习与模型训练

【学习目标】

知识目标

（1）掌握机器学习的基本概念、核心原理、主要分类和常用算法的适用场景。

（2）了解模型训练的关键步骤、评估指标与优化方法的基本流程和原理。

技能目标

（1）能够运用 Python 及 Scikit-learn 工具对给定数据集进行数据清洗、特征选择、特征转换等预处理操作，完成特征工程，并使用指定算法进行模型训练与评估。

（2）能够针对简单的实际问题，选择合适的机器学习算法，设计基本的解决方案并进行模型实现与结果分析。

素质目标

（1）通过学习机器学习算法的设计思路与应用案例，树立用数据驱动决策的理念，培养计算思维、数据分析能力、逻辑推理能力和创新精神。

（2）通过探讨人工智能在医疗、金融等行业应用中的具体案例，树立技术伦理意识，培养对人工智能潜力与风险的辩证认知精神，理解伦理考量的重要性。

【知识脉络】

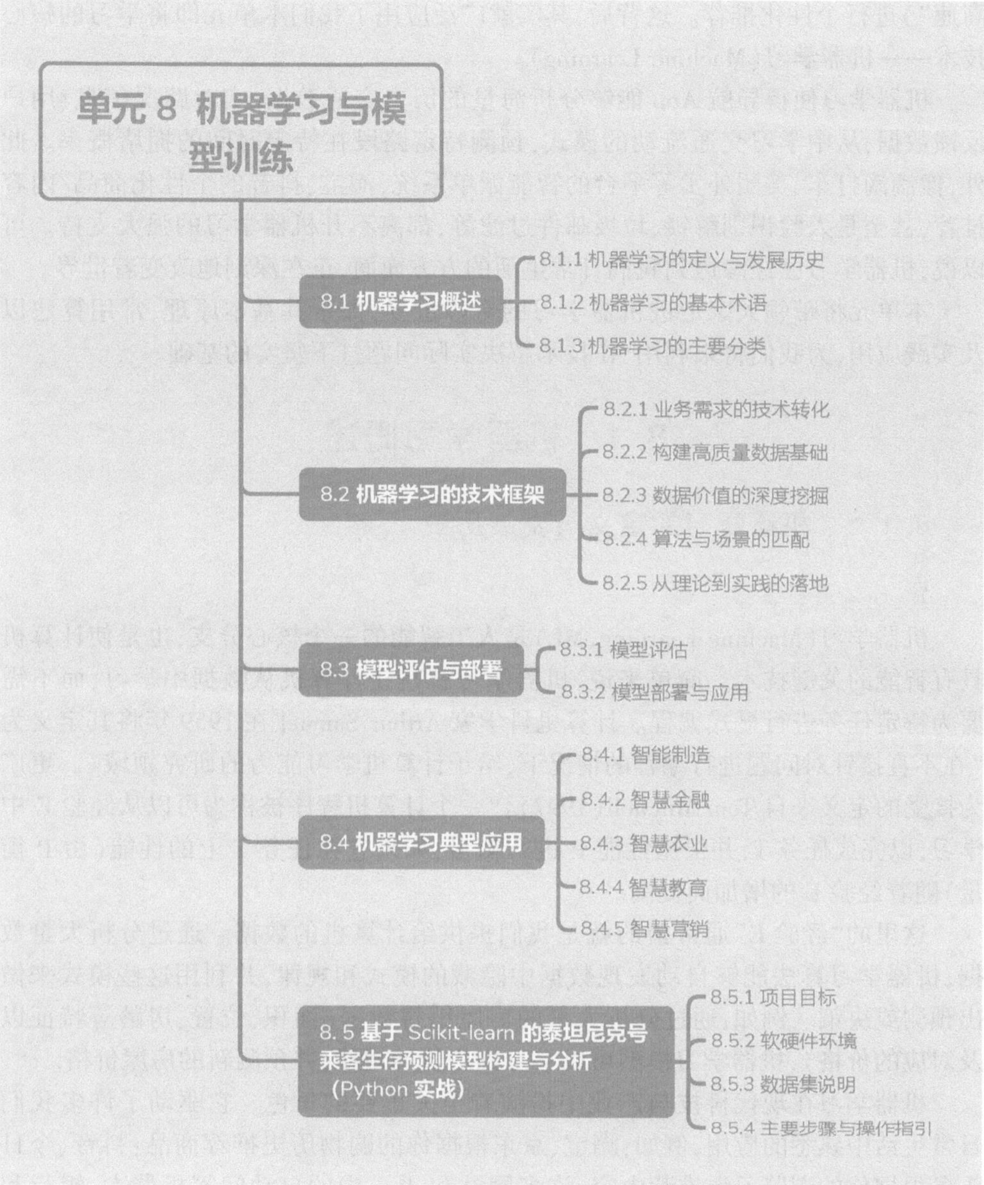

【案例导入】

智能导航 App 如何规划最佳路线？

同学们，我们每天都在使用各种智能设备和应用程序，例如智能手机上的导航 App。你是否曾好奇，高德地图或百度地图是如何在我们输入目的地后，迅速规划出一条甚至多条“最佳”路线的？它们不仅能考虑到当前的交通拥堵情况，有时还能预测未来的路况，甚至根据你的出行偏好（如“时间最短”“距离最短”“避开高速”）进行个性化推荐。这背后，其实就广泛应用了我们本单元即将学习的核心技术——机器学习（Machine Learning）。

机器学习使得导航 App 能够分析海量的历史交通数据、实时路况信息、用户反馈数据，从中学习交通流动的模式，预测特定路段在特定时间的拥堵概率。此外，像滴滴打车、美团外卖等平台的智能派单系统，淘宝、抖音的个性化商品/内容推荐，甚至是人脸识别解锁、垃圾邮件过滤等，都离不开机器学习的强大支持。可以说，机器学习已经渗透到我们日常生活的方方面面，正在深刻地改变着世界。

本单元将带领大家走进机器学习的奇妙世界，探索其基本原理、常用算法以及实践应用，为我们将来利用 AI 技术解决实际问题打下坚实的基础。

8.1 机器学习概述

8.1.1 机器学习的定义与发展历史

1. 什么是机器学习

机器学习（Machine Learning，ML）是人工智能的一个核心分支，也是使计算机具有智能的关键技术。简单来说，机器学习就是让计算机从数据中学习，而不需要为特定任务进行显式编程。计算机科学家 Arthur Samuel 在 1959 年将其定义为“在不直接针对问题进行编程的情况下，给予计算机学习能力的研究领域”。更广为接受的定义来自 Tom Mitchell（1997）：“一个计算机程序被称为可以从经验 E 中学习，以完成任务 T，并根据性能 P 进行衡量，如果它在任务 T 上的性能（由 P 衡量）随着经验 E 的增加而提高。”

这里的“经验 E”通常指的就是我们提供给计算机的数据。通过分析大量数据，机器学习算法能够自动发现数据中隐藏的模式和规律，并利用这些模式来做出预测或决策。例如，通过分析大量的房屋销售数据（面积、位置、房龄等特征以及对应的价格），机器学习模型可以学习到房价的规律，并预测新的房屋价格。

机器学习在现代科技与产业中扮演着至关重要的角色。它驱动了许多我们日常生活中熟悉的应用，例如：淘宝、京东根据你的购物历史推荐商品；抖音、今日头条根据你的浏览习惯推荐内容；许多网站和 App 中的自动问答机器人；银行利用机器学习模型识别欺诈交易、评估信用风险。可以说，机器学习是推动当前这轮人工智能浪潮的核心引擎。

2. 机器学习与人工智能、深度学习的关系

为了更好地理解机器学习，需厘清它与人工智能（Artificial Intelligence，AI）和深度学习（Deep Learning，DL）的关系（图 8-1），这三者经常被提及，但并非同一概

念，而是具有层级和包含关系。

(1) 人工智能(AI)。是一个非常广阔的计算机科学领域，其最终目标是创造出能够像人类一样思考、学习和解决问题的智能机器或系统。AI 涵盖了许多方法和技术，包括机器学习、知识表示、自然语言处理、计算机视觉、机器人学等。

(2) 机器学习(ML)。是实现人工智能的一种核心方法或途径。它专注于开发能够让计算机系统从数据中自动学习并改进其性能的算法，而无需进行显式编程。大部分现代 AI 系统的智能行为都是通过机器学习实现的。

(3) 深度学习(DL)。是机器学习的一个特定分支(或子领域)。它主要基于一种称为人工神经网络(Artificial Neural Network，ANN)的复杂模型结构，特别是包含多个隐藏层("深层"结构)的神经网络。深度学习在处理复杂数据(如图像、语音和文本)方面取得了巨大成功，例如图像识别、语音助手和机器翻译。

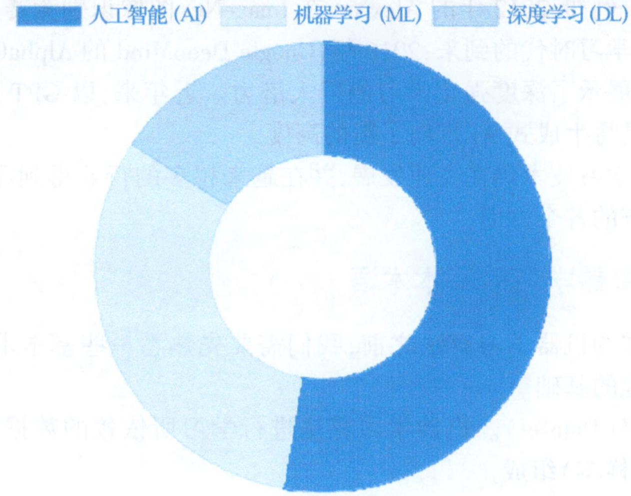

图 8-1　人工智能、机器学习与深度学习的层次关系

3. 机器学习发展历程

机器学习并非一蹴而就，而是经历了几十年的发展演变，可以大致划分为以下几个阶段。

1) 萌芽期(20 世纪 50-70 年代)

1950 年，艾伦图灵提出"图灵测试"，引发了对机器智能的思考。

1952 年，Arthur Samuel 编写了第一个具有学习能力的跳棋程序。

1957 年，Frank Rosenblatt 发明了感知器(Perceptron)，是最早的人工神经网络模型之一，可以解决简单的线性分类问题。

2) 发展期(20 世纪 80-90 年代)

机器学习成为一个独立的研究领域，从人工智能中分离出来。多种重要的机器学习算法被提出和完善，如决策树(Decision Trees)，像 ID3 算法；支持向量机

(Support Vector Machines,SVM)由 Vapnik 等人在 20 世纪 90 年代提出,成为当时最强大的分类算法之一。1997 年,IBM 的“深蓝”(Deep Blue)计算机战胜国际象棋世界冠军卡斯帕罗夫,是人工智能发展的一个重要里程碑,其中也运用了机器学习的思想。

3) 繁荣期(21 世纪初至今)

(1) 数据爆炸。互联网、移动设备和物联网的普及产生了海量数据(大数据),为机器学习提供了丰富的“养料”。

(2) 算力提升。GPU(图形处理器)等并行计算技术的发展,为训练复杂模型提供了强大的计算支持。

(3) 算法突破。深度学习(特别是卷积神经网络 CNN 和循环神经网络 RNN)的复兴和突破性进展,使得在图像识别、语音识别、自然语言处理等领域取得了前所未有的成就。例如,2012 年的 AlexNet 在 ImageNet 图像识别竞赛中取得巨大成功,标志着深度学习时代的到来;2016 年,Google DeepMind 的 AlphaGo 战胜世界围棋冠军李世石,展示了深度强化学习的巨大潜力。近年来,以 GPT 系列为代表的大语言模型更是将生成式 AI 推向了新的高度。

目前,机器学习技术仍在飞速发展,并在越来越多的行业得到深度应用,深刻影响着社会经济的各个方面。

8.1.2 机器学习的基本术语

在学习具体的机器学习算法之前,我们需要先熟悉一些基本术语,它们是理解机器学习过程的基础。

(1) 数据集(Dataset)。机器学习算法进行学习所依赖的数据集合。它通常由多个数据点(样本)组成。

(2) 训练集(Training Set)。用于训练机器学习模型的数据子集。模型通过分析训练集中的数据来学习潜在的模式或规律。

(3) 测试集(Test Set)。用于评估训练好的模型性能的数据子集。测试集中的数据对于模型来说是“未见过”的,用以检验模型的泛化能力(即在新数据上的表现)。

(4) 验证集(Validation Set)(可选)。在模型训练过程中,用于调整模型超参数(例如决策树的深度、K-近邻的 K 值)的数据子集。它有助于选择最佳的模型配置,避免在测试集上过早调优导致评估结果不客观。

(5) 样本(Sample/Instance)。数据集中的一条记录,代表一个观测对象或一个事件。例如,在一个客户数据集中,每个客户的信息就是一份样本。

(6) 特征(Feature/Attribute)。用来描述样本某方面特性的变量。例如,在预测房价的任务中,房屋的面积、卧室数量、所在楼层、建造年份等都可以作为特征。通常,一个样本由多个特征组成,构成一个特征向量。

(7) 标签(Label/Target Variable)。我们希望机器学习模型预测的结果或输出。在监督学习中,训练数据的每个样本都带有关联的标签。例如,在房价预测中,房屋的实际价格是标签;在垃圾邮件识别中,“是垃圾邮件”或“不是垃圾邮件”是标签。

(8) 模型(Model)。通过在训练数据上运行机器学习算法而学习到的规律或模式的数学表示。它可以是一个函数、一组规则或一个复杂的网络结构。模型的目标是对新的、未见过的数据进行预测或决策。

(9) 训练(Training)。利用训练数据集,通过特定机器学习算法调整模型参数,使模型能够学习数据中模式的过程。

(10) 预测(Prediction/Inference)。使用训练好的模型对新的、无标签的数据进行输出(预测标签或数值)的过程。

8.1.3　机器学习的主要分类

根据训练数据是否有标签以及学习方式的不同,机器学习主要可以分为以下三大类:监督学习、无监督学习和强化学习。

1. 监督学习(Supervised Learning)

1) 定义

监督学习是最常见和最成熟的机器学习类型。在这种学习模式下,我们提供给算法的训练数据是带有标签的。也就是说,每个训练样本都包含输入特征和期望的输出结果(标签)。算法的目标是学习一个从输入特征到输出标签的映射函数(模型)。这就好比学生在老师(标签)的指导下学习知识。

2) 主要任务

(1) 回归(Regression)。当我们希望预测一个连续值输出时,就是回归问题。

例:预测明日气温、房屋价格、股票走势、学生考试成绩。

(2) 分类(Classification)。当我们希望预测一个离散的类别标签时,就是分类问题。

例:判断邮件是否为垃圾邮件(二分类)、识别图片中的动物是猫还是狗还是鸟(多分类)、判断肿瘤是良性还是恶性(二分类)。

3) 常见算法

线性回归、逻辑回归、K-近邻(KNN)、支持向量机(SVM)、决策树、随机森林、神经网络等。

2. 无监督学习(Unsupervised Learning)

1) 定义

与监督学习相反,无监督学习处理的是没有标签的训练数据。算法需要自己从数据中发现隐藏的结构、模式或关系。这就好比学生在没有老师指导的情况下,通过自己观察和探索来学习新知识。

2）主要任务

（1）聚类（Clustering）。特将相似的样本自动划分到同一个组（称为“簇”或“集群”），而不同组的样本差异较大。

例：电商平台根据用户的购买行为将其划分为不同的客户群体（如高价值客户、价格敏感客户等）以便进行精准营销；将新闻文章自动按主题分类。

（2）降维（Dimensionality Reduction）。在保留数据主要信息的前提下，减少数据的特征数量（维度）。这有助于数据可视化、去除噪声、压缩数据以及加速后续的监督学习算法。

例：将高维的用户调查问卷数据降到二维或三维进行可视化，以便观察用户群体的分布。

（3）关联规则挖掘（Association Rule Mining）。发现数据项之间有趣的关联或依赖关系。

例：著名的“啤酒与尿布”案例，即通过分析超市交易数据，发现购买尿布的顾客往往也会购买啤酒。

3）常见的无监督学习算法

包括 K-Means 聚类、层次聚类、DBSCAN、主成分分析（PCA）、Apriori 算法等。

3. 强化学习（Reinforcement Learning）

1）定义

强化学习是一种让智能体（Agent）通过与动态环境（Environment）进行交互来学习如何做出决策以获得最大化累积奖励（Reward）的机器学习方法。智能体在每个状态（State）下采取一个动作（Action），环境会根据该动作给予一个奖励（或惩罚），并转移到新的状态。智能体的目标是学习一个最优策略（Policy），告诉它在每个状态下应该采取什么动作才能获得长期最大的回报。这就像训练宠物一样，通过奖励和惩罚来引导它学会特定的行为。

2）核心要素

（1）管智能体（Agent）。学习者或决策者。

（2）环境（Environment）。智能体交互的对象。

（3）状态（State）。描述环境在某一时刻的状况。

（4）动作（Action）。智能体可以采取的行动。

（5）奖励（Reward）。环境对智能体在特定状态下所采取动作的即时反馈信号，用于评价动作的好坏。

（6）多策略（Policy）。智能体在特定状态下选择动作的规则或函数。

3）典型应用

（1）游戏 AI。如 AlphaGo（围棋）、AlphaStar（星际争霸）、OpenAI Five（Dota 2）。

（2）机器人控制。训练机器人完成行走、抓取等复杂任务。

（3）自动驾驶。车辆的决策和控制策略学习。

(4) 推荐系统。动态调整推荐策略以最大化用户长期参与度。

(5) 资源管理。如数据中心的能源优化、交通信号灯控制。

4) 常见算法

Q-learning, SARSA, Policy Gradients(REINFORCE)等。

4. 不同学习类型的比较

为了更清晰地对比这三种主要的机器学习类型,可以总结如表 8-1 所示。

表 8-1 监督学习、无监督学习、强化学习对比

特性	监督学习	无监督学习	强化学习
输入数据	有标签数据(特征 + 标签)	无标签数据(只有特征)	环境状态、累积奖励信号
学习目标	学习从输入到输出的映射(预测标签:回归/分类)	发现数据中隐藏的结构或模式(聚类/降维/关联规则)	学习最优策略以最大化长期累积奖励
反馈机制	明确的、正确的输出标签作为指导	没有明确的外部反馈,依赖数据自身特性	环境提供的奖励或惩罚信号(延迟反馈)
典型算法举例	线性回归, K-近邻, 支持向量机, 决策树, 逻辑回归, 朴素贝叶斯	K-Means, PCA, Apriori, 层次聚类, DBSCAN	Q-Learning, SARSA, DQN, Policy Gradients, Actor-Critic
常见应用举例	图像识别, 语音识别, 垃圾邮件过滤, 医疗诊断, 信用评估	客户细分, 社交网络分析, 异常检测, 文本主题挖掘, 图像分割	自动驾驶, 机器人控制, 游戏 AI, 动态定价, 资源调度

除了这三类主要的学习方式,还有一些其他的学习范式,如半监督学习(Semi-supervised Learning),它介于监督学习和无监督学习之间,使用少量有标签数据和大量无标签数据进行学习;以及自监督学习(Self-supervised Learning),它从无标签数据中自动生成标签,然后进行监督学习,是近年来非常热门的一个研究方向。

8.2 机器学习的技术框架

8.2.1 业务需求的技术转化

机器学习项目的起点在于将模糊的业务需求转化为可量化的技术目标,核心是通过数据学习规律,这一过程需明确两个关键维度。

1. 任务类型识别

(1) 分类任务。二分类或多分类。

(2) 回归任务。例如根据房屋面积、位置等特征预测房价。

(3) 聚类任务。可用于客户分群或异常检测(如信用卡欺诈识别)。

2. 业务目标映射

业务目标与成功标准确立:需要将业务问题转化为机器学习问题,并确定如何衡量项目的成功。这包括选择合适的评估指标,例如分类任务中的准确率、精确率、召回率,回归任务中的均方误差等。同时,也要考虑模型的可解释性、部署成本、响应时间等实际因素。

8.2.2 构建高质量数据基础

数据质量决定模型性能上限,数据是机器学习的基础,高质量的数据是构建有效模型的关键。

1. 数据来源

数据可以来自多种渠道,如公共数据集(如 Kaggle、UCI 机器学习知识库)、企业内部数据库(如销售记录、客户信息)、传感器(如物联网设备采集的数据)、网络爬虫(如社交媒体文本、新闻文章)等。

2. 数据清洗(Data Cleaning)

原始数据往往是不完美的,包含各种问题。数据清洗旨在处理这些问题:

(1) 处理缺失值。对于缺失的数据,可以选择删除包含缺失值的样本或特征,或者使用某种方法(如均值、中位数、众数填充,或通过其他特征预测)来填充缺失值。

(2) 处理异常值/离群点。识别并处理那些与数据整体分布显著不同的数据点。处理方法包括删除、修正或将其视为特殊情况。

(3) 处理重复值。查找并删除完全相同的重复记录。

(4) 数据类型转换。确保数据类型与预期一致,例如将文本类型的日期转换为日期时间对象。

(5) 数据格式统一。统一数据的表示方式,例如统一文本编码(如 UTF-8)。

3. 数据可视化(Data Visualization)

在数据准备阶段,通过绘制图表(如直方图、散点图、箱线图)来初步理解数据的分布、特征之间的关系以及潜在的模式和异常,为后续的特征工程和模型选择提供依据。

8.2.3 数据价值的深度挖掘

特征工程是将原始数据转换为能够更好地表达问题本质的特征,从而提高模型性能的过程。它通常被认为是机器学习项目中最为关键和最具创造性的环节之一,因为特征的质量直接决定了模型效果的上限。

1. 重要性

原始数据往往包含噪声、冗余信息,或者其格式不适合直接输入模型。特征工程通过一系列技术手段,从原始数据中提取、构建或选择对模型预测最有价值的信息，使得模型能更容易地学习到底层规律。

2. 特征选择（Feature Selection）

从原始特征集合中选出一个最优的子集，以减少特征维度、降低模型复杂度、防止过拟合，并提高模型训练效率和可解释性。常用方法包括：

（1）过滤法（Filter Methods）。根据特征的统计特性（如方差、相关系数、卡方检验值）独立于模型进行评分和选择。

（2）包裹法（Wrapper Methods）。将特征选择过程视为一个搜索问题，通过不断训练模型并评估其在不同特征子集上的性能来选择特征。

（3）嵌入法（Embedded Methods）。将特征选择过程嵌入到模型训练过程中，例如 Lasso 回归通过惩罚项自动进行特征选择。

3. 特征提取（Feature Extraction）

从原始数据中自动地构建新的、更低维度的特征表示，同时保留大部分有用信息。这通常用于处理高维数据。

（1）主成分分析（Principal Component Analysis，PCA）。一种线性降维方法，将高维数据投影到方差最大的几个正交方向（主成分）上。

（2）词袋模型（Bag-of-Words）/TF-IDF。用于文本数据，将文本转换为数值向量表示。

4. 特征构建（Feature Creation/Construction）

基于对业务问题和数据的理解，手动或自动地创造新的、更有意义的特征。例如：对类别特征进行独热编码（One-Hot Encoding）或标签编码（Label Encoding）。

5. 特征缩放/归一化/标准化（Feature Scaling/Normalization/Standardization）

许多机器学习算法（如基于距离的算法 SVM、KNN，或使用梯度下降优化的算法）对特征的尺度敏感。特征缩放将不同范围的特征值调整到相似的尺度，以避免某些特征在训练过程中占据主导地位，从而帮助模型更快收敛并提高性能。常用方法有：

（1）归一化（Normalization，通常指 Min-Max Scaling）。将特征值缩放到[0,1]或[-1,1]区间。

（2）标准化（Standardization，Z-score Normalization）。将特征值转换为均值为 0、标准差为 1 的分布。

8.2.4　算法与场景的匹配

在数据准备和特征工程完成后，下一步是选择合适的机器学习模型，这是项目成功的关键一步。

1. 常用模型类型回顾

根据问题的类型（分类、回归、聚类等），可以有多种模型选择，例如：

(1) 线性模型。线性回归、逻辑回归。

(2) 树模型。决策树、随机森林、梯度提升树。

(3) 基于距离的模型。K-近邻(KNN)、支持向量机(SVM)。

(4) 神经网络模型。多层感知机、卷积神经网络(CNN)、循环神经网络(RNN)。

(5) 聚类模型。K-均值、层次聚类、DBSCAN。

2. 模型选择依据

模型选择并非随意,需要综合考虑以下因素:

(1) 问题类型。最首要的因素,分类问题选分类模型,回归问题选回归模型。

(2) 数据规模。数据量的大小会影响模型的选择。小数据集可能更适合简单的模型(如逻辑回归、决策树)以避免过拟合;

(3) 特征类型与数量。特征是数值型还是类别型,特征维度是高还是低,都会影响模型选择。例如,决策树能很好地处理类别特征,而 SVM 在处理高维稀疏数据时表现较好。

(4) 模型性能要求。对准确率、泛化能力、鲁棒性等有何要求。

(5) 模型可解释性。在某些场景(如金融风控、医疗诊断),模型的可解释性非常重要,此时决策树等模型可能优于复杂的“黑箱”模型如神经网络。

(6) 训练时间与计算资源。复杂模型的训练可能需要大量时间和计算资源(CPU/GPU)。

(7) 预训练模型可用性。对于图像、文本等领域,利用预训练模型进行迁移学习通常能取得更好效果。

通常,没有一个模型能在所有问题上都表现最佳。实践中,往往会尝试多种不同的模型,并通过交叉验证等方法比较它们的性能,最终选择表现最好的一个或几个模型进行后续优化,表 8-2 为不同算法对比。

表 8-2　不同算法对比

算法类型	优点	缺点	适用场景
线性回归	简单、可解释性强	无法处理非线性关系	简单回归任务
随机森林	抗过拟合、特征重要性评估	计算成本高	分类、回归
神经网络	强大特征表示能力	需要大量数据、易过拟合	图像、语音、NLP

8.2.5　从理论到实践的落地

模型训练是机器学习的核心环节,目标是让选定的模型通过学习训练数据中的规律来调整其内部参数,从而使其能够对新数据做出准确的预测或决策。

1. 数据集划分

为了有效训练和评估模型,通常需要将原始数据集划分为几个互不重叠的子集。

（1）训练集（Training Set）。用于训练模型，即调整模型参数以拟合数据。这是模型学习经验的主要来源。通常占总数据集的 60%～80%。

（2）验证集（Validation Set）。用于在模型训练过程中调整模型的超参数（例如决策树的深度、K-近邻的 K 值、神经网络的学习率等），并对模型的初步性能进行评估，以防止模型在训练集上过拟合（即过度学习训练数据的细节和噪声，导致在新数据上表现不佳）。通常占总数据集的 10%～20%。

（3）测试集（Test Set）。用于在模型训练和超参数调整完成后，对最终选定的模型的泛化能力进行无偏评估。测试集的数据不参与任何训练过程，它模拟了模型在未来真实应用场景中会遇到的未知数据。通常占总数据集的 10%～20%。

2. 迭代优化过程

模型训练通常是一个迭代的过程。模型通过不断调整其内部参数（如线性回归中的权重和偏置，神经网络中的权重）来最小化一个预定义的“损失函数”。

（1）损失函数（Loss Function）。损失函数用于衡量模型预测值与真实值之间的差异或“错误”程度。训练模型的目标就是找到一组参数，使得损失函数的值最小。

均方误差（Mean Squared Error，MSE）：常用于回归问题，计算预测值与真实值之差的平方的平均值。

交叉熵损失（Cross-Entropy Loss）：常用于分类问题，衡量模型预测的概率分布与真实标签的概率分布之间的差异。

（2）优化算法（Optimization Algorithm）。优化算法指导模型参数如何根据损失函数进行更新，以逐步达到损失最小化的目标。梯度下降（Gradient Descent）就是一种常用的优化算法。它通过计算损失函数对模型参数的梯度（导数），然后沿着梯度的负方向更新参数，从而使损失函数值逐步减小。其变种包括批量梯度下降、随机梯度下降（SGD）和小批量梯度下降（Mini-batch GD），以及更高级的优化器如 Adam、RMSprop 等。

8.3　模型评估与部署

8.3.1　模型评估

模型训练完成后，需要对其性能进行客观评估，以判断模型是否达到了预期目标，以及它在未知数据上的表现如何。

1. 常用评估指标——分类任务（Classification）

混淆矩阵（Confusion Matrix）：混淆矩阵是评估分类模型性能的重要工具（图 8-2），它包含四个值：真正例（TP）、假正例（FP）、真反例（TN）、假反例（FN）。

准确率（Accuracy）：（TP+TN）/（TP+FP+FN+TN），即正确分类的样本占总样本的比例，衡量“预测的准确性”。

混淆矩阵		真实值	
		Positive	Negative
预测值	Positive	TP	FN
	Negative	EP	TN

图 8-2　混淆矩阵

精确率(Precision):TP/(TP+FP),即所有被预测为正例的样本中,实际为正例的比例。关注“预测的有多准”。

召回率(Recall)/敏感度(Sensitivity):TP/(TP+FN),即所有实际为正例的样本中,被正确预测为正例的比例。

F1 分数(F1-Score):2×Precision×Recall/(Precision+Recall),是精确率和召回率的调和平均值,用于综合评价指标。

2. 评估方法:交叉验证(Cross-Validation)

将训练数据多次划分为训练集和验证集,训练多个模型并取平均性能,以获得更鲁棒和可靠的性能评估,减少因单次划分带来的偶然性。

8.3.2　模型部署与应用

模型训练和评估完成后,如果性能达到要求,就可以将其部署到实际应用中,真正发挥价值。具体环节包括:

(1) 模型封装。将训练好的模型(通常是参数文件)进行封装,使其易于调用。

(2) API 接口开发。为模型提供 API 接口,使其他应用程序可以通过网络请求来使用模型进行预测。

(3) 系统集成。将模型集成到现有的业务系统、网站、App 或嵌入式设备中。

(4) 性能优化。考虑模型的推理速度、资源消耗,可能需要进行模型压缩、量化等优化。

(5) 性能监控。模型在实际应用中,由于数据分布可能发生变化(概念漂移),其性能可能会随时间衰减。需要持续监控模型的预测准确率、响应时间等关键指标。

(6) 数据收集与再训练。持续收集新的真实数据,当模型性能下降到一定程度时,使用新的数据对模型进行再训练或更新,以保持其有效性。这个过程形成了机器学习操作(MLOps)的闭环。

这一技术框架体现了机器学习从理论到实践的完整生命周期管理。通过该框架,机器学习项目可从业务需求出发,经由数据驱动的技术流程,最终转化为可指导决策的智能应用。

8.4　机器学习典型应用

8.4.1　智能制造

在制造业中,机器学习正推动着从传统制造向智能制造的转型,提升生产效率、产品质量和管理水平,典型应用场景如下。

1. 预测性维护(Predictive Maintenance,PdM)

通过在设备上安装传感器收集运行数据,利用机器学习算法(如时间序列分析、异常检测、分类回归模型)分析这些数据,预测设备可能发生的故障类型和时间。这使得企业可以提前安排维护计划,避免意外停机造成的巨大损失,并优化维护资源。中国企业如容知日新专注于工业设备预测性维护和健康管理(PHM)系统,其PHM系统包含状态监测、故障诊断和故障预测三个层级,在风电和钢铁行业已有广泛应用。

2. 智能质检(Intelligent Quality Inspection)

利用机器视觉(通常结合深度学习中的卷积神经网络CNN)自动检测生产线上的产品缺陷。相比人工检测,AI质检具有速度快、精度高、可24小时工作等优点。例如,思谋科技(SmartMore)提供基于AI的工业视觉检测解决方案,应用于3C电子、汽车、新能源等多个行业。

3. 工艺优化(Process Optimization)

通过收集和分析生产过程中的大量数据(如物料配比、加工参数、环境条件),机器学习模型可以发现影响产品质量和生产效率的关键因素,并推荐最优的工艺参数组合。例如,华院计算将AI算法应用于钢铁行业的智能配料和焦化过程优化,以提升良率和减少能耗《华院计算:AI算法技术的"专精特新"》。

相关核心技术包括传感器数据分析、时间序列预测算法(如ARIMA,LSTM)、图像识别与目标检测算法(如CNN,YOLO)、异常检测算法(如孤立森林,One-Class SVM)以及强化学习等。

8.4.2　智慧金融

金融行业数据丰富,对风险控制和效率提升有着极高要求,是机器学习应用的天然场景。具体应用场景如下。

1. 智能风控与反欺诈

这是机器学习在金融领域最核心的应用之一。通过分析用户的个人信息、信贷历史、交易行为、设备信息、社交网络数据等多维度数据,机器学习模型(如逻辑回归、决策树、随机森林、梯度提升树、神经网络)可以构建信用评分模型,评估借款人的违约风险;识别异常交易模式,检测信用卡盗刷、网络诈骗、洗钱等欺诈行为。例如,华夏银行的手机银行反欺诈机器学习模型利用 NLP 技术辅助交易数据打标,增强反欺诈模型准确性。中国工商银行在其大模型落地实践中,也将大模型嵌入信贷业务全流程的风控环节。

2. 智能投顾与量化交易

基于用户的风险偏好、投资目标和财务状况,智能投顾系统利用机器学习算法(如资产组合优化、风险模型)提供个性化的投资组合建议和动态调整服务。量化交易则利用算法模型分析市场数据(如价格、成交量、新闻舆情),自动执行交易策略,以期获得超额收益。

3. 智能客服与营销

利用自然语言处理(NLP)和对话机器人技术,7×24 小时处理客户咨询、解答常见问题,提升服务效率和客户满意度。通过用户画像和机器学习模型,实现金融产品的精准营销和个性化推荐。

相关核心技术包括各种分类与回归算法(逻辑回归,决策树,SVM,XGBoost,LightGBM)、自然语言处理(NLP)、知识图谱、异常检测算法、时间序列分析等。

中国案例:中国各大银行(如工商银行、建设银行等,在 AI 大模型报告中常被提及)、保险公司以及金融科技巨头(如蚂蚁集团、腾讯金融科技、京东科技)都在积极探索和应用机器学习技术进行风险控制、客户服务和产品创新。例如,普华永道报告指出,金融机构已将 AI 应用于智能客服、风险管理等业务。

8.4.3 智慧农业

农业面临着提高产量、保证质量、减少资源浪费和应对气候变化等多重挑战,机器学习为此提供了新的解决方案。具体应用场景如下。

1. 精准种植与决策支持

通过分析卫星遥感影像、无人机航拍数据、地面传感器数据(土壤湿度、养分、气象信息)以及作物生长数据,机器学习模型可以帮助农民进行精准灌溉、变量施肥、病虫害早期预警与防治决策,从而提高资源利用效率和作物产量。

2. 智能养殖

借助摄像头、可穿戴传感器和 AI 算法,实时监测牲畜或水产的健康状况(如体温、活动量、采食量)、行为模式,及时发现疾病迹象,优化饲养管理方案,提高养殖效益。

3. 农产品产量与价格预测

结合历史产量数据、气象数据、市场供需信息,机器学习模型可以预测未来农产品的产量和价格趋势,为农民生产计划和政府宏观调控提供参考。

4. 农产品质量检测与分级

利用机器视觉和光谱分析技术,结合机器学习算法,对水果、蔬菜等农产品进行自动化的外观缺陷检测、成熟度判断和内部品质(如糖度、硬度)评估,实现快速无损分级。

相关核心技术包括计算机视觉(图像识别、目标检测)、传感器数据融合与分析、时间序列预测(如 LSTM,GRU)、回归与分类模型、强化学习(用于智能农机控制)等。

中国案例:《AI+农业高质量发展研究报告》中收录了多个中国智慧农业案例,例如阿里巴巴与中国农科院合作的“智慧育种平台”、中化现代农业的“MAP 智农”数字农业平台、佳沃集团在云南红河的“一颗蓝莓的 AI 之旅”等。极飞科技的智慧农业解决方案应用于大田作物、棉花和果蔬种植,其在新疆的无人化棉花农场项目是典型代表。丰农控股在南沙火龙果基地研发的“基于人工 AI 决策模型的火龙果智能调控装置与系统”也是一个创新应用。重庆的“农品慧”平台利用 AI 和大数据模型服务农产品流通。

8.4.4 智慧教育

机器学习正在深刻改变教育模式,旨在提供更个性化、高效和公平的教育体验。具体应用场景如下。

1. 个性化学习路径推荐

通过分析学生的学习行为数据(如答题情况、学习进度、内容偏好)和知识图谱,机器学习模型可以评估学生的知识掌握程度,发现薄弱环节,并智能推荐最适合其当前水平的学习内容、练习题和学习路径。

2. 智能辅导与答疑系统(AI Tutor)

基于自然语言处理和知识库,AI 助教或智能机器人可以 24 小时在线回答学生提出的问题,提供学习辅导和即时反馈,弥补教师资源的不足。

3. 智能测评与作业批改

机器学习可以用于自动批改客观题,甚至部分主观题(如作文评分、编程作业评估),减轻教师负担,并为学生提供及时的学业表现反馈。

4. 智能排课与资源分配优化

学校可以利用机器学习优化课程安排、教师资源分配和教室使用,提高教育管理效率。

相关核心技术包括自然语言处理(NLP)、知识图谱、推荐算法(如协同过滤、基于内容的推荐)、学习者模型构建、聚类与分类算法等。

8.4.5 智慧营销

在竞争激烈的市场环境中,机器学习帮助企业更精准地理解消费者,优化营销策略,提升营销效果。具体应用场景如下。

1. 用户画像与精准推荐

通过收集和分析用户的海量行为数据(如浏览历史、购买记录、搜索查询、社交互动等),机器学习算法(如聚类、分类、协同过滤)可以构建精细的用户画像,识别用户兴趣偏好和潜在需求。基于此,企业可以实现个性化的广告投放、产品推荐和内容推送,提高转化率和用户黏性。

2. 智能舆情分析与情感识别

利用 NLP 技术分析社交媒体、新闻评论、用户反馈等文本数据,自动识别消费者对品牌、产品或服务的情感倾向(正面、负面、中性),监控品牌声誉,及时发现和应对公关危机。

3. 营销内容自动生成

随着生成式 AI 的发展,机器学习模型可以自动生成广告文案、营销邮件、社交媒体帖子,甚至图片和短视频等营销素材,提高内容生产效率并实现个性化定制。

4. 营销活动效果预测与优化

基于历史营销活动数据和市场数据,机器学习模型可以预测不同营销策略(如促销方式、渠道选择、预算分配)可能带来的效果(如 ROI,用户增长),并进行优化,辅助决策。

相关核心技术包括用户行为建模、协同过滤算法、基于内容的推荐算法、自然语言处理(NLP)、情感分析、图像生成模型(如 GANs, Diffusion Models)、时间序列预测、聚类算法等。

机器学习的应用领域仍在不断扩展,随着技术的进步和数据的积累,未来将在更多方面深刻影响我们的社会。

8.5 基于 Scikit-learn 的泰坦尼克号乘客生存预测模型构建与分析(Python 实战)

8.5.1 项目目标

本实训项目旨在通过经典的“泰坦尼克号乘客生存预测”案例,帮助学生巩固本单元所学的机器学习核心概念和技术流程,具体目标如下:

(1) 掌握使用 Pandas 库进行数据加载、数据清洗、探索性数据分析(EDA)和基本数据预处理的方法。

(2) 理解特征工程的基本概念,并能针对泰坦尼克数据集进行初步的特征选择、特征转换(如将类别特征转换为数值特征)和特征创建。

(3) 熟练运用 Scikit-learn 库实现至少两种常见的分类算法(如逻辑回归、决策树、K-近邻中的两种或以上),并完成模型的训练与比较。

(4) 学会使用常用的分类模型评估指标(如准确率、精确率、召回率、F1 分数、混淆矩阵)对模型在验证集上的性能进行客观评价。

(5) 能够对模型的预测结果进行初步分析,并尝试从模型中(如决策树的特征重要性)解释影响乘客生存的关键因素。

(6) 熟悉机器学习项目的一般步骤,为后续更复杂的项目打下基础。

8.5.2　软硬件环境

操作系统:Windows、MacOS 或 Linux。

编程语言:Python 3.x(推荐使用 Anaconda 发行版,它集成了常用的科学计算库)。

开发环境:Jupyter Notebook(推荐)或其他 Python IDE(如 VSCode,PyCharm)。

核心 Python 库:

(1) Pandas。用于数据处理和分析,特别是 DataFrame 操作。

(2) Numpy。用于数值计算,特别是数组操作。

(3) Matplotlib。用于数据可视化,绘制各种图表。

(4) Seaborn。基于 matplotlib 的高级可视化库,提供更美观的统计图表。

(5) Scikit-learn(sklearn)。核心机器学习库,提供各种算法、预处理工具和评估指标。

8.5.3　数据集说明

1. 数据集来源

本项目使用的数据集来自 Kaggle 竞赛平台上的"Titanic-Machine Learning from Disaster"挑战,通常包含两个主要文件:

(1) train.csv。训练数据集,包含了乘客的特征信息以及他们是否生还的标签。

(2) test.csv。测试数据集,包含了乘客的特征信息,但没有生还标签,需要我们用训练好的模型来预测。

2. 字段含义(部分关键字段)

PassengerId:乘客唯一 ID。

Survived:是否生还(目标变量)。0 代表未生还,1 代表生还,仅存在于 train.csv。

Pclass:船舱等级(1st,2nd,3rd)。通常认为等级越高,条件越好。

Name:乘客姓名。

Sex:乘客性别(male,female)。

Age:乘客年龄。部分数据可能存在缺失。

SibSp:船上兄弟姐妹(Sibling)或配偶(Spouse)的数量。

Parch:船上父母(Parents)或子女(Children)的数量。

Ticket:票号。

Fare:票价。

Embarked:登船港口(C=Cherbourg,Q=Queenstown,S=Southampton)。

8.5.4 主要步骤与操作指引

以下是完成本实训项目的主要步骤，每个步骤都提供了操作指引和部分 Python 代码提示。请在 Jupyter Notebook 中逐步实现。

泰坦尼克号沉船数据分析与可视化、数据建模与分类预测

[步骤 1：环境准备与数据加载（图 8-3）]

```
# 导入基础库
import pandas as pd
import numpy as np
import matplotlib.pyplot as plt
import seaborn as sns

# 设置Matplotlib在Jupyter Notebook中内联显示图形
%matplotlib inline

# 加载数据集
train_df = pd.read_csv('train.csv')
test_df = pd.read_csv('test.csv')

# 查看数据前几行
print("训练集数据预览:")
print(train_df.head())
print("\\n测试集数据预览:")
print(test_df.head())

# 查看数据集基本信息（列名、非空值数量、数据类型）
print("\\n训练集信息:")
train_df.info()
print("\\n测试集信息:")
test_df.info()

# 查看数值型特征的描述性统计（均值、标准差、最大最小值等）
print("\\n训练集描述性统计:")
print(train_df.describe())
```

图 8-3　环境准备与数据加载代码图

操作指引：首先导入项目所需的 Python 库，然后使用 Pandas 的 read_csv( ) 函数分别加载 train.csv 和 test.csv 数据集到 DataFrame 对象中。

代码提示：

```
print("\\n 测试集描述性统计:")
print(test_df.describe(include=['o']))#查看类别特征的统计
```

[步骤 2：数据探索与可视化（EDA）]

操作指引：这个阶段的目标是更好地理解数据需完成以下分析。

（1）分析目标变量 Survived 的分布（多少人生还，多少人遇难）。

（2）分析各个特征的分布情况，例如 Age、Fare 的直方图或核密度图，Pclass、

Sex、Embarked 的计数图。

(3) 探索不同特征与 Survived 之间的关系,例如比较不同性别、不同船舱等级乘客的生还率。

(4) 识别并统计各特征的缺失值数量,代码示例(图 8-4)。

根据结果图 8-5,显示女性乘客的生还率通常高于男性乘客。

```
# 查看生还情况
sns.countplot(x='Survived', data=train_df)
plt.title('Survival Count (0 = No, 1 = Yes)')
plt.show()

# 不同性别的生还情况
sns.barplot(x='Sex', y='Survived', data=train_df)
plt.title('Survival Rate by Sex')
plt.show()

# 不同船舱等级的生还情况
sns.barplot(x='Pclass', y='Survived', data=train_df)
plt.title('Survival Rate by Pclass')
plt.show()

# 年龄分布
sns.histplot(train_df['Age'].dropna(), kde=True, bins=30)
plt.title('Age Distribution')
plt.show()

# 查看缺失值
print("\\n训练集缺失值统计:")
print(train_df.isnull().sum())
print("\\n测试集缺失值统计:")
print(test_df.isnull().sum())
```

图 8-4　代码示意图

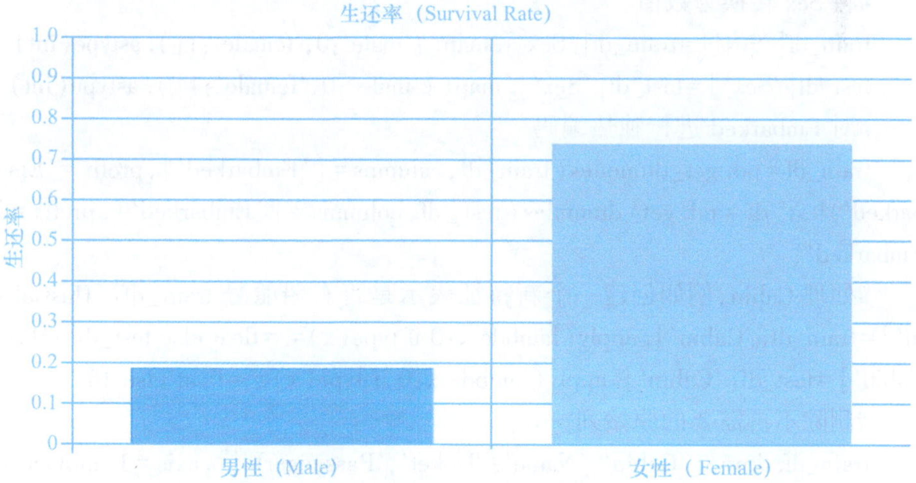

图 8-5　泰坦尼克号按性别划分的生还率

[步骤3:数据预处理]

操作指引:根据EDA的结果,对数据进行清洗和转换,使其适合模型训练。

1. 处理缺失值

(1) Age。可以用中位数或均值填充,或者更复杂的方法如回归预测。

(2) Embarked(训练集)。可以用众数填充。

(3) Fare(测试集可能缺失)。可以用中位数填充。

(4) Cabin。缺失值非常多,可以考虑将其转换为一个新特征"是否有船舱号"(二元特征,1表示有,0表示无),或者直接删除该列。

2. 类别特征数值转换

机器学习模型通常不能直接处理文本类的类别特征需进行如下转换。

(1) Sex。映射为0和1(如male=0,female=1)。

(2) Embarked。可以使用独热编码(One-Hot Encoding)转换为多个0/1特征。

3. 数据类型转换

确保特征的数据类型正确。

代码提示:

```
test_df['Age'].fillna(test_df['Age'].median(),inplace=True)1#测试集也用训练集的中位数可
#填充 Embarked 缺失值(使用众数)
train_df['Embarked'].fillna(train_df['Embarked'].mode()[0],inplace=True)
test_df['Embarked']通常没有缺失,如有,也用训练集众数
#填充 Fare 缺失值(测试集中可能有一个)
test_df['Fare'].fillna(test_df['Fare'].median(),inplace=True)
#将 Sex 转换为数值
train_df['Sex']=train_df['Sex'].map({'male':0,'female':1}).astype(int)
test_df['Sex']=test_df['Sex'].map({'male':0,'female':1}).astype(int)
#对 Embarked 进行独热编码
train_df=pd.get_dummies(train_df,columns=['Embarked'],prefix='Embarked')test_df=pd.get_dummies(test_df,columns=['Embarked'],prefix='Embarked')
#处理 Cabin,例如创建一个新特征表示是否有船舱号 train_df['HasCabin']=train_df['Cabin'].apply(lambda x:0 if type(x)= =float else test_df['HasCabin']=test_df['Cabin'].apply(lambda x:0 if type(x)= =float else 1)
#删除不再需要的原始列
train_df.drop(['Cabin','Name','Ticket','PassengerId'],axis=1,inplace=True)# Pa test_passenger_ids = test_df['PassengerId']
```

#保存测试集 ID 用于提交

test_df. drop(['Cabin','Name','Ticket','PassengerId'], axis = 1, inplace = True)

#确保训练集和测试集有相同的列(独热编码可能导致列数不一致) train_labels = train_df['Survived'] train_features = train_df. drop('Survived', axis = 1) test_features = test_df

#对齐列

common _ cols = list (set (train _ features. columns) & set (test _ features. columns))

X = train_features[common_cols]

X_test_final = test_features[common_cols]

对于在测试集中存在而在训练集中不存在的独热编码列(或反之),需要处理。一个简单方法是,在 get_dummies 后,对训练集和测试集取列的并集,然后用 0 填充缺失的列。

a all_cols = list(set(X. columns) | set(X_test_final. columns))

X = X. reindex(columns = all_cols, fill_value = 0)

X_test_final = X_test_final. reindex(columns = all_cols, fill_value = 0)

#·确保列顺序一致

X_test_final = X_test_final[X. columns]

[步骤 4:特征工程(续)](图 8-6)

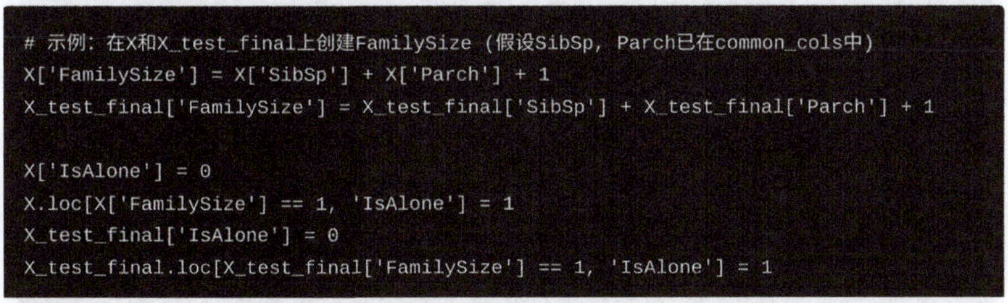

```
# 示例: 在X和X_test_final上创建FamilySize (假设SibSp, Parch已在common_cols中)
X['FamilySize'] = X['SibSp'] + X['Parch'] + 1
X_test_final['FamilySize'] = X_test_final['SibSp'] + X_test_final['Parch'] + 1

X['IsAlone'] = 0
X.loc[X['FamilySize'] == 1, 'IsAlone'] = 1
X_test_final['IsAlone'] = 0
X_test_final.loc[X_test_final['FamilySize'] == 1, 'IsAlone'] = 1
```

图 8-6　代码提示图

操作指引:在预处理的基础上,可以尝试创建一些新的、可能更有预测能力的特征。例如,可以合并 SibSp 和 Parch 来创建一个 FamilySize(家庭成员数量)特征。还可以根据 FamilySize 创建一个 IsAlone(是否独自一人)的二元特征。对 Age 和 Fare 进行分箱(Binning)处理,将其转换为类别特征,有时有助于模型学习非线性关系。

特征选择:此时,X 和 X_test_final 包含了我们选择用于模型训练的特征。目标变量（标签）是 train_labels（即 train_df[‘Survived’]）。

[步骤 5：模型训练]（图 8-7）

```
# 初始化和训练模型
# 1. 逻辑回归
logreg = LogisticRegression(solver='liblinear', random_state=42, max_iter=200) #增加m
logreg.fit(X_train, y_train)
print("逻辑回归模型训练完成!")

# 2. 决策树
decision_tree = DecisionTreeClassifier(random_state=42, max_depth=5) # 可以调整max_de
decision_tree.fit(X_train, y_train)
print("决策树模型训练完成!")

# 3. K-近邻
knn = KNeighborsClassifier(n_neighbors=5) # K值可以调整
knn.fit(X_train, y_train)
print("K-近邻模型训练完成!")
```

图 8-7　代码提示图

操作指引：从 train_df 中分离出特征矩阵 X（所有处理后的输入特征）和目标向量 y（Surviv ed 列）。

使用 Scikit-learn 的 train_test_split 函数将 X 和 y 划分为训练子集（X_train，y_train）和验证子集（X_val，y_val），以便评估模型性能。

[步骤 6：模型评估]（图 8-8）

```
from sklearn.metrics import accuracy_score, precision_score, recall_score, f1_score,

# 逻辑回归评估
y_pred_logreg_val = logreg.predict(X_val)
print("\\n--- 逻辑回归 (验证集) ---")
print(f"准确率: {accuracy_score(y_val, y_pred_logreg_val):.4f}")
print(f"精确率 (类别1): {precision_score(y_val, y_pred_logreg_val, zero_division=0):.4
print(f"召回率 (类别1): {recall_score(y_val, y_pred_logreg_val, zero_division=0):.4f}"
print(f"F1分数 (类别1): {f1_score(y_val, y_pred_logreg_val, zero_division=0):.4f}")
print("混淆矩阵:\\n", confusion_matrix(y_val, y_pred_logreg_val))
print("分类报告:\\n", classification_report(y_val, y_pred_logreg_val, zero_division=0

# 决策树评估
y_pred_dt_val = decision_tree.predict(X_val)
print("\\n--- 决策树 (验证集) ---")
print(f"准确率: {accuracy_score(y_val, y_pred_dt_val):.4f}")
print(classification_report(y_val, y_pred_dt_val, zero_division=0))

# K-近邻评估
y_pred_knn_val = knn.predict(X_val)
print("\\n--- K-近邻 (验证集) ---")
```

图 8-8　代码示意图

操作指引：使用训练好的模型对验证子集（X_val）进行预测，然后将预测结果与真实的验证集标签（y_val）进行比较，计算各种评估指标（图8-9）。

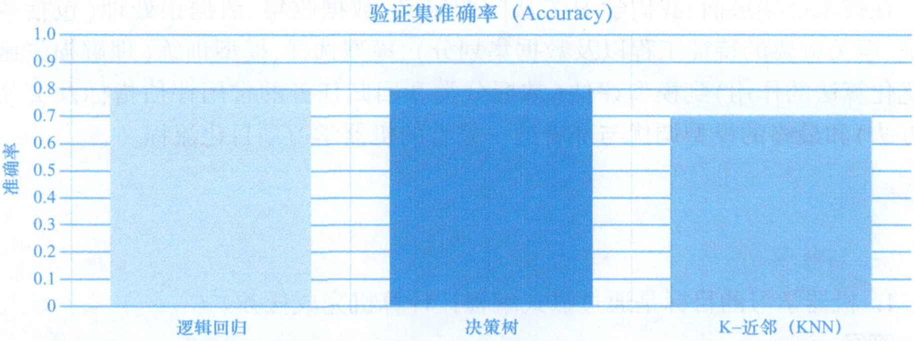

图8-9　不同模型在验证集上的准确率比较（示例）

［步骤7：提交成果］

请将以下内容整理并提交。

1. Jupyter Notebook 文件（.ipynb）

包含所有实验步骤的完整 Python 代码、代码注释、运行结果截图（如图表、混淆矩阵输出、评估指标打印等），以及必要的文字说明和分析。

2. 实验报告（.docx 或 .pdf）

（1）问题描述。简述泰坦尼克号生存预测问题背景和目标。

（2）数据探索与预处理。描述你对数据的理解，进行了哪些可视化分析，以及如何处理缺失值和转换特征的。

（3）特征工程。说明你选择了哪些特征，是否创建了新特征，以及理由。

（4）模型选择与训练。说明你选择了哪些模型进行训练，简述训练过程（如数据集划分）。

（5）结果评估与分析。展示各模型在验证集上的性能指标，对比分析它们的优劣。如果进行了特征重要性分析，请展示并解释结果。

（6）遇到的问题与解决方法（可选）。记录在实验过程中遇到的主要问题以及你是如何解决的。

（7）结论与思考。总结实验的主要发现，例如哪些因素对生还影响较大，模型的预测能力如何，以及对未来改进方向的思考。

这个实训项目不仅能帮助你掌握机器学习的基本流程和工具使用，更能培养你数据驱动的分析思维和解决问题的能力。

机器是如何学习的

【单元总结】

本单元系统地介绍了机器学习的核心概念、技术框架、主要分类方法以及多种经典算法。我们从机器学习的定义出发,理解了其在人工智能领域内的关键作用,回顾了其发展历程,并明确了构建一个机器学习系统的基本组成部分。

在技术框架层面,我们学习了从问题定义、数据收集、数据预处理(包括数据清洗、至关重要的特征工程以及数据集划分)、模型选择、模型训练(理解损失函数和优化算法的作用)到模型评估(掌握分类和回归任务的常用评估指标及交叉验证方法)和最终的模型调优与部署这一完整的机器学习项目化流程。

【同步练习】

一、判断题

1. 机器学习的目标是通过显式编程让计算机完成任务。(　　)

答案:×

解析:根据定义,机器学习不需要显式编程,而是让计算机从数据中学习规律。

2. 深度学习是机器学习的一个子领域,主要基于多层神经网络。(　　)

答案:√

解析:材料中明确说明深度学习是机器学习的子分支,依赖深层神经网络处理复杂数据。

3. 强化学习的核心是通过环境提供的即时奖励信号来优化决策策略。(　　)

答案:√

解析:强化学习的定义强调智能体通过最大化累积奖励来学习最优策略,如 AlphaGo 和自动驾驶案例。

4. 无监督学习的训练数据必须包含标签。(　　)

答案:×

解析:无监督学习处理无标签数据,通过聚类、降维等方法发现隐藏结构(如客户分群)。

5. 特征工程的目的是减少数据维度,但会降低模型性能。(　　)

答案:×

解析:特征工程通过提取有效特征提高模型性能,如特征选择、标准化等步骤。

二、单选题

1. 以下哪种算法属于监督学习?(　　)

A. K-Means 聚类　　　　B. Q-learning

C. 决策树　　　　D. 主成分分析(PCA)

答案:C

解析:决策树用于分类和回归任务(监督学习),而 A、D 属于无监督学习,B 属于强化学习。

2. 强化学习中“策略(Policy)”指的是什么?( )

A. 环境的初始状态 B. 智能体选择动作的规则

C. 奖励的计算方式 D. 数据的标签分布

答案:B

解析:策略是智能体在特定状态下选择动作的规则。

3. 以下哪项是机器学习模型评估的常用指标?( )

A. 梯度下降 B. 均方误差(MSE)

C. 独热编码 D. 特征缩放

答案:B

解析:均方误差是回归任务的评估指标,其他选项为训练或数据预处理方法。

4. 在智能制造中,预测性维护(PdM)主要依赖哪种技术?( )

A. 自然语言处理(NLP) B. 时间序列分析

C. 图像生成模型 D. 协同过滤

答案:B

解析:预测性维护通过时间序列分析(如LSTM)预测设备故障(材料中智能制造案例)。

5. 以下哪种任务属于无监督学习?( )

A. 垃圾邮件分类 B. 房价预测

C. 客户分群 D. 游戏AI决策

答案:C

解析:客户分群是聚类任务(无监督学习),A、B属于监督学习,D属于强化学习。

单元 9　AIGC 技术应用能力提升

【学习目标】

知识目标

(1) 明确 AIGC 技术在现代职业场景中核心价值的具体体现,如提升工作效率、降低成本等,以及其在不同职业场景下应用潜力的评估维度。

(2) 清晰认识 AIGC 赋能个体的具体路径,包括如何提升工作效率的具体方式、拓展创意边界的具体表现,并准确把握其在不同行业中实际应用价值的差异。

技能目标

(1) 能独立使用主流 AIGC 工具完成办公领域的文档撰写、数据整理,设计领域的简单图形创作,媒体制作领域的素材剪辑等具体任务,掌握其在这些领域的实战技巧。

(2) 能熟练操作常用 AIGC 工具,按照具体需求调用其核心功能,遵循操作流程完成相应作品创作。

(3) 能将 AIGC 技术融入日常工作中的具体环节,解决工作中的实际问题,并用其进行创新性思考和实践。

素质目标

(1) 通过学习 AIGC 技术在提升工作效率、激发创新思维及解决实际问题方面的应用案例,树立利用技术优化工作的理念,培养积极运用新技术的探索精神。

(2) 通过了解 AIGC 技术在发展过程中遵循的伦理准则和规范,树立正确的技术伦理观,培养坚守技术应用底线的职业精神,为未来职业发展奠定坚实基础。

(3) 通过学习 AIGC 应用中涉及的版权、隐私、信息真实性等伦理问题的具体案例及应对方法,树立负责任使用技术的理念,培养严谨的技术应用态度和精神。

【知识脉络】

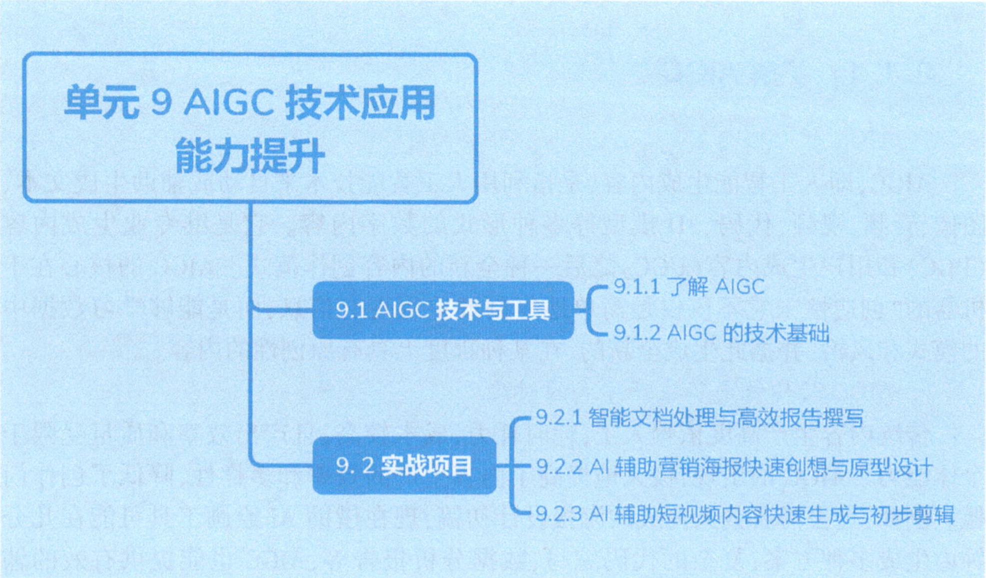

【案例导入】

演示文稿革命：Gamma. app 快速生成产品介绍 PPT

初创科技公司“CodeSpark AI”需向投资人展示少儿编程平台的市场团队使用 Gamma. app 的 AI 功能，输入主题“面向 6-12 岁儿童的 AI 编程学习平台介绍”，AI 自动生成包含封面、核心功能、应用场景等 8 页逻辑框架。团队补充关键卖点（如“游戏化闯关课程”“实时代码反馈”），AI 匹配三维渲染风格模板，插入动态图表展示用户增长数据。通过“一键美化”调整配色为科技蓝，并生成演讲备注。原本需 3 天完成的 PPT 初稿，AI 在 30 分钟内完成，节省 70%时间，视觉专业度媲美设计团队产出。

本单元聚焦人工智能生成内容（AIGC）技术对传统产业的深度赋能，通过“技术原理—工具应用—场景实践”的全链路解析，探索 AI 如何重塑生产流程、激发创新潜能并培育新质生产力。学习内容涵盖：AIGC 核心技术架构（大模型、深度学习），主流工具实操（文本生成、视觉设计、智能办公）以及跨行业融合案例（制造、农业、教育、营销）。从工业机器人精准质检到农田智慧种植，从一键生成商业报告到 AI 辅助产品概念设计，课程将揭示人工智能如何打破传统行业效率瓶颈，推动“经验驱动”向“数据+算法驱动”的范式转型，为未来产业升级提供系统性方法论与实践指南。

揭秘 AIGC 电影的制作流程

9.1 AIGC 技术与工具

9.1.1 了解 AIGC

1. AIGC 核心概念解析

AIGC,即人工智能生成内容,是指利用人工智能技术来自动或辅助生成文本、图像、音频、视频、代码、3D 模型等多种形式的数字内容。它是继专业生成内容(PGC)和用户生成内容(UGC)之后一种全新的内容创作范式。AIGC 的核心在于机器的"创造性",它不仅仅是简单地复制或重组现有信息,而是能够学习数据中的模式和风格,并据此生成全新的、在某种程度上具有原创性的内容。

2. AIGC 与传统内容生产方式的对比

传统内容生产高度依赖人工,耗时耗力,成本较高,且产出效率和质量受限于个体能力。AIGC 的出现,极大地提高了内容生产的效率和多样性,降低了创作门槛。例如,过去需要数天完成的海报设计初稿,现在借助 AI 绘画工具可能在几分钟内生成多种方案;复杂的代码编写、数据分析报告等,AIGC 也能提供有效的辅助。然而,AIGC 目前仍主要扮演"辅助者"和"提效器"的角色,其生成内容的质量、深度和原创性仍需人工的指导、筛选和优化。

9.1.2 AIGC 的技术基础

AIGC 的飞速发展主要得益于深度学习技术的突破,特别是大规模预训练模型(通常称为"大模型")的出现。深度学习是机器学习的一个分支,它通过模拟人脑神经网络的结构和功能,使计算机能够从大量数据中自动学习特征和规律。大模型通常指参数量巨大(如数十亿甚至万亿级别)的神经网络模型,它们在海量的文本、图像等数据上进行预训练,从而具备了强大的通用知识和生成能力。例如,文本生成领域的 GPT 系列模型、图像生成领域的 Diffusion 模型等,都是驱动当前 AIGC 应用的核心技术。这些模型通过学习数据中的复杂关系,能够理解并执行用户的指令(提示词),生成符合要求的内容。

1. 主流 AIGC 工具分类

当前 AIGC 工具层出不穷,覆盖了从文本到多模态的各种内容生成需求。以下将根据主要应用领域对主流工具进行分类介绍。

DeekSeek+AIPPT 生成 PPT

1) 文本生成类

(1) 应用场景。文案写作(广告语、社交媒体帖子、产品描述)、报告撰写(周报、市场分析初稿)、邮件处理与回复、代码辅助生成与解释、智能问答与聊天机器人、内容摘要与翻译等。

(2) 代表工具。以下工具通常以对话形式与用户交互,理解用户指令并生成文本。部分工具已深度集成到办公软件中,极大提升了办公效率。

国内:WPS AI(集成于 WPS Office,提供文档处理、PPT 生成等多种 AI 功能)、钉钉 AI(集成于钉钉,辅助会议纪要、聊天摘要、应用搭建等)、文心一言(百度)、讯飞星火(科大讯飞)、通义千问(阿里巴巴)等。

国际:ChatGPT/GPT 系列(OpenAI)、Claude(Anthropic)、Gemini(Google)等。

WPSAI 数据生成及图表可视化

2) 图像生成类

(1) 应用场景。营销海报设计、产品概念图、游戏场景与角色设计、建筑效果图、艺术插画创作、社交媒体配图、个性化头像生成等。

(2) 代表工具。以下 AI 绘画工具通过文本提示词(Text-to-Image)或结合参考图(Image-to-Image)生成图像,能够快速实现多样化的视觉创意。

国内:文心一格(百度)、通义万相(阿里巴巴)、Tiamat(昆仑万维)等。这些平台通常提供网页版或 API 服务,上手相对容易。AIGC 官网导航上收录了众多此类工具。

国际:Midjourney(以高质量艺术风格著称,通过 Discord 使用)、Stable Diffusion(开源模型,灵活性高,有多种 WebUI,如 ComfyUI、Automatic1111,可本地部署或使用在线服务)。

3) 音视频生成/编辑类

(1) 应用场景。短视频内容快速制作、广告片头、产品演示视频、虚拟主播/数字人播报、个性化语音合成、自动配乐与音效生成、老旧视频修复与画质增强等。

(2) 代表工具。音视频 AIGC 工具正在快速发展,从简单的片段生成到数字人驱动,其应用潜力巨大,尤其在媒体制作和营销领域。

国内:海螺 AI(Minimax)、通义万相视频生成功能(阿里巴巴)、剪映 AI 功能(如智能抠像、AI 字幕、AI 配音、图文成片等)。华栖云的 FASM 融智超媒专业模型也提供 AI 视频生成等能力。

国际:Runway(提供包括 Gen-2 在内的多种 AI 视频工具)、Pika Labs(专注于视频生成与编辑)、Kling(快手推出)、HeyGen(AI 数字人视频平台)、D-ID(数字人生成与驱动)、Suno AI(AI 音乐生成)、Udio(AI 音乐歌曲生成)。

2. AIGC 应用必备素质

1) 提示词工程基础

提示词是与 AIGC 模型沟通的语言。一个好的提示词能够精确引导模型生成期望的内容。这包括清晰描述主体、风格、构图、视角、情感、排除项等。需要学习如何构建结构化、具体的提示词,并根据生成结果不断优化。这是决定 AIGC 输出质量的关键环节。新质生产力 AIGC 系列技能培训和评测通知中也强调了提示词工程的重要性。

2）迭代与优化思维

AIGC 的生成过程往往不是一蹴而就的。初次生成的结果可能并不完美，需要用户通过修改提示词、调整参数、多次生成、筛选优质结果，甚至结合传统工具进行后期编辑。培养耐心的、接受不完美并持续优化的思维至关重要。

3）版权与伦理意识

AIGC 内容的版权归属目前在法律上尚有争议。用户需了解所使用平台的版权政策，并意识到 AIGC 模型训练数据可能涉及版权问题。在使用 AIGC 生成内容时，应避免直接复制粘贴用于商业用途，尤其要注意生成内容是否侵犯他人肖像权、名誉权等。同时，警惕 AI 被用于制造虚假信息（深度伪造）等不道德行为。

4）批判性思维与信息甄别

AIGC 生成的内容，无论是文本、图像还是音视频，都可能存在事实性错误、逻辑不通或隐藏偏见。用户不能盲目相信和全盘接受 AI 的输出，必须运用自身的专业知识和批判性思维进行审核、验证和筛选，确保信息的准确性和可靠性。

具备这些素质，才能更好地驾驭 AIGC 工具，使其真正成为提升工作效率、激发创新的得力助手。

9.2 实战项目

9.2.1 智能文档处理与高效报告撰写

项目名称：使用 WPS AI 快速撰写与优化工作周报。

核心工具：WPS AI（或同类办公软件内置 AI 助手，如钉钉 AI 文档处理功能）。

应用领域：办公应用。

预计耗时：2 学时/90 分钟。

学习目标：

（1）掌握 WPS AI 在文字处理中的内容生成、续写、润色、总结等核心功能。

（2）能够运用 WPS AI 独立完成一份结构完整、内容初步合格的工作周报。

（3）理解结构化输入和指令微调对 AIGC 生成内容质量的影响。

成果产出：一份包含本周工作总结、下周工作计划、问题与建议的 Word 格式工作周报。

[步骤 1：任务解析与准备]

1. 背景介绍与需求分析

1）当前任务场景

某公司市场部实习生小李，每周五下午需要提交工作周报给部门经理，总结本周完成的各项任务（例如，参与了 XX 产品推广活动策划、收集了 YY 竞品信息、协助维护了部门公众号内容发布等)，并规划下周工作。

2) 面临挑战/痛点

(1) 内容构思耗时。如何清晰、有条理地组织一周的工作内容。

(2) 语言表达不够专业。遣词造句可能偏口语化，不够书面和精炼。

(3) 格式排版调整繁琐。重复调整字体、段落、标题等。

(4) 数据呈现不直观。如何将工作中的数据(如活动参与人数、文章阅读量)有效融入周报。

3) 引入AIGC的价值

(1) 快速生成周报框架和初步内容，节省撰写的时间。

(2) 辅助语言润色和表达优化，提升周报的专业度。

(3) 协助提炼工作重点和数据亮点。

整体提升周报撰写的效率和质量，让小李能更早完成周报并有时间复核。AIGC技术在协作办公上的具体案例中也提到了AIGC在自动化办公流程方面的应用，如文档生成和流程优化，这与周报撰写提效的目的一致。

2. 工具准备与环境配置

1) 访问/下载WPS Office

确保电脑已安装最新版本的WPS Office套件。WPS AI功能通常集成在较新的WPS版本中，可能需要用户主动申请体验资格或已包含在特定会员服务中。

2) 账号注册/登录

登录有效的WPS账号，以便同步和使用WPS AI云端服务。

3) 所需素材/数据

本周工作记录为一份模拟的文本文件(txt文件)，内容可以如下(供学生参考或自行编撰)。

本周工作主要事项(市场部实习生小李)：

(1) 参与“夏日清凉饮品”推广活动策划会议，负责会议纪要整理和初步方案PPT美化。(周一)

(2) 收集整理了3个主要竞品(A品牌、B品牌、C品牌)上月社交媒体推广数据，形成简报。

(3) 撰写并发布部门公众号推文2篇。

(4) 协助处理了15个客户线上咨询，整理常见问题反馈给产品组。(周三)

(5) 学习使用了新的CRM系统客户标签功能。(周五上午)

遇到的问题：公众号推文选题有时缺乏新意，阅读量提升遇到瓶颈。CRM系统功能较多，上手尚不熟练。下周初步计划：深入研究竞品推广策略，为下月活动提供创意支持。系统学习CRM高级功能。

上周周报模板.docx(可选)：提供一个标准的Word周报模板，包含固定的抬头(如公司名称、部门、提交人、日期)、固定的章节标题(如“本周工作总结”“数据表现”“下周工作计划”“遇到的问题与建议”“其他事项”)以及基本的格式要求(字体、字号、行距等)。这有助于学生了解规范的周报格式,并在 AI 生成后进行对比和调整。

[步骤 2:核心操作演示与实践]

本节将以 WPS AI 为例,演示如何一步步完成工作周报的撰写与优化。请同学们跟随操作,实际体验。

任务模块一:周报框架生成与初步内容填充

操作 1.1:打开 WPS 文字,新建一个空白文档。在 WPS 界面中找到 WPS AI 助手图标示(通常在工具栏或右侧边栏),点击唤起,或使用其指定的快捷键(例如,部分版本 WPS AI 在文档编辑界面可通过 Ctrl+J 唤起 AI 功能)。

提示:不同版本的 WPS Office,AI 助手的入口和界面可能略有差异。请以你实际使用的版本为准。如果没有 WPS AI,可考虑使用钉钉文档的 AI 功能或在线的文本生成 AI(如文心一言、讯飞星火等)完成类似任务,但操作指令需相应调整。

操作 1.2:在 AI 助手对话框中输入清晰的指令,要求生成周报的基本框架。

预期中间结果:AI 助手会在文档编辑区或其自身的输出区域生成一个包含上述标题和简单描述的周报大纲结构。

操作 1.3:打开预先准备好的本周工作记录,复制其中的内容。回到 WPS AI 助手(或直接在 AI 生成的框架对应位置),通过粘贴并结合指令,让 AI 根据记录填充“本周工作总结”和“数据表现”部分。

技巧:将原始记录直接提供给 AI,能让它更好地理解上下文。如果一次生成效果不佳,可以尝试将任务分解,例如先让 AI 仅总结工作事项,再单独让其分析数据。

任务模块二:重点内容细化与 AI 辅助创作

操作 2.1:针对“下周工作计划”部分,根据自己的思考(或本周工作记录中的初步计划),输入核心任务关键词,请求 AI 辅助生成更详细、结构化的工作计划。

操作 2.2:针对“遇到的问题与建议”部分,清晰描述在工作中遇到的具体困难,并引导 AI 从不同角度分析原因或提供解决方案。

提示:向 AI 提问时,越具体、越有针对性,获得的回答通常越有价值。可以引导 AI 扮演特定角色,如“假设你是一位资深的市场运营专家,请给我一些建议”。

操作 2.3:审阅 AI 生成的内容,如果发现某些部分的描述过于简单或不够充分,可以选中该段文字,然后使用 AI 的“续写”或“扩写”功能(WPS AI 通常在选中文字后会浮现相关 AI 操作按钮)。

操作 2.4:对于 AI 生成或自己初拟的段落,如果觉得语言表达不够专业、书面化,或者想尝试不同的风格,可以使用 AI 的“润色”“改写”或“优化表达”功能。

常见问题及思路调整:

1. AI 生成内容不完全符合要求

检查提示词是否清晰无误及是否提供了足够的上下文信息?尝试换一种问

法或表达方式。

2. 生成内容过于宽泛

增加限制条件,比如"请给出三个主要方面""请从用户体验角度分析"。

3. 风格不符

在提示词中明确指定期望的语气和风格,例如"请用正式、客观的语气""请用更活泼、有吸引力的语言"。

任务模块三:全文校对、总结与格式调整

操作 3.1:在完成内容撰写后,可以利用 WPS AI 的"校对"或"智能纠错"功能(如果提供),检查文档中可能存在的错别字、语法错误或标点符号使用不当等问题。

操作 3.2:如果需要快速生成周报的摘要或核心要点(例如用于邮件正文或口头汇报),可以使用 AI 的"总结"或"提炼要点"功能。

操作 3.3:AI 目前主要辅助内容生成与优化,对于精细的格式调整(如特定页眉页脚、复杂的表格样式、图文混排的精确对齐等),通常仍需人工在 WPS 文字编辑环境中参照公司规范或上周周报模板进行手动调整。确保标题层级清晰、字体统一、段落间距合适。

操作 3.4:完成所有修改和调整后,仔细预览整个周报文档。确认无误后,点击"文件"选择"保存"或"另存为",将文档以 Word 格式(.docx)保存,并规范命名,例如"小李-市场部-2025 年第 21 周工作周报.docx"。

[步骤 3:成果检验与展示]

1. 成果标准

1) 内容完整性

周报应清晰包含本周已完成的工作总结(基于提供的记录)、具体的数据表现(如有)、明确的下周工作计划、遇到的实际问题及富有建设性的建议等核心要素。

2) 逻辑清晰性

各个部分内容组织有序,叙述连贯,重点突出,条理清晰,易于阅读和理解。

3) 表达专业性

语言表达准确、简洁、专业,符合商务文书要求,无明显口语化表达或语法错误。

4) 格式规范性

文档整体格式(字体、字号、行距、标题层级等)基本符合通用周报或所提供模板的格式要求,排版整洁。

2. 自我评估清单

评估项	完成情况(是/部分/否)	备注/自我评价
是否成功使用 WPS AI(或同类工具)生成了周报的基本框架和初步内容?		

续表

评估项	完成情况(是/部分/否)	备注/自我评价
是否能够运用 AI 的续写、扩写、润色、总结等辅助功能对周报内容进行细化和优化?		
最终生成的周报内容是否基本满足了“成果标准”中关于完整性、逻辑性、专业性、规范性的核心要求?		
是否通过实践初步理解了不同提示词的明确性、具体性对 AI 生成结果质量的影响?		
是否对周报进行了必要的格式调整,使其符合规范?		

[步骤 4:复盘总结与拓展创新]

1. 关键知识点回顾

WPS AI(或同类工具)在文档处理中的核心功能应用:回顾并总结内容生成(如生成框架、段落)、摘要提炼、语言润色与改写、内容续写与扩写、智能校对等功能的具体操作和适用场景。

有效指令(提示词)的构建:强调通过清晰、具体、包含足够上下文信息的指令来引导 AI 生成更符合用户需求的文本内容。例如,“角色扮演”式提示、限定输出格式或数量、提供正面和负面示例等技巧。

AIGC 在办公文书写作场景中的提效作用:讨论 AI 如何在周报、会议纪要、邮件等日常办公文书的撰写中,帮助用户节省时间、提升规范性和专业性。

2. 常见问题与解决策略 Q&A

Q1:AI 生成的周报内容有时显得过于空泛、套话多,缺乏针对性,怎么办?

A1:这是 AI 在理解复杂或个性化需求时的常见局限。主要有以下措施。①提供更具体的输入信息,不要只给宽泛的主题,而是输入详细的工作记录、具体的数据、明确的任务背景和要求。②分步生成与引导,将复杂的撰写任务拆解成若干小步骤,针对每个小步骤向 AI 提问或下达指令,逐步引导 AI 生成各部分内容。例如,先让 AI 总结本周完成事项,再让它根据事项撰写详细描述,然后单独处理数据分析部分。③迭代优化提示词,尝试不同的问法,调整关键词,增加约束条件(如“请避免使用过于官方的套话”“请聚焦于实际成果和遇到的挑战”)。④人工深度参与,将 AI 生成的内容视为初稿或素材,结合自身经验和判断进行大幅修改、补充和个性化调整。AI 目前是辅助,不是完全替代人工。

Q2:WPS AI(或同类工具)有时无法完全理解我的意图,导致生成结果有偏差,或者功能按钮点了没反应/反应慢?

A2:①检查提示词清晰度,确保指令没有歧义,语言表达明确。②尝试多种表达,如果一种说法 AI 不理解,换种方式重述需求。③调整 AI 参数(如适用),部分 AI 工具允许用户调整“创意度”“严谨度”等参数,可以尝试不同设置看效果。

④网络与版本问题,AI功能通常依赖云端计算,需确保网络连接稳定。同时,确认WPS Office及AI组件为最新版本,旧版本可能功能不全或存在bug。⑤耐心等待与分段处理,对于复杂请求或长文档处理,AI可能需要更长的响应时间;过长的文本一次性处理也可能导致效果不佳,可尝试分段处理。⑥查阅官方帮助或社区,了解工具的最新功能和最佳实践,寻求社区用户经验分享。

3. 拓展思考与创新应用(渐进式)

1) 进阶挑战

尝试使用WPS AI(或钉钉AI、讯飞星火的文档处理功能)辅助撰写一份结构更复杂的文档,例如一份模拟的"新媒体运营活动策划方案初稿"。该方案应包含活动背景、目标用户分析、活动主题与创意、核心玩法设计、推广渠道建议、预期效果评估、预算初估等部分。思考如何在每个部分有效运用AI进行头脑风暴、内容生成和初步组织。

2) 场景迁移

思考如何将本节学习的AI文本生成与处理技巧,迁移到其他学习或未来工作场景中。包括以下场景等。

(1) 课程论文/报告。辅助生成论文大纲、梳理文献摘要、润色段落表达、检查语法错误。

(2) 实习报告。快速搭建实习报告框架、总结实习内容、优化心得体会部分的文字。

(3) 求职相关。辅助撰写简历中的自我评价、项目经历描述,甚至模拟面试问答。

(4) 日常沟通。辅助撰写正式邮件、会议通知、感谢信等。

(5) 工具探索。鼓励学生在课后主动了解并试用至少一款WPS AI之外的文本生成或办公AI助手工具(例如,国内的"文心一言"网页版、"讯飞星火"App,或国际的Notion AI、微软Copilot的部分免费功能等)。对比不同工具在用户界面、交互方式、功能侧重、生成内容风格等方面的异同,记录使用心得,形成初步的比较认知。可以参考CSDN关于AIGC在协作办公案例的调研中提到的其他工具或场景,思考其与WPS AI的异同。

课后实训任务

1. 任务描述

假设你是一家创业公司的产品助理实习生,本周主要参与了一款名为"绿行Lite"的健康饮食App(虚构)的需求调研和竞品分析工作。请根据以下提供的虚拟工作流水账,独立使用WPS AI(或其他教师指定的、学生可用的AI文本工具,如钉钉AI的智能文档功能)完成一份面向产品经理的项目进展周报。

虚拟工作流水账("绿行Lite"App项目-产品助理实习生-本周)

周一:参加"绿行Lite"V1.2版本需求评审会,记录会议要点,会后整理会议纪要初稿。

周二:协助产品经理完成用户故事梳理,将用户反馈的痛点(如"食谱推荐不够个性化""购物清单功能不好用")整理成需求条目。

周三:调研了市场上3款主流健康饮食App(如"薄荷健康""Keep""每日瑜伽"的饮食模块),重点分析它们的食谱推荐算法、社区互动功能和会员体系,并开始撰写初步的竞品分析备忘。数据点包括A应用月活约500万、B应用付费转化率约8%、C应用食谱库数量超5万道。

周四:基于竞品分析,对"绿行Lite"的食谱推荐模块提出优化建议(例如,增加基于用户健康数据和口味偏好的智能推荐算法,引入用户上传食谱功能等)。

周五:学习了Axure RP原型设计工具的基本操作,尝试绘制"绿行Lite"食谱详情页的线框图标注。

遇到的主要挑战:竞品功能繁多,短时间内难以全面深入分析其核心优势;提出的优化建议尚缺乏足够的数据支撑。

2. 提交要求

最终成果以Word文档格式提交,文件名为"学号-姓名-项目周报.docx"。周报内容应结构完整(参考课堂所学框架)、语言专业,AI辅助痕迹应经过合理的人工优化。请在文档末尾附上一小段(约100~200字)关于本次任务中使用AI工具的心得体会,包括你使用了哪些AI功能、遇到了什么问题以及如何解决的。

3. 评价标准

内容完整性与准确性(30%):是否全面反映了流水账中的工作内容,并有合理的补充与组织。

逻辑清晰性与结构合理性(20%):周报结构是否清晰,各部分内容衔接是否流畅。

AI工具应用程度与效果(30%):是否能看出有效地运用了AI进行内容生成、优化、总结等,并且AI生成的内容与人工编辑结合良好。

表达专业性及格式规范(20%):语言是否专业、书面化,格式是否整洁规范。心得体会是否真诚具体。

9.2.2 AI辅助营销海报快速创想与原型设计

项目名称:使用AI绘画工具生成"夏季特饮"系列营销海报概念稿。

核心工具:Midjourney(需Discord)、Stable Diffusion(可使用本地/在线WebUI使用,如ComfyUI、EasyDiffusion,或Civitai等平台)或国产AI绘画平台(如文心一格、通义万相、即时AI等)。

应用领域:设计创作(营销视觉设计)。

预计耗时:3学时/135分钟(包含工具熟悉、提示词尝试与迭代时间)。

可灵文生图

学习目标：

（1）掌握至少一款主流 AI 绘画工具的基本操作，特别是文本到图像（Text-to-Image）的生成流程。

（2）学习构建有效的图像生成提示词，理解主体、风格、构图、光照、艺术家风格等关键词对生成结果的影响。

（3）能够运用 AI 绘画工具根据特定主题（如"夏季特饮"）生成多张符合初步设计要求的营销海报概念图。

（4）初步体验 AIGC 在创意视觉快速生成、风格探索方面的潜力与当前局限性。

成果产出：至少 3 张不同风格、构图或侧重点的"夏季特饮"营销海报概念图（数字图片格式，如 JPG/PNG）。

[步骤 1：任务解析与准备]

1. 背景介绍与需求分析

1）当前任务场景

假设你是一家小型饮品店的设计实习生，店铺计划在夏季推出 3 款主打特色水果茶饮（草莓奇异果气泡茶、芒果百香果冰沙、西瓜薄荷特饮），需要为这一系列新品设计一套吸引年轻消费群体的营销海报，用于社交媒体（如微信朋友圈、小红书、抖音）推广和线下门店（如灯箱、易拉宝）的初步宣传。

2）面临挑战/痛点

（1）传统海报设计周期较长，从创意构思、草图绘制、素材搜集/拍摄到最终完稿，流程复杂。

（2）创意灵感枯竭，难以快速产出多样化的视觉方案以供选择。

（3）初稿修改反馈频繁，调整耗时，希望能有一种方式快速验证不同视觉风格的效果。

（4）预算有限，可能无法聘请昂贵的摄影师或购买大量商用素材。

3）引入 AIGC 的价值

（1）快速生成海量创意视觉概念。AI 能在短时间内根据提示词生成大量不同风格、构图、元素的图片，极大丰富设计思路。

（2）低成本探索多样化风格。无需实际拍摄或复杂绘制，即可预览产品在不同视觉风格（如写实摄影、手绘插画、三维渲染、复古等）下的呈现效果。

（3）加速原型设计与迭代。快速获得视觉初稿，用于内部讨论、收集反馈，指导后续的精细化设计或实物拍摄。

（4）灵感来源与素材参考。AI 生成的图像可以直接作为设计灵感，或其部分元素可作为创作素材的参考（需注意版权）。

可以借鉴如麦当劳"M 记新鲜出土的宝物"AIGC 宣传广告或飞猪旅行等品牌使用 AIGC 进行平面广告创作的案例，它们展示了 AIGC 在视觉创意上的突破性。这些案例通过新颖的视觉表现形式，成功吸引了消费者的关注。

2. 工具准备与环境配置

1) Midjourney 用户

确保拥有有效的 Discord 账号,并已成功加入 Midjourney 官方服务器或已将 Midjourney Bot 邀请到自己的私有服务器。

熟悉在 Discord 聊天框中使用/imagine prompt:[你的提示词]命令进行图像生成的基本操作。

了解 Midjourney 生成的图片网格(通常是 2×2)以及 U 系列按钮(Upscale,放大单张)和 V 系列按钮(Variations,在某张基础上生成变体)的作用。

2) Stable Diffusion 用户(WebUI)

本地部署:如果条件允许(有符合要求的显卡,如 NVIDIA RTX 系列),可以考虑在本地部署 Stable Diffusion WebUI(如 Automatic1111 版或 ComfyUI)。这需要下载模型文件(Checkpoint,.ckpt 或.safetensors 格式)、配置环境,对初学者有一定门槛,但提供了最大的灵活性和免费使用。

在线平台/云端服务:对于初学者或本地硬件不足的情况,可以选择使用一些提供 Stable Diffusion 在线生成服务的网站(例如 Civitai 网站上部分模型提供在线生成,或一些国内外的 AI 绘画集成平台)。这些平台通常简化了配置过程,但可能有生成次数、速度或高级功能的限制。

3) 国产 AI 绘画平台用户(如文心一格、通义万相、即时 AI 等)

注册并登录选定的国产 AI 绘画平台官方网站或 App。

熟悉其“文生图”或类似功能的操作界面,通常会有提示词输入框、风格选择、尺寸比例调整等选项。这些平台上手相对简单,适合初学者。通用准备如下。

关键词储备库:事先思考并记录一些与“夏季”“水果茶饮”“清凉感”“年轻活力”“时尚”“促销”等主题相关的中英文关键词。

(1) 主体词。如 strawberry kiwi bubble tea, mango passion fruit smoothie, watermelon mint cooler, ice cubes, splashing liquid, fruit slices, mint leaves。

(2) 风格词。如 photorealistic, illustration, watercolor, 3D render, flat design, minimalist, retro, vibrant, pastel colors, neon。

(3) 构图/视角词。如 close-up, top view, dynamic angle, centered, product shot, lifestyle。

(4) 氛围/光照词。如 bright, sunny, refreshing, energetic, soft light, studio lighting, golden hour。

(5) 艺术家/参考平台(谨慎使用,注意版权)。如 in the style of (某知名摄影师/插画家)、trending on ArtStation/Behance。

参考图搜集(可选但推荐):在 Pinterest、花瓣网、Behance 或相关设计网站上,收集一些你认为优秀的饮品海报或夏季主题的视觉作品。分析它们的色彩搭配、构图特点、光影效果和整体风格,这有助于你提炼出更有效的提示词。

[步骤2:核心操作演示与实践]

以下操作步骤将主要以Midjourney和Stable Diffusion WebUI(以Automatic1111版为例)作为演示参考。使用国产AI绘画平台的同学可以参照其界面功能,核心的"提示词驱动生成"逻辑是相似的。

任务模块一:基础提示词构建与首次生成

操作1.1(Midjourney):

(1) 在Discord中,找到Midjourney Bot的聊天频道(或你邀请了Bot的私服频道)。在输入框中键入 /imagine,然后会弹出一个prompt框,在此框内输入你的第一版提示词。

(2) 示例提示词(饮品A:草莓奇异果气泡茶)。/imagine prompt: A vibrant and refreshing summer poster for strawberry kiwi bubble tea, close-up shot of the drink in a clear glass, with fresh strawberry and kiwi slices, sparkling bubbles, ice cubes, and mint leaves. Bright and cheerful atmosphere, product photography style, bright sunlight casting soft shadows. --ar 16 : 9--style raw

(3) 提示词解析。A vibrant and refreshing summer poster for strawberry kiwi bubble tea:主题和产品。close-up shot of the drink in a clear glass, with fresh strawberry and kiwi slices, sparkling bubbles, ice cubes, and mint leaves:画面主体和细节描述。Bright and cheerful atmosphere, product photography style, bright sunlight casting soft shadows:氛围、风格和光照。--ar 16 : 9:指定宽高比为16 : 9(适合横版海报或社交媒体)。--style raw:(V5之后版本)尝试使用更原始、更少Midjourney默认美化的风格,有时更可控,或者尝试--niji 5,如果想要动漫风格。

操作1.1(Stable Diffusion WebUI - txt2img):

(1) 打开Stable Diffusion WebUI界面,确保已选择一个合适的基础模型(Checkpoint)。在"txt2img"(文生图)标签页中,找到"Prompt"(正面提示词)和"Negative Prompt"(负面提示词)输入框。

(2) 示例提示词(饮品A)。

Prompt:

(masterpiece, best quality, photorealistic, ultra-detailed), commercial poster for summer drinks, strawberry kiwi bubble tea in a tall clear glass, ((bubbles)), fresh (strawberry slices) and (kiwi chunks) inside and around the glass, condensation on glass, splashing water, mint leaves, bright summer background with blurred beach elements, vibrant colors, professional product lighting, Canon EOS R5, 85mm lens.

Negative Prompt(用于排除不希望出现的元素):

(worst quality, low quality, normal quality, monochrome, blurry, text, watermark, signature, deformed fruits, ugly, bad hands, extra limbs, disfigured).

(3) 提示词解析。(masterpiece, best quality, photorealistic, ultra-detailed):

常用的提权词，用于提升画面质量和细节。commercial poster for summer drinks, strawberry kiwi bubble tea...：主题、产品和细节。((bubbles))：双括号用于加强“气泡”的权重。(strawberry slices)(kiwi chunks)：精确描述水果形态。bright summer background with blurred beach elements：场景描述。professional product lighting, Canon EOS R5, 85mm lens：模拟专业摄影效果。负面提示词用于避免低质量、变形等问题。

操作 1.2(参数调整)：

(1) Midjourney。主要通过在提示词末尾添加参数，如--ar[宽：高](宽高比)、--q[0.25-1](质量/耗时)、--s[0-1000](风格化强度)、--seed[数字](固定种子以便复现)等。

(2) Stable Diffusion WebUI。界面上通常有专门的参数设置区域。

Sampling method(采样方法)，如 Euler a、DPM++ 2M Karras 等，不同方法影响出图效果和速度，初学可先用默认或推荐。

Sampling steps(采样步数)，通常 20~40，步数太低细节不足，太高边际效益递减且耗时。

Width/Height(宽度/高度)，生成图像的尺寸。

CFG Scale(提示词相关性控制)，通常 7~12，太低 AI“自由发挥”偏离提示，太高可能画面过锐或失真。

Seed(种子)，-1 表示随机，固定一个数字则每次生成相同(在其他参数不变时)。

Batch count/Batch size(生成数量)，一次生成多张图便于筛选。

国产平台通常也提供宽高比、风格选择、生成数量等基础参数调整。初学者可以先使用各个工具的默认参数进行尝试，熟悉后再逐步探索不同参数的影响。

操作 1.3：

点击“生成”(或回车发送指令给 Midjourney Bot)。耐心等待 AI 完成图像生成。观察并分析首次生成的图像是否基本符合预期，记录需改进点。

任务模块二：提示词迭代与风格探索

基于首次生成的结果，我们需要不断调整提示词和参数，以期达到更满意的效果或探索不同创意方向。此模块是 AI 绘画的核心，需要反复尝试。

操作 2.1：

(1) 分析与修改提示词(通用)。画面不符预期，可能是提示词不够具体或存在歧义。例如，如果生成的饮品看起来不够“清凉”，可以加入 ice cold、frost、condensation 等词。如果水果不够突出，可以尝试使用括号(SD 中)或调整词语顺序(Midjourney 中靠前的词权重通常略高)来强调主体。

(2) 尝试添加/删除关键词。例如，不想要某种背景，就在负面提示词(SD)中加入，或在正面提示词中明确指定另一种背景。

(3) 调整关键词权重(SD)。使用(keyword:1.2)提高权重，[keyword]或

(keyword:0.8)降低权重。

操作2.2:

探索不同的艺术风格,这是AI绘画最有趣的方面之一。在核心主体描述基本不变的情况下,尝试更换或添加不同的风格关键词,观察效果。示例风格提示词片段(可添加到主体描述后)如下。

minimalist product poster, clean background, simple typography(text may not appear correctly)(极简风格);

flat vector illustration, vibrant solid colors, graphic design, no shadows(扁平插画风);

watercolor painting, soft washes, pastel color palette, artistic splashes(水彩画风);

retro 80s advertising poster style, bold fonts(AI may struggle with text), grainy texture(20世纪80年代复古广告风);

futuristic cyberpunk poster, neon lights, glowing liquid, dark background(赛博朋克风);

3D render, octane render, cinematic lighting, hyperrealistic details(三维渲染/超写实风);

Japanese anime art style, vibrant and dynamic, for a summer festival drink(日系动漫风)。

操作2.3:

尝试不同的构图和视角。示例构图/视角提示词片段如下。

extreme close-up on the fruit tea texture and bubbles(特写镜头);

top-down view, flat lay composition, a glass of fruit tea with ingredients 艺术性摆放 on a wooden table(俯视/平铺构图);

dynamic low-angle shot, fruit tea looking heroic and refreshing against a blue sky(动态低角度);

centered composition, symmetrical, minimalist aesthetic(居中对称);

product shot with a model holding the drink, lifestyle, smiling(AI may struggle with hands)(带有人物的生活方式场景)。

操作2.4:

尝试不同的光照和色彩方案。示例光照/色彩提示词片段如下。

dramatic studio lighting, rim light, dark moody background(戏剧性影棚光);

soft natural window light, morning atmosphere(柔和自然窗光);

golden hour sunlight, warm tones, long shadows(黄金时刻光线);

monochromatic color scheme using shades of blue and teal(单色系配色);

vibrant tropical color palette, oranges, yellows, greens, and pinks(热带活力配色);

neon glow effect, cyberpunk colors(霓虹光效)。

操作 2. 5(Midjourney 特定操作):

当 Midjourney 生成 2×2 的图片网格后,如果你对其中某一张(例如左上角为 1,右上角为 2,左下角为 3,右下角为 4)比较满意,可以点击对应的 U1, U2, U3, 或 U4 按钮,将其放大并获得更高清的版本。

如果你觉得某一张的构图或创意方向不错,但想看更多类似的变化,可以点击对应的 V1,V2,V3,或 V4 按钮,Midjourney 会以此图为基础生成 4 张新的变体。

还可以点击"?"(Re-roll)按钮,用完全相同的提示词重新生成一组图片。

操作 2. 5(Stable Diffusion WebUI 特定操作):

如果生成了一张比较满意的图片,可以记下其"Seed"(种子)值。之后如果想在此基础上微调提示词或参数,可以固定这个种子值再次生成,这样画面大体结构会保持一致,便于比较修改效果。

使用"Send to img2img"功能,将当前 txt2img 生成的图片发送到"img2img"(图生图)标签页。在 img2img 中,这张图会作为 AI 生成的"参考图"或"底图"。你可以修改提示词,或者调整"Denoising strength"(重绘幅度,0 表示完全不变,1 表示完全重绘)等参数,让 AI 在原图基础上进行"再创作"或"风格迁移"。这是一个非常强大的优化和迭代功能。

任务模块三:图像筛选、初步优化与导出

操作 3. 1:

经过多次尝试和迭代,你应该会生成大量的候选图片。现在需要从中精心筛选出至少 3 张(或按教师要求数量)最符合"夏季特饮"营销海报主题,且在创意、风格或构图上各有特色的初步概念图。

筛选标准建议:主题相关性、视觉冲击力、创意独特性、色彩和谐度、构图美感、细节清晰度(避免过于模糊或严重变形)。

操作 3. 2(可选,主要针对 Stable Diffusion 用户):

对于选中的图片,如果存在一些微小的瑕疵(例如,水果上多了一个奇怪的斑点,背景中出现不想要的物体等),可以尝试使用 Stable Diffusion WebUI 中的"Inpainting"(局部重绘)功能进行修正。你需要上传图片到 Inpainting 标签页,用画笔工具涂抹需要修改的区域(创建蒙版),然后用新的提示词描述期望在该区域生成的内容(或留空让 AI 根据周围环境填充),再点击生成。

也可以将图片导出后,在 Photoshop 等传统图像编辑软件中进行简单的裁剪、调色、去除小瑕疵等后期处理。对于海报设计,文字排版通常还是需要在专业设计软件中完成,AI 目前主要负责核心视觉元素的生成。

操作 3. 3:

将最终选定并初步优化(如果操作了 3. 2)的海报概念图从 AI 工具中保存或下载到本地。确保选择合适的图片格式(通常为 PNG 或 JPG)和足够的分辨率(如果工具支持选择)。

[步骤3:成果检验与展示]

1. 成果标准

1) 主题相关性

生成的图像需明确、直观地表达“夏季特饮”的主题,能够让人一眼看出是关于清凉、美味饮品的宣传。

2) 创意多样性

提交的至少3张图片应在构图、视觉风格、色彩搭配、元素组合或创意侧重点上有所不同,展现AI探索多种可能性的能力。

3) 视觉吸引力与潜力

图像应具备一定的清晰度,色彩和谐,具有基础的美感。作为“概念稿”,它们应能激发进一步设计的灵感,或具备作为海报核心视觉元素的潜力。

4) 提示词应用体现

结合创作说明(课后任务要求),能够看出学生尝试了不同的提示词组合,并对生成结果有初步的分析和迭代思考。

2. 自我评估清单

评估项	完成情况(是/部分/否)	备注/自我评价
是否成功使用选定的AI绘画工具生成了至少3张与“夏季特饮”相关的概念图?		
是否尝试了不同风格、构图或色彩的提示词组合,使3张概念图在创意上存在明显差异?		
生成的概念图是否明确体现“夏季特饮”主题,具备基础视觉吸引力?		
是否通过提示词迭代优化了生成效果,体现对提示词影响的理解?		
是否从生成结果中筛选出符合“概念稿”潜力的图像,并完成导出?		

[步骤4:复盘总结与拓展创新]

1. 关键知识点回顾

1) AI绘画工具(以Midjourney/Stable Diffusion为例)的核心工作原理

简述它们是如何通过学习大量图像与文本的对应关系,从而能根据用户的文本提示词生成新的图像。强调Diffusion模型“从噪声到图像”的去噪过程(概念性)。

2) 文本到图像生成(txt2img)的核心——提示词工程的重要性

重申提示词是与AI沟通的桥梁,其质量直接影响生成结果。

3) 构建有效提示词的关键要素

(1) 主体描述(Subject)。清晰、具体地描述画面的核心对象(人、物、场景)。

(2) 细节添加(Details)。补充关于主体的材质、颜色、形态、数量、动作、表情等细节。

(3) 风格指定(Style)。使用艺术风格词(如 impressionism、cyberpunk、photorealistic)、艺术家名称(如 in the style of Van Gogh,需谨慎)、参考平台(如 trending on ArtStation)等。

(4) 构图与视角(Composition & Viewpoint)。如 close-up、wide shot、bird's-eye view、rule of thirds 等。

(5) 光照与色彩(Lighting & Color)。如 cinematic lighting、golden hour、vibrant colors、monochrome 等。

(6) 图像质量与参数(Quality & Parameters)。如 best quality、4K、--ar 16∶9(MJ)、CFG Scale(SD)等。

(7) 负面提示词(Negative Prompts,主要用于 SD)。排除不想要的元素或效果。

(8) AIGC 在快速视觉创意构思和设计原型制作中的应用价值。总结 AI 如何帮助设计师在短时间内生成大量不同风格和方向的视觉方案,加速创意迭代过程。

2. 常见问题与解决策略 Q&A

Q1:AI 生成的图像与我脑海中想象的画面差距很大,或者完全不符合提示词描述,怎么办?

A1:这是初学者常遇到的问题。主要有以下措施。①检查提示词,是否过于模糊、抽象或存在歧义?AI 对自然语言的理解仍有局限。尝试用更直接、更具体、更精炼的词语描述。②分解复杂提示,如果一个长提示效果不好,尝试将其拆分成几个核心要素,逐步添加和测试。③使用正面与负面提示词,清晰告诉 AI 你"想要什么"和"不想要什么"。④参考优秀作品的提示词结构,学习他人是如何组织和构建提示词的(例如,在 Civitai 等社区查看他人分享的作品及 Prompt)。⑤调整权重和参数,在 SD 中,适当调整关键词权重或(CFG Scale),在 MJ 中,尝试不同的参数组合。⑥多次生成"抽卡",AI 生成本身具有随机性,即使是相同的提示词,每次生成的结果也可能不同(除非固定 seed),多生成几次,从中筛选。⑦理解模型偏好,不同的基础模型(Checkpoint)对某些风格或主题有天然的偏好和更好的表现,尝试更换模型。

Q2:如何让 AI 生成特定、精确的物体图像(比如我们店铺 Logo 上的那只特定造型的小猫,或者某款包装已知的产品)?

A2:通用的大型文生图模型对于生成高度特定,尤其是有版权的商业标识或未经大量训练的独特物体的还原度是有限的。主要有以下措施。① 详细外观描述,尽可能用文字细致描述该物体的形状、颜色、材质、纹理、独特标记等。② 上传参考图(图生图/img2img 或 ControlNet),这是更有效的方法。在 SD 中,可以将 Logo 图片或产品照片作为 img2img 的输入,或在 ControlNet 中使用 canny(提取轮廓)、depth(深度图)等模型来约束 AI 的生成范围和形态。Midjourney 也支持图像提示(image prompt)或 blend(混合)功能。③ 特定对象/风格的 LoRA 或 Embedding 模型(SD 高级应用),对于需要频繁生成特定角色、物体或画风的场景,可以训练或下载他人训练好的 LoRA/Embedding 小模型,配合大模型使用,能显著提升还原度。此点对初学者是进阶内容,了解即可。④ 注意版权,即便 AI 能生成相似内容,商业使用前务必确认不侵犯他人知识产权。

Q3:AI 生成的图片中,人物的手指经常多一根或少一根,或者其他一些细节变形得很奇怪,如何处理?

A3:这是当前 AI 绘画(尤其是人物生成)面临的普遍技术难题,被称为"手部问题"(hand problem)。主要有以下措施。① 优化提示词,在正面提示中加入如 perfect hands、detailed fingers、anatomically correct 等,在负面提示中加入 extra fingers、deformed hands、missing fingers、bad anatomy、mutated hands 等。② 多次生成与筛选,生成足够多的数量,从中挑选出相对正常的。③ 后期修复,使用 Photoshop 等图像编辑软件进行人工修正。对于 SD 用户,可以尝试使用 Inpainting(局部重绘)功能,选中手部区域,用"correct hands"等提示词进行重绘,但这通常也需要多次尝试。④ ControlNet 辅助(SD),使用 OpenPose(姿态控制)或 Depth(深度控制)等 ControlNet 模型,如果能提供手部姿态的参考,有时能改善效果。⑤ 选择对人像更友好的模型,某些 Checkpoint 模型在人像生成方面优化得更好。⑥ 接受不完美或规避特写,在海报概念阶段,如果手部不是核心,可以尝试选择手部不突出或被遮挡的构图。技术在进步,这个问题未来会逐渐改善。

课后实训任务

1. 任务描述

以"我的梦想职业"为主题(例如,宇航员、环保科学家、游戏开发者、AI 伦理师、乡村教师、考古学家、数字游民、潮流服装设计师等,任选其一或自定),使用本节课主要学习或课后探索的任一款 AI 绘画工具(Midjourney、Stable Diffusion WebUI、ComfyUI,或教师指定的国产平台),创作一张能够生动、形象地代表该职业核心特点、工作场景或职业精神的宣传画/概念图。

2. 提交要求

最终生成的数字图片至少 1 张(JPG 或 PNG 格式)。

一份简要的创作说明文档(Word 或 TXT 格式,100~300 字),内容应包括:

(1) 你选择的"梦想职业"是什么?为什么选择它?

(2) 你使用的 AI 绘画工具名称及版本(或平台名称)。

(3) 最终生成该图片所使用的完整提示词(Prompt),以及关键的负面提示词(Negative Prompt)(如果使用了 SD 等工具)。

(4) 简述你的创作思路或构思过程(例如,你想通过画面表达什么?尝试了哪些主要的关键词迭代或风格探索?)。

(5) 在创作过程中遇到了哪些主要问题或挑战？是如何尝试解决的？

将图片和说明文档打包成一个 ZIP 压缩文件,命名为“学号-姓名-梦想职业AI 画.zip”,并提交至学习平台。

3. 评价标准

主题表达准确性与创意性(30%):画面是否能清晰、有创意地表达所选“梦想职业”的内涵、场景或精神。

构图与视觉效果(30%):画面的构图是否合理、美观,色彩搭配是否协调,整体视觉效果是否具有吸引力,技术瑕疵(如明显变形)是否在可接受范围内。

提示词质量与技巧运用(25%):提交的提示词是否结构合理、描述具体、能看出为达到最终效果所做的思考和调整;创作说明中对思路和问题解决的阐述是否清晰。

任务完成度与规范性(15%):是否按要求提交了图片和完整的创作说明文档,文件命名是否规范。

9.2.3 AI 辅助短视频内容快速生成与初步剪辑

项目名称:使用 AI 工具制作“未来数字校园一日”主题短视频片段集锦。

核心工具:

(1) 视频素材 AI 生成。优先选择一款或多款当前主流且学生可用的文生视频/图生视频工具。例如:Kling(快手旗下,效果较好但可能需内测资格)、Pika Labs(网页版,有免费额度)、Runway(Gen-1、Gen-2 模型,有试用),国内如“智谱清言”的清影视频生成、“通义万相”的视频生成功能、“海螺 AI”视频生成等。

(2) 视频剪辑与后期。剪映专业版或移动版(其 AI 字幕、AI 配音、AI 抠像、AI 快剪、图文成片等功能对初学者非常友好),或 Adobe Premiere Pro(需有 AI 插件,如 Adobe Sensei 功能加持)。

应用领域:媒体制作(短视频创作)。

预计耗时:3 学时/135 分钟(包含 AI 素材生成、筛选,以及剪辑、配音配乐时间)。

学习目标:

(1) 掌握至少一款 AI 视频生成工具通过文本提示词或参考图片生成短视频片段的基本操作流程。

(2) 学习并运用剪映(或同类软件)的 AI 功能(如 AI 字幕、AI 配音/文本朗读、智能匹配音乐等)进行视频的快速剪辑和初步包装。

(3) 能够独立构思一个简单主题,利用 AI 生成核心视频素材,并将其剪辑成一个包含多个片段、具备基本叙事结构和音画元素的短视频。

(4) 体验 AIGC 在视频内容生产(尤其是概念性或无实拍条件的素材获取)和编辑流程优化方面的潜力。

成果产出:一个时长 30~60 秒的“未来数字校园一日”主题短视频(MP4 格

式)。视频应包含至少3个由AI生成的不同场景的视频片段,配有合适的字幕、背景音乐,并有简单的转场过渡效果。

[步骤1:任务解析与准备]

1. 背景介绍与需求分析

1) 当前任务场景

学校正在举办“智慧校园科技周”活动,校学生会宣传部需要制作一个富有创意和未来感的短视频,展现“未来数字校园中学生的一日生活”畅想,用于活动开幕式播放及后续社交媒体宣传,以激发同学们对未来科技的兴趣和想象。

2) 面临挑战/痛点

(1) 实拍困难。“未来数字校园”的许多场景(如AI助教互动、全息投影课程、个性化学习空间、智能机器人服务等)在现实中难以或无法拍摄。

(2) 制作成本高。如果采用传统影视特效或三维动画来呈现未来场景,成本高昂且周期漫长。

(3) 创意视觉化。如何将抽象的“未来感”和“智能化”概念转化为生动、具体的视觉画面。

(4) 快速产出需求。活动宣传周期通常较短,需要快速拿出有吸引力的视频内容。

3) 引入AIGC的价值

(1) 无中生有,创造未来场景。AI文生视频/图生视频技术可以直接根据文本描述或概念图生成现实中不存在的未来校园生活片段。

(2) 降本增效。相较于传统特效制作,AI生成视频素材的成本和时间投入大幅降低。可参考华栖云FASM融智超媒专业模型在“内容策划、稿件编写、素材生成、视频制作、主播合成”等全链路的AIGC应用思路,其目标之一就是提升效率。

(3) 激发创意与视觉探索。AI可以快速生成多种不同风格、不同视角的未来场景,为创作者提供丰富的视觉灵感。

(4) 简化后期制作。结合剪映等软件的AI剪辑功能,可以进一步加速视频的编辑、包装过程。

2. 工具准备与环境配置

1) 视频生成工具

根据教师推荐和学生实际可访问性,选择1~2款AI视频生成工具。例如,如果Kling可获取试用,优先考虑; Pika Labs网页版有免费额度,Runway Gen-2有少量免费试用点数;国内工具如“通义万相”App内嵌的视频生成、“海螺AI”视频等,也可能是较易获得的选项。

注册并登录所选工具的账号,熟悉其操作界面,特别是文本到视频(txt2vid)或图片到视频(img2vid)的提示词输入区、参数设置区(如时长、宽高比、运动强度、风格选择等)。

注意了解所选工具的免费额度、生成时长限制、有无水印等情况。

2）视频剪辑工具

视频剪辑软件有剪映专业版（推荐桌面版，功能更全）或剪映 App。确保已安装最新版本，以便使用其各项 AI 功能（如 AI 字幕、文本朗读/AI 配音、AI 抠像、片段智能分析等）。

熟悉剪映的基本操作，包括导入素材、拖拽到时间线、分割/裁剪片段、添加转场、添加文本、添加音乐/音效、调整音量、导出视频等。

3）素材与脚本准备

Vlog 脚本大纲.txt：一份关于“未来数字校园一日”的简单场景描述和叙事线索。学生可以自行构思，或由教师提供一个包含 3~5 个核心场景的模板（图 9-2）。

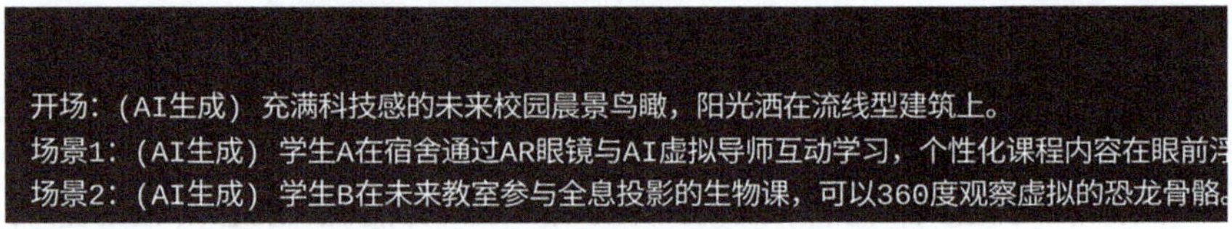
开场：（AI生成）充满科技感的未来校园晨景鸟瞰，阳光洒在流线型建筑上。
场景1：（AI生成）学生A在宿舍通过AR眼镜与AI虚拟导师互动学习，个性化课程内容在眼前
场景2：（AI生成）学生B在未来教室参与全息投影的生物课，可以360度观察虚拟的恐龙骨骼。

图 9-2　场景模板

[步骤 2：核心操作演示与实践]

任务模块一：AI 视频片段生成

操作 1.1：根据准备好的 Vlog 脚本大纲中的场景描述，为每个计划用 AI 生成的场景构思具体的视频画面提示词。提示词应包含场景元素、主体动作、氛围、风格、镜头运动等。

提示词构思技巧：尽可能具体地描述画面内容。例如，不要只说“未来教室”，而要说“一个未来教室，学生们戴着轻薄的 AR 眼镜，老师的全息影像在讲台中央授课，窗外是科幻城市背景，明亮的自然光透过落地窗”。

操作 1.2：打开选定的 AI 视频生成工具，进入文本到视频（Text-to-Video）功能区。

使用 Kling/Pika/Runway 等，通用指令/提示词结构示例（具体措辞需根据工具特性调整）。

场景 1（AI 导师互动）：“A teenage student in a futuristic bedroom, wearing sleek AR glasses, interacting with a holographic AI tutor display. The tutor is a friendly glowing orb providing math assistance. Morning light streams through the window. Cinematic, slight camera pan, 4K, high detail.”

场景 2（全息生物课）：“Interior of a bright, modern classroom in the future. Students are watching a large, detailed holographic projection of a T-Rex skeleton rotating in the center of the room. Teacher is a young woman gesturing towards the hologram. Wide shot, realistic, educational atmosphere.”

注意 AI 视频生成工具对提示词的理解和表现力差异较大，且技术仍在快速

发展中。同一提示词在不同工具上效果可能迥异,需要多尝试、多调整。

操作1.3(可选,如图生视频):如果选择使用图片到视频(Image-to-Video)功能,上传准备好的校园图片或未来概念图。配合简单的文本提示词(例如,描述希望画面如何“动起来”,或期望的动态风格)来引导AI生成。

操作1.4:根据所选工具的功能,调整生成参数。常见参数可能包括如下内容。

(1) 视频时长(Duration)。AI单次生成的片段通常较短(如3-10秒)。

(2) 宽高比(Aspect Ratio)。如16∶9、9∶16、1∶1等,根据最终视频用途选择。

(3) 运动强度/相机运动(Motion Strength/Camera Movement)。控制画面动态程度或镜头运镜方式(如平移、缩放、旋转,部分高级工具支持)。

(4) 风格选择(Style)。有些工具提供预设风格(如电影感、动漫、写实等)。

(5) 负面提示(Negative Prompt)。类似AI绘画,用于排除不想要的元素或效果。

操作1.5:提交生成请求。AI视频生成通常比图片生成更耗时,可能需要排队或处理一段时间,需耐心等待。根据脚本规划,生成并下载至少3~5个符合场景描述、质量尚可的短视频片段(MP4格式居多)。

重要心得:AI生成的视频素材质量可能参差不齐,常有画面变形、动作不自然、逻辑不连贯等问题。这是当前技术的局限。关键在于“多尝试、多筛选”,挑选出相对可用的片段作为后续剪辑的素材。有时,一个看似不完美的片段,通过巧妙剪辑(如截取其中几帧、快速切换、配合音效等)也能产生意想不到的效果。

任务模块二:剪映AI功能快速剪辑与处理

获取到AI生成的视频片段后,我们将使用剪映(以桌面专业版为例)进行剪辑和包装。

操作2.1:打开剪映,新建项目。点击“导入”按钮,将所有下载好的AI生成的视频片段、以及其他可能用到的实拍素材(如有)、背景图片(如有)等,一次性导入到剪映的素材库中。

操作2.2(智能尝试,可选):剪映提供了“AI成片”(Pro版)或“图文成片”(App版)功能。可以尝试输入Vlog的主题(如“未来数字校园一日”)或粘贴部分脚本大纲文字,看AI能否从导入的素材中自动挑选并组合成一个初步的视频。这适合快速生成草稿或以便取灵感,但通常仍需大量人工调整。

操作2.3(主流手动操作):将导入的视频片段,按照Vlog脚本大纲.txt中规划的场景顺序,逐个从素材库拖拽到下方的时间线轨道上。可以先大致排列,后续再精调。

操作2.4(AI字幕):如果你的AI生成视频中包含了虚拟人物的语音(例如用了数字人工具生成的部分片段),或者你自己录制了旁白并已添加到音轨,可以点击剪映顶部菜单的“文本”→“智能字幕”→“识别字幕”。剪映会自动识别音频内容并生成时间轴对齐的字幕条。如果视频是纯画面,没有语音,但你想配上场景说明文字,可以手动在时间线上对应位置点击“文本”→“新建文本”,输入文字,然后调整样式、位置和时长。剪映的“文本模板”中也有很多预设的动态标题和字幕样式可选。生成字幕后,务必逐条仔细校对内容和时间点,修正 AI 识别错误或断句不当之处。

操作 2.5(AI 配音/文本朗读):如果需要为视频添加旁白,但不想自己录音,可以使用剪映的“文本朗读”功能。先在时间线上添加好字幕文本(或新建一个专门用于朗读的文本轨道,不显示字幕),然后选中该文本片段,在右侧编辑面板找到“文本朗读”,选择一个你喜欢的 AI 音色(如“青春女声”“磁性男声”等),点击“开始朗读”,剪映会自动生成对应的配音并添加到音轨。

操作 2.6(背景音乐与音效):点击剪映顶部菜单的“音频”,可以在剪映提供的音乐库中按风格(如科技感、轻快、史诗等)或情绪筛选合适的背景音乐。选择后将其拖拽到时间线的音轨上。调整背景音乐的音量,确保其不会压过旁白或视频中的重要声音。可以使用“音频淡入淡出”效果使音乐起止更自然。根据画面内容,可以在关键节点添加合适的音效(如科幻音效、转场音效等),增强视频的沉浸感。

操作 2.7(转场与特效):在时间线上相邻的两个视频片段之间,可以点击“转场”菜单,选择并拖入一个合适的转场效果(如淡入淡出、溶解、擦除、光效等)。不宜使用过多过杂的转场,保持风格统一。剪映也提供一些特效(如滤镜、画面效果、贴纸等),可以酌情使用以增强视觉表现力,但注意不要过度,以免喧宾夺主。

操作 2.8(整体预览与调整):完成初步剪辑、字幕、配音、配乐和转场后,从头到尾完整预览整个视频。

重点关注:

(1) 节奏。整体节奏是否流畅,有无拖沓或过快的片段?可以通过调整片段时长、删除多余镜头来优化。

(2) 音画同步。字幕、配音、音效是否与画面内容准确对应?

(3) 逻辑连贯。场景之间的过渡是否自然,故事线索是否清晰?

任务模块三:视频优化与导出

操作 3.1(调色与画质,可选):如果 AI 生成的各段视频素材在色彩、亮度上差异较大,可以使用剪映的“调节”功能对整体色调、对比度、饱和度等进行统一调整,或对单个片段进行局部调色,使画面风格更一致。部分 AI 生成的视频可能清晰度不高,剪映的“画质修复”或“智能补帧”有时能略作改善,但效果有限。

操作 3.2(最终检查):在导出前,进行最后一次全面检查,确保所有元素(画面、字幕、声音、转场等)都符合要求,没有明显错误或遗漏。

操作3.3(导出视频):点击剪映右上角的“导出”按钮。在导出设置界面设置如下内容。

(1) 文件名。规范命名,如“未来数字校园一日 Vlog_最终版”。

(2) 导出路径。选择合适的保存位置。

(3) 分辨率。根据素材质量和发布平台要求选择,通常选 1080p(1920×1080)。如果原始 AI 素材分辨率较低,强行拉高可能效果不佳。

(4) 帧率。通常选 25fps 或 30fps。

(5) 格式。普遍选择 MP4(H.264 编码)。

其他高级参数(如码率)初学者可保持默认。点击“导出”,等待软件完成渲染和保存。

[步骤3:成果检验与展示]

1. 成果标准

1) 内容与主题

视频内容应紧密围绕“未来数字校园一日”的主题展开,能够通过画面和旁白展现对未来校园智能化、数字化学习与生活的畅想,整体基调积极向上。

2) 结构与完整性

视频应具备基本的叙事结构,例如有简单的开场引入、中间核心场景的展示(至少3个AI生成片段),以及简短的结尾或总结。整体时长控制在30~60秒。

3) AI 素材应用

视频中应能明确识别出至少3个由AI视频生成工具创作的、风格或内容各异的视频片段,并与可能的其他素材(如文字动画、空镜等)融合。

4) 后期制作质量

(1) 字幕。清晰、准确,与画面(或旁白)内容基本同步,无明显错别字。

(2) 音频。背景音乐选择得当,音量适中,不干扰主要信息传递。如有AI配音,应力求自然、清晰。

(3) 剪辑与转场。片段之间的剪辑点基本流畅,转场效果使用简洁、得体,不突兀。

(4) 整体观感。画面无严重卡顿、失真,音画同步,整体呈现较为协调、流畅的视听体验。

2. 自我评估清单

评估项	完成情况(是/部分/否)	备注/自我评价
是否成功使用至少一款AI视频生成工具,根据场景描述生成了3个以上符合主题的视频片段?		
是否掌握了剪映(或同类软件)导入素材、时间线排列、片段裁剪的基本操作?		

续表

评估项	完成情况(是/部分/否)	备注/自我评价
是否尝试并成功使用了剪映的 AI 字幕功能,并对生成的字幕进行了校对和调整?		
是否尝试了剪映的文本朗读(AI 配音)功能或为其添加了合适的背景音乐?		
最终完成的 Vlog 短视频,在内容、结构、AI 素材运用和后期制作方面,是否基本达到了"成果标准"的要求?		
通过本次实操,是否对 AIGC 在视频素材快速获取和 AI 辅助剪辑提升效率方面的应用有所体验和认知?		

[步骤 4:复盘总结与拓展创新]

1. 关键知识点回顾

AI 视频生成工具(文生视频/图生视频)的基本原理与操作:再次强调主流工具(如 Kling、Pika、Runway 等)通过文本提示或图像输入生成短视频片段的工作方式,以及关键参数(时长、宽高比、运动等)的意义。

构建有效视频生成提示词的关键要素:回顾提示词中应包含场景描述、主体动作、物体细节、氛围营造、风格指定、镜头感(如 wide shot、close-up、panning)等,以期获得更可控的生成结果。

剪映等工具中核心 AI 功能的应用:重点复习 AI 智能字幕(识别与生成)、文本朗读/AI 配音、智能抠像(如适用)、图文成片/AI 快剪(作为快速上手方式)等功能的操作与效果。

AIGC 在媒体制作流程中的价值:总结 AI 如何在素材获取(尤其是概念性、未来性,或难以实拍的场景)、初剪效率提升、后期包装(字幕、配音)等方面为视频创作者赋能。如"视频生成"技术核心基础知识和模型应用(若可访问)中提到的,AI 能根据文本、图像等自动生成高保真视频内容。

2. 常见问题与解决策略 Q&A

Q1:AI 生成的视频片段质量普遍不高,画面闪烁、人物/物体变形严重、动作不连贯、逻辑混乱,怎么办?

A1:这是当前 AI 视频生成技术(尤其是免费或低成本工具)普遍存在的挑战。主要有以下措施。①优化与简化提示词,尝试使用更简洁、更明确、歧义更少的提示词。避免过于复杂的场景描述和动作指令。②降低期望,多次尝试,理解 AI 的"随机性"和"不完美性",通过多次生成"抽卡"来筛选出相对可用的、瑕疵较少的片段。③选择"能力范围内"的场景,目前 AI 对于一些特定、简单的物体运动、风景变化或抽象视觉效果可能处理得更好,而复杂的人物交互、精细的面部表情、快速的动作等仍是难点。④利用工具的特定参数,有些工具提供"运动强度""一致性”等参数,可以尝试调整。⑤结合图生视频,如果有合适的静态图片作为起点,图生视频有时能比纯文本生成视频在主体一致性上略好。⑥后期剪辑补救,对于有用的片段,可以通过快速剪切、缩短显示时长、添加转场或特效、用音效掩盖等方式,在一定程度上规避或减轻视觉上的不适感。⑦关注技术进展,AI视频生成技术迭代非常快,新的模型和工具可能在几个月内就有显著提升。

Q2:AI生成的单个视频片段时长太短(通常只有几秒),如何制作一个更长的、有完整叙事的视频?

A2:①分镜脚本与多片段拼接,这是目前最主流的方法。将你的故事或主题拆解成一系列简短的场景(每个场景对应一个或几个AI生成的短片段),然后将这些片段在剪映等编辑软件中按照脚本顺序拼接起来,形成更长的视频。②利用工具的“扩展”或“续写”功能(部分工具有此实验性功能),少数AI视频工具开始尝试提供基于已有片段进行“视频续写”或“时长扩展”的功能,但效果和稳定性尚待提高。③更高级的控制技术(如Runway的运动笔刷、镜头控制),部分专业级AI视频工具提供更精细的控制手段,允许用户在更长的序列中指定物体运动轨迹或镜头路径,但这通常操作更复杂,学习曲线更陡。④传统拍摄与AI素材结合,对于有条件的部分,可以采用实拍,仅在需要特殊效果或难以拍摄的场景使用AI生成素材进行补充和点缀。

Q3:剪映的AI配音(文本朗读)听起来比较生硬、缺乏感情,怎么办?

A3:①尝试不同AI音色,剪映及其他AI配音工具通常提供多种男女声、不同风格的音色,多试几种,选择相对自然、符合视频调性的。②优化输入文本,尽量使用简洁、书面化且符合口语表达习惯的文字。在需要停顿的地方尝试使用逗号、句号,或手动加入“停顿”等提示(部分工具可能识别),避免过长的复杂句式。③调整语速和语调(如工具支持),有些AI配音允许微调语速、音高或情感倾向,可以进行尝试。④分段生成与调整,将长段旁白拆分成小段分别生成,然后对每段的音量、位置进行细调。⑤结合背景音乐,合适的背景音乐可以在一定程度上“中和”AI配音的生硬感。⑥人工润色或专业工具,对于要求较高的项目,可以考虑将AI配音作为“草稿”,再由真人模仿其节奏和断句进行录制,或者使用更专业的付费AI语音合成服务,它们通常提供更自然、更富表现力的音色和控制选项。

课后实训任务

1. 任务描述

以“我的家乡特色”为主题(例如:介绍家乡的一处名胜古迹、一种特色美食、一项传统手工艺、或一个有趣的民俗风情等),综合运用本单元学习的AI视频生成工具和剪映(或其他指定剪辑软件)的AI功能,独立制作一个时长约30~45秒的宣传短视频。

2. 提交要求

最终的MP4格式短视频文件,文件名规范为学号-姓名-家乡特色AI视频.mp4。

同时提交一份简要的创作说明文档(Word 或 TXT 格式,约 200~400 字),内容应包括:

(1) 你的家乡特色是什么?你希望通过视频展现其哪些方面?(简述脚本大纲或核心创意点)

(2) 你主要使用了哪些 AI 视频生成工具?生成了哪些核心场景片段?(可附上关键的提示词)

(3) 在剪映(或其他剪辑软件)中主要运用了哪些 AI 功能(如 AI 字幕、AI 配音、智能模板等)?

(4) 在创作过程中遇到了哪些主要的技术或创意难题?你是如何尝试解决的?

(5) 对本次综合运用 AI 进行视频创作的整体感受和收获。

将视频文件和创作说明文档打包成一个 ZIP 压缩文件,命名为"学号-姓名-家乡特色 AI 视频成果.zip",并提交至学习平台。

3. 评价标准

主题表达清晰度与创意性(25%):视频是否能有效、有创意地展现所选"家乡特色"的魅力。

AI 视频素材的创意、质量与运用(25%):AI 生成的片段是否具有一定的视觉吸引力,是否服务于主题表达,运用是否得当。

剪辑与后期制作水平(30%):视频剪辑是否流畅,转场是否自然;AI 字幕、AI 配音(或背景音乐)的运用是否准确、协调;整体音画效果是否良好。

任务完成度、规范性及创作说明质量(20%):是否按要求完成视频和说明文档,文件命名是否规范;创作说明是否条理清晰、反思到位。

【单元总结】

本单元系统探讨了人工智能生成内容(AIGC)的技术架构与应用实践,揭示了其如何重塑传统内容生产模式。从核心概念出发,AIGC 依托大模型(如 GPT、Diffusion 模型)与深度学习技术,通过海量数据训练实现文本、图像、音视频等多模态内容的自动化生成,突破了传统人工创作的效率瓶颈。技术框架层面,重点解析了提示词工程的关键作用——精准的指令设计(如主体描述、风格指定、构图控制)是驱动 AI 生成高质量内容的核心能力。工具应用上,覆盖了 WPS AI 的智能文档处理、Midjourney 的视觉创意生成、剪映的 AI 剪辑等全链路工具,学生通过实战项目掌握了从周报撰写到营销海报设计、短视频制作的完整流程。

本单元强调技术落地的伦理与规范性,引导学生关注版权风险(如 AI 训练数据合法性)、内容真实性(如深度伪造防范)以及人机协同边界。通过梦想职业、AI 画作、家乡特色短视频等实战任务,学生不仅掌握了工具操作,更培养了批判性思维与迭代优化能力。未来,随着多模态大模型与具身智能的发展,AIGC 将进一步渗透至工业设计、教育、医疗等领域,推动“数据驱动创作”成为新常态,为个人与组织的数字化转型提供核心动能。

【同步练习】

一、判断题

1. AIGC 的核心技术基础是传统编程和显式规则设计。(　　)

答案:×

解析:AIGC 依赖大模型和深度学习技术,通过数据学习生成内容,而非传统编程(材料中强调大模型与深度学习的核心作用)。

2. 提示词工程是影响 AI 生成内容质量的关键因素。(　　)

答案:√

解析:材料明确指出提示词需精准描述主体、风格等,是控制生成结果的核心能力。

3. 剪映的 AI 字幕功能可以自动生成与画面内容同步的文字。(　　)

答案:√

解析:剪映支持通过语音识别生成时间轴对齐的字幕,需人工校对(实战项目中提到 AI 字幕功能的应用)。

4. AIGC 生成的视频片段可直接用于商业用途,无需考虑版权问题。(　　)

答案:×

解析:材料强调需关注 AI 训练数据的版权风险,生成内容需谨慎处理。

5. Midjourney 生成的图像可通过调整提示词实现不同艺术风格。(　　)

答案:√

解析:示例中通过添加“水彩画风”“赛博朋克”等关键词探索多样化风格。

二、单选题(每题只有一个正确答案)

1. 以下哪项是 AIGC 在办公场景中的典型应用?(　　)

A. 自动驾驶决策　　B. 工作周报智能生成

C. 工业机器人焊接　　D. 医疗影像诊断

答案:B

解析:实战项目“智能文档处理”中,WPS AI 辅助生成周报是核心案例。

2. Stable Diffusion 生成图像时,用于排除不想要元素的参数是?(　　)

A. Prompt　　B. Negative Prompt

C. Seed　　D. CFG Scale

答案:B

解析:材料提到 Stable Diffusion 使用负面提示词(Negative Prompt)过滤不相关内容。

3. 以下哪款工具主要用于 AI 视频生成？(　　)

A. 文心一言　　B. Midjourney

C. Pika Labs　　D. WPS AI

答案：C

解析：Pika Labs 是文生视频工具，而 Midjourney、文心一格专注图像生成。

4. AIGC 在短视频制作中的核心价值是？(　　)

A. 完全替代人工剪辑　　B. 生成无瑕疵的成品视频

C. 快速获取概念性素材并简化后期　　D. 降低硬件成本

答案：C

解析：材料强调 AI 生成未来校园场景片段，结合剪映优化效率。

5. 以下哪项是构建有效提示词的关键要素？(　　)

A. 使用复杂长句　　B. 包含主体、风格、构图等细节

C. 完全依赖默认参数　　D. 忽略负面提示词

答案：B

解析：材料指出提示词需涵盖主体、风格、光照等结构化描述。

参考文献

[1] 刘鹏,程显毅,李纪聪. 人工智能概论[M]. 北京:清华大学出版社,2021.

[2] 马月坤,陈昊. 人工智能导论[M]. 北京:清华大学出版社,2021.

[3] 姚期智. 人工智能[M]. 北京:清华大学出版社,2022.

[4] 张长水. 人工智能引论[M]. 北京:清华大学出版社,2024.

[5] 刘春雷. 人工智能原理与实践[M]. 北京:北京大学出版社,2022.

[6] 罗保林,林海. 与人共舞:人工智能成就梦幻世界[M]. 北京:科学出版社,2020.

[7] 陈明. 人工智能基础[M]. 北京:清华大学出版社,2023.

[8] 尹宏鹏. 人工智能基础[M]. 重庆:重庆大学出版社,2023.

[9] 周俊,秦工,熊才高,等. 人工智能基础及应用[M]. 武汉:华中科技大学出版社,2021.

[10] 王方石,李翔宇,杨煜清,等. 人工智能基础及应用[M]. 北京:清华大学出版社,2023.

[11] 陈雯柏,刘学君,吴培良. 智能机器人原理与应用[M]. 北京:清华大学出版社,2024.

[12] 赵海燕,吴潮潮,朱道也. 人工智能基础[M]. 北京:清华大学出版社,2024.